Über den Umgang mit Zahlen

Einführung in die Statistik

von

Dr. Arnold Schwarz

2. Auflage

Mit 42 Figuren

Verlag von R. Oldenbourg
München 1952

darzustellen. Die technischen Vorgänge werden ihn vor allem wegen der Zahlenkritik interessieren. Die Art der Erhebung, der Fragestellung, das Aufbereiten der Tabellen, kurz, das Sammeln der Zahlen, wird ihn nur indirekt berühren; sie ist Sache der statistischen Fachleute. Das Messen der Zahlen ist ein technischer Vorgang, der dem Werten der Zahlen parallel geht.

Das Veranschaulichen der Zahlen durch graphische Darstellungen ist wiederum dem Gliedern der Zahlen analog.

Die übliche Übersicht der Fachgebiete der Statistik habe ich zu geben unterlassen. Sie böte bei den sich immer mehr ausbreitenden Spezialanwendungen der statistischen Methode dem Leser auf s e i - n e m Gebiet zuwenig, auf jedem andern zuviel.

Zur II. Auflage

Die erste Auflage fand bei Fachkritik und Lesern eine so günstige Aufnahme, daß ich am Grundcharakter des Buches glaubte festhalten zu müssen. Geändert habe ich vor allem die Abschnitte über die Stichprobenmethode, die Korrelationsrechnung und die Prüfung der Güte der Anpassung. Hier habe ich versucht, auf neuem, einfachem Wege das Verständnis der Chi-Quadratverteilung zu vermitteln.

Herr Dr. H. W i e s l e r ermöglichte mir freundlicherweise den Abdruck seiner graphischen Darstellung der Wahrscheinlichkeiten der genannten Verteilung und zahlreiche Verbesserungen im Text. Meinem Sohn U l r i c h verdanke ich u. a. die drei perspektivischen Zeichnungen der trinomialen Verteilung; Herrn Prof. O. A n d e r s o n s Kritik eine ganze Reihe von Änderungen. Gerne hätte ich die im Text nicht erwähnten Bücher und Zeitschriften alle angeführt, denen ich so viel schuldig bin; doch sind sie so zahlreich, daß eine Auswahl einen höchst subjektiven Charakter hätte.

Der Verfasser.

Inhaltsverzeichnis

A. Die statistische Methode

I. Zur Einführung: Das Wesen der Zahlen

I r r e n   i s t   s c h w e r. Kant hat in seiner Vorlesung über Logik einen Abschnitt der Frage gewidmet: „Wie Irrtum möglich sei?''. Ein Irrtum müsse sich, sagt er, unter der Form der Wahrheit einschleichen. Denn der Irrtum sei der Natur des menschlichen Geistes zuwider.

Unter allen möglichen Irrtümern scheint ein statistischer Irrtum am allerunmöglichsten. Gewiß, man kann sich verschreiben. Eine Zahl kann auch aus anderen Gründen falsch sein. Wenn sie aber richtig ist, so dürften die Menschen über sie nicht verschiedene Meinungen haben. „On ne discute pas contre un chiffre'', sagt der Franzose, „Zahlen beweisen'', der Deutsche. Vor 100 Jahren begann dieser Satz: „Zahlen beweisen'', der in der „Kölnischen Zeitung'' als Überschrift eines Artikels erschienen war, seinen Siegeszug über die Welt.

Zahlen sind Tatsachen. Tatsachen lassen sich nicht aus der Welt schaffen. Hat man auf Grund einer richtigen Zahl einen Satz aufgestellt, so kann er höchstens falsch sein, weil die Zahl falsch gedeutet wurde. Der Irrtum liegt jenseits der Zahl.

D e r   ü b l e   R u f   d e r   S t a t i s t i k. Wie ist denn die Statistik so in Verruf gekommen? Warum pflegt man spöttisch zu sagen, mit Zahlen lasse sich alles, und daher nichts, beweisen? Die Statistik sei nur eine Form der Lüge[1])? — Weil die meisten Menschen die Zahlen nicht zu deuten verstehen. Gerade die Überzeugungskraft der Zahlen,

---

[1]) Das bekannte Zitat, es gebe drei Sorten Lügen, die gewöhnliche, die Notlüge und die Statistik, bezog sich ursprünglich auf die Advokaten in England. Dort sagte man, es gebe drei Sorten von Lügnern: common liers, professional liers, and lawyers.

die Tatsachen, die sich unter dieser Form einschleichen, sind das Gefährliche. Nicht jeder, der mit Zahlen umgeht, ist ein Statistiker. Die Unwissenheit über die Behandlung und Deutung der Zahlen ist heute ebenso verbreitet wie ihre Anwendung auf allen Lebensgebieten.

Die Berufsstatistiker haben sich mit großer Entschiedenheit gegen den Vorwurf der Lügenhaftigkeit der Statistik zur Wehr gesetzt. Mit Unrecht. Es ist selbstverständlich, daß man mit Zahlen lügen kann, so gut wie man mit Worten lügen kann. Aber niemand wird deswegen sagen, die S p r a c h e lügt, sondern der M a n n, der sie spricht, hat gelogen. — Statistiker haben sogar behauptet, es sei der L e s e r eines statistischen Werkes, der lüge, wenn er es mißverstehe. Dieser Vorwurf geht ein wenig weit. Ist es nicht vielmehr die Aufgabe der Statistiker, dafür zu sorgen, daß ihre Zahlen nicht mißverstanden werden? Jedenfalls sind die Zahlen an sich weder gut noch böse. Es kommt nur darauf an, was man mit ihnen macht.

S c h e i n b a r e   W i d e r s p r ü c h e. „Der Wert des englischen Außenhandels ist stark im Steigen begriffen", erklärte Robert G i f - f e n in der Königl. Statistischen Gesellschaft und bewies das aus den amtlichen Zahlen der englischen Außenhandelsstatistik. „Der Wert des englischen Außenhandels geht zurück", schrieb die Saturday Review und bewies das ebenfalls aus den Zahlen der englischen Außenhandelsstatistik. Wer hatte recht? Keiner von beiden. Der erste benützte dreijährige Durchschnitte der Jahre 1865—1867, 1875 bis 1877, 1885—1887 und 1895—1897, die Saturday Review die fünfjährigen Durchschnitte 1870—1874, 1880—1884 und 1890—1894. In Wahrheit verlief die Kurve wellenförmig; der eine Beobachter hatte nur die absteigenden Wellenstücke, der zweite die aufsteigenden in seiner Statistik verwendet. Erst durch Ausgleich der Zahlenangaben in zehnjährigen Durchschnitten gelangte B o w l e y zu dem Bild einer ganz langsam aufsteigenden Kurve der Außenhandelswerte.

Aus dieser Erfahrung läßt sich ableiten, daß man sich nie, wenn man sich über eine Zahlenbewegung unterrichten will, mit einer — einseitigen — Auswahl zufrieden geben sollte. Es müssen entweder alle verfügbaren Beobachtungen, alle „Fälle" herangezogen werden, oder die Auswahl muß einen richtigen Querschnitt gewährleisten. Die Abneigung des Statistikers gegen jede Auswahl ist bekannt. Er verlangt „erschöpfende Massenbeobachtungen". Neuerdings gibt er sich vielfach mit einer sorgfältigen Auswahl zufrieden.

Z w i s c h e n d e n Z a h l e n. Man sollte nicht nur zwischen den Zeilen, sondern auch zwischen den Zahlen zu lesen verstehen. Was liegt oft zwischen zwei statistischen Feststellungen! Die Statistik der innern Wanderungen z. B. zeigt das aufs deutlichste. Aus der Verschiedenheit von Geburts- und Wohnort wird auf die Wanderungsbewegung geschlossen: wer als Geburtsort Düsseldorf angibt, als Wohnort Berlin, wird als von Düsseldorf nach Berlin gezogen betrachtet. Ein Überseer, der als hoher Siebziger nach seinem Geburtsort zurückkehrt, um dort zu sterben, wird zu den Seßhaften gezählt, die ihren Geburtsort nie verlassen haben. Wenn eine Bauersfrau zur Zeit der Geburt ihres Kindes in die Stadt in die Klinik ging, wird das Kind von der Statistik als ein Städter betrachtet, der aufs Land gewandert ist, obwohl er nur vor der Geburt die umgekehrte Wanderung gemacht und das Land später überhaupt nie verlassen hat.

Das sind Einzelfälle, wird man einwenden; das gilt nicht für Massenbewegungen. Betrachten wir also solche großen Bewegungen. Nichts scheint einfacher zu sein, als festzustellen: Nimmt die Bevölkerung einer Gemeinde zu oder ab? Man braucht nur die Ergebnisse zweier Volkszählungen zu vergleichen. Das hat man auch getan und ist zu dem Resultat gekommen, die Bevölkerung in vielen hundert Gemeinden der Hochtäler der Alpen nimmt ab. Also, sagen die Bevölkerungspolitiker, muß man von einer Entvölkerung dieser Gebirgstäler sprechen.

Das ist ein vorschnelles Urteil und ein schönes Beispiel dafür, wie sehr eine einseitige Betrachtungsweise zu Fehlschlüssen führen kann. Die Bevölkerungszahl der Gemeinden wird von der Zahl der Geburten und Todesfälle sowie von der Zu- und Abwanderung der Bevölkerung bestimmt und ist im allgemeinen großen Schwankungen unterworfen. Zählt man die schweizerischen Gemeinden, die von 1850–1920 bei j e d e r Volkszählung, also siebenmal, abgenommen haben, so kommt man zum überraschenden Ergebnisse, daß es nur 0,7 Prozent sind; jene, die sechsmal abgenommen und einmal zugenommen haben, machen 5 Prozent aus. Weitaus die meisten Gemeinden haben ebensooft zu- als abgenommen. Diese Statistik erstreckt sich auf sämtliche Bergkantone und ferner noch auf die Kantone Bern,

Waadt, St. Gallen. Sie umfaßt 2010, also rund zwei Drittel aller schweizerischen Gemeinden.

Nehmen wir einmal an, die Einwohnerzahl einer Gemeinde schwanke um die Zahl 1000; sie sei bei einer Volkszählung 950 gewesen, bei der nächsten Zählung 1050. Bei der übernächsten gehe sie wieder auf 950 zurück und steige bei der vierten wieder auf 1050. Vergleichen wir die Ergebnisse der ersten Zählung mit der vierten, so werden wir sagen, die Gemeinde hat um rund 10 Prozent zugenommen; haben wir unsere Betrachtung schon bei der dritten Zählung abgeschlossen, so werden wir sagen, die Gemeinde sei vollkommen s t a t i o n ä r g e b l i e b e n; vergleichen wir die zweite und dritte Zählung, so werden wir sagen müssen, die Gemeinde hat um etwa ein Zehntel a b g e n o m m e n. Es kommt also stets auf den Zeitpunkt an, von dem aus wir betrachten.

Vergleichen wir sehr viele Gemeinden, die alle eine wellenförmige Auf- und Abwärtsbewegung aufweisen (wie wir das für die Großzahl der schweizerischen Gemeinden festgestellt haben), nur an zwei Volkszähldaten, etwa 1850 und 1920, so muß sich offenbar ergeben, daß viele zu- und viele abgenommen haben. Berücksichtigt man n u r jene Gemeinden, die seit 1850 abgenommen haben, so ist das eine große Zahl, und wir können eine „Entvölkerungskarte" aufzeichnen. Sieht man genauer zu, so ist aber ein Auf und Ab in den Bevölkerungszahlen fast aller schweizerischen Gemeinden von Zählung zu Zählung die Regel. Eine s t ä n d i g e Abnahme von Zählung zu Zählung ist, wie gesagt, außerordentlich selten (0,7 Prozent). Auch die Zahl der Gemeinden, die ständig z u genommen haben, ist sehr klein (4 Prozent). 49 Prozent aller Gemeinden haben dagegen bei sieben Volkszählungen drei- oder viermal abgenommen oder, was dasselbe ist, vier- oder dreimal zugenommen. Mit andern Worten, die Schwankungen der Bevölkerungszahlen sind sehr beträchtlich. Zu irgendeinem beliebigen Zeitpunkt sind rund ebenso viele Gemeinden vorhanden, die seit der letzten Zählung zu-, als solche, die abgenommen haben, im Flachland ebensowohl wie im Gebirge.

Man darf also nicht nur die abnehmenden Gemeinden betrachten. In Graubünden z. B. haben die über 700 m liegenden abnehmenden Gemeinden im ganzen in sieben Jahrzehnten zwar um 6000 Einwohner abgenommen, dagegen haben die übrigen Gemeinden in dieser Höhenlage im selben Zeitraum um 14 000 Einwohner zugenommen. Aus dem allen ergibt sich, daß die Bewegung zwischen zwei statistischen Aufnahmen sehr oft keineswegs geradlinig verläuft und daß man allen Grund hat, sich wenigstens zu vergewissern, in welchem Sinne im allgemeinen Schwankungen stattgefunden haben.

Vom Jenseits der Zahlen. Ist schon das Ergänzen der statistischen Angaben, die zwischen zwei Zeitpunkten liegen, oft eine schwierige Aufgabe, so wird sie fast unlösbar, wenn wir über die Beobachtungspunkte hinausgehen, die Kurve weiterzeichnen wollen. Und doch geschieht das unaufhörlich. Aus dem Sinken der Sterbefälle schließt man, daß sie weiter sinken werden, obwohl gerade angesichts der zunehmenden Vergreisung der Bevölkerung ihr Ansteigen erwartet werden darf. Aus der zunehmenden „prosperity" glaubte man in Amerika bis 1929 schließen zu dürfen, sie werde niemals aufhören.

Man hat aus der Zunahme der Länge der Schlachtschiffe in den letzten fünfzig Jahren die Länge dieser Schiffe in weitern fünfzig Jahren zu berechnen versucht. Ein findiger Kopf kam auf die Idee, die Zulässigkeit dieser Methode zu prüfen, indem er nach rückwärts rechnete, wie lang die Schlachtschiffe gewesen sein müssen, wenn man um weitere fünfzig Jahre zurückgeht. Er fand, daß die Länge der Schiffe damals eine negative Größe gewesen sei.

Scheinbares Beharren. Ein Mensch geht am Flußufer spazieren. Er mißt den Wasserstand am Pegel. Nach zehn Jahren kommt er wieder vorbei, sieht, daß der Wasserstand der gleiche ist, und schließt daraus, er habe sich nicht verändert. — Wie der Leser erraten haben wird, kann dieser Mensch nur ein Statistiker — natürlich ein schlechter — gewesen sein. Denn ein solcher kümmert sich gewöhnlich nicht um die Bewegungsvorgänge, die zwischen zwei Beobachtungen stattfinden. Er zählt, wie er sagt, die Kugeln in der „Urne der Natur". Nach zehn Jahren zählt er sie wieder. Ihre Zahl hat sich möglicherweise nicht verändert. Es können aber Tausende von Kugeln in der Zwischenzeit verschwunden, Tausende neu hinzugekommen, es können viele größer, viele kleiner geworden sein. Da die einzelnen Kugeln nicht im Auge behalten wurden, bemerkt man das nicht. Hier haben wir z. B. das Bild einer Betriebszählung vor uns. Die Zahl der Betriebe ist möglicherweise gleichgeblieben, auch die Zahl der Groß- und Kleinbetriebe. Aber ist es gleichgültig, ob in der Zwischenzeit der Bestand an Betrieben sich verjüngt hat; wie viele von den alten noch bestehen und ob gerade sie eingeschrumpft oder gewachsen sind; ob die schon früher vorhandenen bereits große Betriebe waren, ob die Neugründungen kleinere oder größere Betriebe sind?

Wenn der Statistiker feststellt, nur die Großbetriebe hätten an Zahl zugenommen, so haben in Wahrheit oft nur die Kleinbetriebe an Zahl zugenommen. Es können nämlich die Klein- zu Mittelbetrieben, die Mittelbetriebe zu Großbetrieben aufgerückt und die ursprünglichen Kleinbetriebe durch neue Kleinbetriebe ersetzt worden sein. Eine Zunahme, ein Einströmen neuer Betriebe hat nur bei ihnen stattgefunden. Wer dies nicht beachtet, hat wiederum denselben Fehler begangen: er hat die innere Bewegung nicht verfolgt, er hat nur die Kugeln in den verschiedenen Urnen der einzelnen Größenklassen gezählt, aber nicht bemerkt, daß ihr Inhalt von einer Urne in die andere hinübergewandert ist.

T ä u s c h e n d e   Z u -   u n d   A b n a h m e n. Der Leser statistischer Werke täuscht sich oft über die Zu- oder Abnahme in den Zahlen, weil er nur die Prozentzahlen betrachtet. Das ist ein sehr gewöhnlicher Fehler. Aber er wird immer wieder gemacht. Liest er z. B., die Zahl der Beschäftigten im Luftverkehr hätte in Zürich um 3600 Prozent zugenommen, im Eisenbahnwesen dagegen nur um 35 Prozent, so wird er den Eindruck haben, das modernste Verkehrsmittel sei von überwiegender Bedeutung geworden. In Wahrheit war die Zahl der Beschäftigten im Luftverkehr von 1 auf 37 gestiegen, also nur um 36 Beschäftigte; im Eisenbahndienst von 2403 auf 3111, also um 708 Beschäftigte.

Ebenso falsch aber wäre es, stets nur die absoluten Zahlen zu berücksichtigen. Die Bedeutung der Landwirtschaft in der Schweiz ist in sechzig Jahren (von 1860 bis 1920) scheinbar nicht oder nur unwesentlich zurückgegangen. Denn die Zahl der beschäftigten Personen mit ihren Familien sank von 1,11 nur auf 1,03 Millionen. Aber in derselben Zeit ist die Zahl der übrigen Erwerbstätigen samt ihren Angehörigen von 1,4 auf 2,9 Millionen angewachsen. Der Anteil der Landwirtschaft an der Gesamtbevölkerung ist daher von 44 auf 26 Prozent gesunken.

Manchmal kann eine absolute Zunahme bereits den Keim der Abnahme in sich tragen. In manchen europäischen Ländern wurde

14

nachgewiesen, daß die gegenwärtige Zunahme der Bevölkerung nur eine scheinbare ist, hervorgerufen durch die anormale Altersverteilung der Bevölkerung und die Abnahme der Sterblichkeit. Die Gesamtbevölkerung umfaßt, da der Nachwuchs klein ist, trotz der Zunahme der Geburten infolge größerer Heiratsfreudigkeit, mehr und mehr alte Leute. Sie leben länger als früher; aber sie werden nicht ewig leben. Infolgedessen ist ein Rückschlag in absehbarer Zeit zu erwarten.

Die Bewegung des Ganzen ist kleiner als die seiner Teile. Sehr oft täuscht man sich über die Änderungen in statistischen Zahlen, weil man nur die Summenzahlen betrachtet und nicht ins einzelne geht. So z. B. ist die Zahl der Betriebe in Deutschland von 1925 bis 1933 im ganzen in Industrie und Handwerk nahezu gleichgeblieben (+ 0,1 Prozent). Dagegen sind die Betriebe der Textilindustrie von 123 000 auf 68 000 zurückgegangen (— 45 Prozent), die Betriebe des Reinigungsgewerbes von 86 000 auf 137 000 gestiegen (+ 59 Prozent). Man kann also nicht von einer geringen Änderung reden, wenn sehr große, gegeneinander wirkende Tendenzen einen Ausgleich bewirkt haben.

Hinter den Kulissen der Zahlen. Manchmal weiß man nicht, was hinter den Zahlen steckt, wenn man sich nicht vergewissert, was mit den Grenzfällen der statistischen Aufnahmen geschehen ist. Um ein einfaches Beispiel zu wählen: Bei einer Berufszählung bilden die Taglöhner insofern für die Zuteilung Schwierigkeiten, als bei ihnen oft nicht angegeben wird, ob sie in der Industrie oder in der Landwirtschaft am Stichtag tätig waren. Je nachdem sie mehr der einen oder andern Berufsklasse zugeteilt werden, können sich die Ergebnisse erheblich verschieben. Ebenso zweifelhaft ist die Zurechnung der Hausfrauen in der Landwirtschaft entweder zu dieser oder zu der hauswirtschaftlichen Tätigkeit. Ein anderes Beispiel: Wenn die Zahl der Todesfälle, die nicht von Ärzten bescheinigt sind, verhältnismäßig groß ist, so sind die in der Statistik ausgezählten ärztlich bescheinigten Todesursachen ganz wertlos. Man tut daher gut daran, bei jeder Erhebung auf die Zweifelsfälle in der Zuteilung ganz besonders zu achten.

Heimlicher Bedeutungswandel. Was oft übersehen wird, ist die Änderung, die im Laufe der Zeit im Maß- und Gewichtssystem, das der Statistiker benützt, eintritt. In der Handelsstatistik werden die Wertangaben oft über lange Zeiträume miteinander verglichen, ohne zu berücksichtigen, daß das Geld seinen Wert veränderte; so daß man bisweilen meinen könnte, die Weltkriege seien der Aufmerksamkeit des Verfassers entgangen. Aber auch durch gesetzliche Änderungen können die Begriffe, die der Statistiker verwendet, ganz andere werden. „Wohnbevölkerung", „Tödlicher Unfall", „Arbeitsloser" sind derartige Begriffe, die sich unversehens unter den Händen des Bearbeiters verwandeln können.

Z a h l e n   i n   d e r   L u f t. In den Bergen stürzen viel weniger Menschen tödlich ab als auf Treppen und von Leitern. Demnach scheint das Begehen von Treppen bedeutend gefährlicher zu sein als das Klettern in den Bergen? Hier liegt der sehr häufige Fehler vor, daß man nicht das Ganze berücksichtigt; also im vorliegenden Beispiel, wie viele Personen sich der Unfallgefahr aussetzen. So stark sich auch der Alpinismus entwickelt hat, so wenig zahlreich sind die Personen, die in die Berge gehen, verglichen mit jenen, die täglich mehrmals Treppen steigen.

Immer wieder kommen solche Täuschungen vor, wenn Zahlen nicht in Beziehung zu der Masse gesetzt werden, aus der sie stammen. Es erweckt großen Eindruck, wenn man darlegt, wie ungeheuer die Vorräte eines modernen Ozeandampfers sind. Hält man sich jedoch vor Augen, daß auf einem solchen die Bevölkerung einer Kleinstadt lebt, so wird der Eindruck abgeschwächt und auf seine wahre Natur zurückgeführt.

Woran die Menschen ebenfalls selten denken, ist, daß sich Beträge im Laufe der Jahre summieren. Man muß diese Summe mit den Zeitstrecken, in denen sie sich anhäufen, vergleichen, um sie richtig einzuschätzen. Die Berechnung, welche ungeheuren Nahrungsmittelmengen der Mensch im Laufe eines siebzigjährigen Lebens zu sich nimmt, ist eigentlich vollkommen unsinnig, weil man sich die vielen Tausende von bescheidenen Mahlzeiten in dieser langen Zeitspanne gar nicht vergegenwärtigt. Daß der Absatz an Kaffee einer Kaffeeimportfirma den Rheinfall von Schaffhausen während sieben Minuten speisen könnte, scheint nur aus zwei Ursachen so großartig, weil das Bild erstens eine s t ä n d i g e Naturerscheinung voraussetzt und weil zweitens nicht beachtet wird, daß es sich um einen Teil des J a h r e s - bedarfs einer Millionenbevölkerung handelt.

Elastische Maßstäbe. Gefährlich sind die elastischen Maßstäbe, die notwendig zu falschen Messungen führen müssen. So z. B. teilen die Statistiker die Betriebe in Klein-, Mittel- und Großbetriebe ein, nach der Zahl der beschäftigten Personen. Wenn ein Betrieb sich vergrößert, so tut er dies in der Regel, um sich die Vorteile des Großbetriebes zunutze zu machen, die unter anderm in der verhältnismäßigen Ersparnis an Arbeitern bestehen. Daher bedeuten hundert Personen in einem Großbetrieb keineswegs dasselbe wie hundert Personen in zehn Kleinbetrieben.

Der Mensch als Maß aller Dinge. Frühere Statistiker sind häufig in den Fehler verfallen, die vorhandenen Pferdekräfte in Industrie und Verkehrsgewerbe in Menschenkräfte umzurechnen. Um einen modernen Ozeandampfer zu bewegen, wären fünf Millionen Ruderer erforderlich, was aber wegen der Unmöglichkeit, diese Kräfte zu konzentrieren, natürlich eine unsinnige Berechnung ist. Heute sind solche Rechenexempel nicht mehr beliebt. Dennoch wird unbedenklich die wirtschaftliche Bedeutung eines Industriezweiges durch die Zahl der beschäftigten Personen ausgedrückt, während es doch z. B. auf der Hand liegt, daß 1000 Personen, die so kostspielige und leistungsfähige Maschinen wie Zigarettenmaschinen dirigieren, wirtschaftlich von einem weit größern Gewicht sind als 1000 Tabakarbeiterinnen, die mit der Hand Zigarren rollen. Neben die Vorteile des Großbetriebes, die wir oben erwähnt haben, tritt die Rationalisierung, die darauf hinaus läuft, durch Einsatz von Kapital Arbeitskräfte zu ersparen. Es ist also unzulässig, nur die Zahl der Arbeitskräfte zu vergleichen. Wo es sich um soziologische oder sozialpolitische Gesichtspunkte handelt, ist diese Art der Betrachtung natürlich wohl berechtigt.

Die Wunder der Einteilung. Wer mit Statistik nicht viel zu tun gehabt hat, wird meistens gar keinen Begriff von der Wichtigkeit haben, die der Einteilung und den Klassifikationsgrundsätzen bei einer statistischen Erhebung zukommen. Nicht nur die großen Hauptgruppen, z. B. einer Berufszählung, sind von Land zu Land durchaus anders zusammengesetzt; auch das Ausmaß der Unterteilung und Verästelung bestimmt in weitgehendem Maße das Gesamtbild.

Manche Länder rechnen den Bergbau zur Industrie, andere wieder nicht. In manchen Ländern gehört das Gastwirtschaftsgewerbe zum Handel, was oft bei Besprechungen statistischer Zusammenstellungen übersehen wird.

Beim Vergleichen einzelner Industriezweige kommt es ferner sehr darauf an, wie weit die Aufspaltung getrieben worden ist. Faßt man Männer- und Frauenkleiderkonfektion zusammen, so scheint dieser Industriezweig von viel größerem wirtschaftlichen Gewicht, als wenn man die Männerkleiderkonfektion für sich mit einem andern Industriezweig vergleicht. — Die Möbelschreinerei wird vielfach mit Bauschreinerei verbunden. Doch gibt es zahlreiche Möbelschreinereien, die nur Möbel herstellen. Führt man sie allein auf, so erhält man ein falsches Bild vom Umfang der Möbelschreinerei. — Zum Baugewerbe gehören, außer dem eigentlichen Hoch- und Tiefbau, eine Unzahl weiterer Industriezweige, die direkt oder indirekt an der Ausstattung von Wohnungen mitarbeiten und die teils bei der Metallindustrie, teils bei der Holzindustrie aufgeführt sind. Die Gruppe Baugewerbe ist daher in ihrer Größe ganz von der willkürlichen Zuteilung dieser Industriezweige abhängig.

Glanz und Elend statistischer Prophetie. Wissen ist Voraussehen. Da nun das statistische Wissen auf der festen Grundlage von Tatsachen beruht und diese Tatsachen sich mehr oder weniger langsam ändern, ist der Statistiker besonders häufig der Gefahr ausgesetzt, sich bei Aussagen für die Zukunft zu Irrtümern verleiten zu lassen. „Er geht von bestimmten, zahlenmäßigen Angaben aus, die für die Vergangenheit gewonnen wurden, nimmt hypothetisch an, daß sie sich in Zukunft nach gewissen Voraussetzungen ändern werden, und übersieht, daß dies im Grunde nur Denkaufgaben sind, Rechenexempel, die oft auf gut Glück in die Welt gesetzt werden mit dem Motto: ‚Beweist mir, daß eine andere Zahl richtiger ist‘" (Meerwarth). Natürlich kann von einer Sicherheit solcher hypothetischer Annahmen nicht gesprochen werden. Aber auch wer nach dem einfachen Grundsatz urteilt: „Was ist, wird sein", muß sich den größten Täuschungen aussetzen. Die Abnahme der Geburtenhäufigkeit würde, wenn sie in gleichem Maße fortschreitet wie in den letzten dreißig Jahren in Frankreich, bereits in absehbarer Zeit dazu führen, daß in diesem Land überhaupt keine Kinder mehr auf die Welt kommen. Nichts ist unwahrscheinlicher als eine solche Annahme.

Übrigens beweist das Eintreffen einer statistischen Voraussage noch nicht ihre prophetische Kraft. Es sind schon Dinge eingetroffen, die man aus dem Kaffeesatz prophezeit hat.

Grenzen der Statistik. Über Wert oder Unwert der Statistik würden weniger Meinungsverschiedenheiten bestehen, wenn ihre Grenzen von den Statistikern selbst oft klarer erkannt und besser respektiert würden. Manche haben aber eine Leidenschaft dafür, die Statistik auf Gebieten anzuwenden, die hierfür nicht im geringsten geeignet sind. Wenn es auch richtig ist, daß die Statistik in immer mehr Wissenszweigen Eingang findet, so gibt es doch weite Felder, auf denen sie nichts zu suchen oder nur untergeordnete Hilfsdienste zu leisten hat. Niceforo hat z. B. das häufige Nennen von Farben in den Gedichten von Baudelaire statistisch festgestellt und daraus auf die Farbigkeit der modernen Poesie im Vergleich mit den Homerischen Gedichten geschlossen. Nun liegt aber auf der Hand, daß die Farbigkeit eines Gedichtes keineswegs vom Vorkommen von Farbbezeichnungen abhängt, sondern vom Aufklingen von Bildern, die uns Farben vermitteln, kurz von der Anschaulichkeit und Lebendigkeit der poetischen Darstellungskunst.

Wägen, nicht zählen. Auch das kommt vor, daß zahlenmäßige Erscheinungen, die der statistischen Bearbeitung durchaus widerstreben, in ein statistisches Schema hineingezwängt werden. So sind die schweizerischen Volksabstimmungen seit 1848 mehrfach auf ihre Stimmbeteiligung hin untersucht worden, wobei sich im ganzen eine durchschnittlich abnehmende Beteiligung von Jahrzehnt zu Jahrzehnt ergab. Unter den sämtlichen Vorlagen befanden sich jedoch vollkommen unbedeutende, die in jedem Jahrzehnt mit äußerst wichtigen keineswegs in gleichem Verhältnis gemischt waren. Es gab politisch bewegte und ruhige Jahrzehnte. Außerdem hängt die Stimmbeteiligung erfahrungsgemäß von der Koppelung mit kantonalen Vorlagen und deren Wichtigkeit in starkem Maße ab. Wir sehen also hier ein weiteres Beispiel vor uns, wie die scheinbar mögliche statistische Bearbeitung wegen innerer Wesensunterschiede zu verfehlten Ergebnissen führt.

Einige praktische Regeln. Aus den angeführten Beispielen lassen sich folgende kurze Regeln für das Deuten der Zahlen ableiten:

1. Es sind stets möglichst vollständige und möglichst verschiedenartige Angaben über dieselbe Materie zu sammeln.

2. Jede Zahl ist in ein Verhältnis zur Masse, aus der sie stammt, zu setzen.

3. Man vergesse nicht, daß hinter jeder statistischen Bestandesaufnahme Bewegungserscheinungen verborgen sind.

4. Man traue dem Satze nicht: „Was ist, wird sein" oder: „Die Natur macht keine Sprünge".

5. Man achte auf die statistischen Grenzfälle.

6. Man achte auf die Wandlungsfähigkeit der statistischen Begriffe, auf ihre Verschiedenheiten bei Vergleichen von Erhebung zu Erhebung und von Land zu Land.

7. Neben den relativen berücksichtige man stets auch die absoluten, neben den absoluten auch die relativen Zahlen.

Der Vorgang des Zählens. Wenn wir irgendwelche Gegenstände zählen, sehen wir von ihren tausend Besonderheiten ab — mit Ausnahme von jener Besonderheit, die ihnen allen gemeinsam ist und wegen der sie uns beschäftigen. Wir fassen sie zu einer „Klasse" zusammen. Wir werfen sie gleichsam nacheinander auf einen Haufen, indem wir dabei jedem ein Zahlwort zuteilen (Helmholtz). Diese Zahlwörter sind in ihrer Reihenfolge lediglich durch Übereinkommen festgestellt, genau wie die Buchstaben des Alphabets. (Die Zahlen sind ja auch aus Buchstaben entstanden.) Der abgezählte Haufen trägt jetzt eine Zahl. Er besteht nunmehr für uns aus gleichartigen Dingen. Sie sind allein durch ihre Masse gekennzeichnet.

Vorteilhafte Eigenschaften der Zahlen. Worin besteht der Vorteil, solche Haufen gleichartig scheinender Dinge anzulegen? Man kann sie sehr leicht und sehr genau gegeneinander abwägen: durch Messen kann man sie vergleichen. Eigenschaften werden auf Zahlenunterschiede zurückgeführt, genau so wie wir alle Töne, die dem Ohr eines Musikers so unendlich verschieden klingen, auf verschieden hohe Schwingungszahlen und Kombinationen von Schwingungen zurückführen können. Das bedeutet im Grunde eine künstliche, wesentliche Vereinfachung der Welt.

Der zweite große Vorteil des Zählens besteht im Präzisieren unbestimmter Vorstellungen. In vielen Fragen des wissenschaftlichen und praktischen Lebens kommt es auf Genauigkeit an. Ohne Zählen und Messen ist keine Genauigkeit möglich. Nicht daß der Statistiker absolute Genauigkeit verlangt, er begnügt sich meist schon mit 95 Prozent Genauigkeit. Aber die statistische Genauigkeit ist doch weit größer als die rohe Schätzung oder das „Gefühl". Wir wollen nicht nur wissen, ob e i n i g e Fälle sich so und so verhalten, sondern wie v i e l e das sind. Wir können sehr oft nicht sagen, daß a l l e Gegenstände diese oder jene Eigenschaft aufweisen, aber wir können wenigstens sagen, für wie viele Gegenstände das zutrifft.

„Die Beschreibung durch Zählung ist nämlich die denkbar einfachste und kann vermöge des bereitliegenden Zahlensystems ohne neue Erfindung zu beliebig feiner und genauer Unterscheidung getrieben werden. Das Zahlensystem ist eine Nomenklatur von unerschöpflicher Feinheit und Ausdehnung und wird trotzdem an Übersichtlichkeit durch keine andere Nomenklatur übertroffen. Überdies kann durch Anwendung der Zähloperation selbst jede Zahl aus jeder andern abgeleitet werden, wobei gerade die Zahlen zur Darstellung von Abhängigkeiten sich vorzüglich eignen. Diese augenscheinlichen Vorteile, welche in der Verwendung des Quantitativen liegen, müssen das Bestreben erzeugen, die Verknüpfung des Qualitativen mit dem Quantitativen überall aufzusuchen, wo dies gelingen mag, um allmählich alle qualitativen auf quantitative Unterschiede zu reduzieren" (Ernst Mach).

Wenn wir uns vorstellen (bei den maschinell bearbeiteten Volkszählungen geschieht dies tatsächlich), daß für jede Person eine Zählkarte angelegt wird und daß die Kärtchen zu größern und kleinern Haufen vereinigt werden, so können wir durch die Unterschiede in der Höhe der Haufen einen deutlichen Begriff der Wichtigkeit der einzelnen Berufe gewinnen. Die Bäcker und Metzger sowie alle Berufe, die dem unmittelbarsten Lebensbedarf dienen, werden mit besonders hohen Kartenstößen vertreten sein, ferner auch die Berufe, die für Bekleidung und Behausung sorgen. Es kommen dann jene, die zur Beschaffung von Produktionsmitteln dienen usw., am Schlusse jene für die Verteilung der Güter. Werden die verschiedenen Zählkartenstöße auf dem Boden eines großen Saales nebeneinandergestellt, so ergeben sich treppenförmige Abstufungen, die ein gegenseitiges Abtasten der Größenverhältnisse ermöglichen. Mißt man die einzelnen Haufen an der Höhe des Turmes, der entstehen würde, wenn man das gesamte Zählkartenmaterial zu einem Haufen schichtet, so erhält man wichtige Verhältniszahlen. Werden die Zählkarten jedes Berufes der letzten und vorletzten Zählung nebeneinander aufgeschichtet, so kann man wiederum ein Anwachsen oder Sinken der Berufstätigen jedes Handwerks konstatieren. — Es ist ferner möglich, die einzelnen Berufshaufen nach dem Alter der Berufstätigen zu zerlegen, wie viele 21—25, 26—30 Jahre alt sind, wodurch wir Aufschluß über das frühere oder spätere Eintrittsalter in die Berufe, über ihre Beliebtheit bei starkem Nachschub oder ihr Aussterben erhalten. Wenn wir die Berufstätigen nach der Adresse ihres Arbeitgebers ordnen würden (dies geschieht in Frankreich) und die Stöße auf dem Boden auf einer großen Landkarte anordnen, so würden die verschiedenen Haufen die produktiven Ansammlungen nach der Art der Tätigkeit in ihrer Verteilung über das Land, samt der Bedeutung, die diese Produktionsmittelpunkte besitzen, durch die Höhe der Haufen darstellen. Mit einem Wort: Das Abtasten von Größenverhältnissen wirkt wie das Abtasten der Blindenschrift für den Blinden: sehen kann er dadurch nicht, wohl aber verstehen.

Unvorteilhafte Eigenschaften der Zahlen. Der Mensch ist den Zahlen gegenüber in ungünstiger Lage. Er hat kein Organ für sie, sowenig wie für die Elektrizität; so wie er die elektrischen Wellen erst in andere Formen überführen muß, um sie überhaupt zu bemerken, so kann er wohl Zahlen abwägen und messen, wenn sie nicht zu groß sind, aber eine Vielheit von Zahlen kann er gedanklich nicht beherrschen, und er kann sich große Zahlen nicht vorstellen.

Die Statistiker sind aus diesem Grunde mit Nachtigallen zu vergleichen, die ohne Zunge geboren wurden. Sie machen daher vielerlei Anstrengungen, „den Zahlen den Mund zu öffnen", die Zahlenfriedhöfe, wie sie ihre Tabellenwerke nennen, zu schmücken, die Zahlen durch graphische Darstellungen zu veranschaulichen, sie durch textliche Bearbeitungen zu beleben.

Diese Unfähigkeit des menschlichen Geistes, Zahlen zu assimilieren, hat sich in dem nur langsamen Wachsen der Zahlenvorstellungen gezeigt. Es gibt heute noch primitive Völker, die buchstäblich nicht auf drei zählen können (Thurnwald). Auch entwickeltere Volksstämme haben sehr begrenzte Zahlenvorstellungen. Ein Forscher, der mit Negern Innerafrikas experimentierte, mußte die Erfahrung machen, daß sie ihren Kleinviehbestand nicht in größern Zahlen ausdrücken konnten; sie bemerkten, es hätte gar keinen Sinn, weiter als 80 zu zählen, denn mehr als 80 Schweine gäbe es ja überhaupt nicht. — Während der Inflationszeit in Deutschland ist eine besondere, nervöse Krankheitsform aufgetreten, die durch das Wachsen der Geldeinheiten verursacht wurde, da sich die Leute in diesen großen Ziffern nicht mehr zurechtfanden.

Anderseits läßt sich feststellen, daß großen Zahlen eine starke suggestive Kraft innewohnt, weshalb in den Zeitungen mit Vorliebe mit Zahlen, und zwar mit sehr großen, oft operiert wird. Sie pflegen im Leser eine Art „Ozeangefühl" zu erzeugen. Das Eindringen der Statistik in fast alle Gebiete des wissenschaftlichen und praktischen Lebens hat dieser Zahlenmanie Vorschub geleistet.

Es gibt allerdings Kulturkreise, die noch vor kurzem völlig abseits dieser Entwicklung standen. So schrieb ein türkischer Kadi gegen Ende des 19. Jahrhunderts folgenden Brief an einen englischen Reisenden, der ihn um statistische Informationen gebeten hatte:

> „Mein erhabener Freund! Was Du von mir verlangst, ist ebenso schwierig als unnütz. Obwohl ich mein ganzes Leben an diesem Ort verbrachte, habe ich niemals nach der Zahl seiner Häuser oder ihrer Einwohner gefragt; und was die eine Person auf ihren Maulesel lädt und die andere in den Bauch ihres Schiffes verstaut, das ist meine Sache nicht... Ich preise Gott dafür, daß ich nicht nach dem begehre, was mir nicht not tut... O meine Seele! O mein Lamm! Forsche nicht nach den Dingen, die dich nichts angehen. Du kamst zu uns, wir hießen Dich willkommen; gehe in Frieden!"

James, der amerikanische Philosoph, der diesen Ausspruch zitiert, macht kein Hehl daraus, daß er den türkischen Kadi, mit seiner Abneigung gegen das Zählen, ebenfalls für einen Philosophen hält.

Anforderungen an eine gute Statistik. Aus der Natur der Zahlen, die wir oben zu kennzeichnen versucht haben, aus der Schwierigkeit, sie zu deuten, erwachsen ganz besondere Anforderungen an statistische Werke. Ihre Sprödigkeit erfordert zwangsläufig eine geschickte Behandlungsart. Eine gute statistische Arbeit ist stets ein mehr oder weniger gelungener psychologischer Versuch. Er läuft darauf hinaus, im Leser gewisse Dinge anklingen zu lassen, um seine Vorstellungen zu bereichern. Es kann keine Rede davon sein, ihm Zahlen einzutrichtern, denn er wird sie doch nicht behalten.

Was kann in seinem Gedächtnis zurückbleiben? Entweder der Eindruck von erheblichen Verschiebungen ganz bestimmter Art oder von einer bemerkenswerten Konstanz. Das Abtasten von Größenverhältnissen muß dazu führen, gewisse Wandlungen in den untersuchten Massen darzulegen. Hierbei ist das Herausarbeiten eines Idealtypus im Sinne Max Webers oft nicht zu umgehen, z. B. des Handwerks, des Großgewerbes usw. Das Unwesentliche muß weggelassen werden. Eine ganze Reihe von Vereinfachungen sollte vorgenommen werden, ein Messen von Zahlenverhältnissen, ein Überprüfen der Reihen. Der Gliederung muß besondere Aufmerksamkeit geschenkt werden. Endlich ist das Vertrauen des Lesers zu gewinnen, und zwar durch ein freimütiges Aufzeigen der Schwächen und Unvollkommenheiten der Erhebung und durch eine klare Darlegung, wie man zu den Zahlen und zu ihren Gruppierungen gelangt ist.

Eine landläufige Verwechslung. Immer wieder muß sich der Berufsstatistiker gegen die Unterstellung verwahren, daß er nichts tue als zählen. Zählen und Statistik darf man nicht miteinander verwechseln. Zählen ist, wie wir gesehen haben, eine relativ junge Erfindung der Menschheit. Die Statistik ist noch viel jünger. Man liest zwar in den statistischen Lehrbüchern dunkle Hinweise auf uralte Statistiken, die in Ägypten, bei den Chinesen, den Israeliten stattgefunden hätten. Damals handelte es sich aber lediglich um Inventuraufnahmen. Diese sind keine Statistik. Zahlenmäßige Feststellungen sind nicht an sich schon Statistik. (Aber sie können zu Statistiken verarbeitet werden.) Das Messen der Körpertemperatur ist nicht Statistik. Eine Barometerkurve ist nicht Statistik. Das Zählen von Geld ist nicht Statistik. Buchhaltung ist nicht Statistik. Man hat dies behauptet. Massenbeobachtungen allein (an einem Fußballmatch?), wie andere wahrhaben wollen, oder „das Beschreiben eines kollektiven Ganzen" sind auch noch nicht Statistik. Wenn aber das Beschreiben eines kollektiven Ganzen nach einer bestimmten — eben der statistischen — Methode erfolgt? Dann läuft die Definition der Statistik darauf hinaus, daß Statistik Statistik ist.

Was also ist Statistik? Auf diese Rätselfrage gibt es mehr Antworten, als es Statistiker gibt. Denn sie nehmen ihre widersprechenden Ansichten ins Grab, ohne zu bemerken, wie einig sie eigentlich sind. Sie haben alle etwas getrieben, ohne offenbar zu wissen was;

aber daß es Statistik war, ist zum mindesten höchstwahrscheinlich. Sie haben Häufigkeiten festgestellt; sie haben ihre Schwankungen und ihre Stabilität ermittelt; sie haben nach Zusammenhängen geforscht und nach Ursachen. Alle diese verschiedenen Tätigkeiten werden wir im folgenden betrachten, um einen Begriff vom Wesen der Statistik zu bekommen; einen Begriff, den zu haben heute nützlicher ist als je.

II. Das Werden der Zahlen (Das Feststellen von Häufigkeiten)

Zahlen an sich. Es gibt nichts Dümmeres, hat man gesagt, als eine einzelne Zahl. In der Tat: Man kann wenig mit ihr anfangen. Was nützt es uns z. B., zu wissen, ein Land habe vierzig Millionen Einwohner? Wir möchten wissen, wie viele es vor hundert oder vor zehn Jahren gehabt hat, wieviel weniger Einwohner es hat als ein anderes; wie viele Frauen und wie viele Männer darunter sind, wie viele Einheimische und wie viele Ausländer, wie viele Erwerbstätige und wie viele von ihnen Ernährte, wie viele Protestanten und wie viele Katholiken, wie viele Industriearbeiter und wie viele Landwirte, wie viele Witwen und Waisen, Ledige und Verheiratete, Alte und Junge. Mit anderen Worten, wir müssen eine Gesamtmasse nach allen möglichen Gesichtspunkten zergliedern, um ein vielfältiges Netz von Größenvorstellungen, von „Haufen" zu schaffen, die sich miteinander vergleichen lassen. Der Vergleich ist nicht, wie man zu sagen pflegt, die Seele der Statistik. Im zahlenmäßigen Vergleich liegt das Wesen der Statistik, er ist Statistik.

„So viele" statt „einige". Zahlreiche Erscheinungen in der Welt lassen allgemeingültige Feststellungen zu. Im Grunde genommen gehen wir stets darauf aus, solche „allgemeine Urteile", wie man es nennt, zu fällen. Wir gehen darauf aus, zu sagen: „Alle Subjekte der vorliegenden Art haben dieses bestimmte Prädikat", „Alle S sind P".

In einer Unzahl von Fällen ist aber ein solcher allgemeiner Satz nicht möglich. Nur einige S haben die Eigenschaft P, andere S haben die Eigenschaft nicht-P. So hat man auf Lombrosos Behauptung, „alle Genies sind wahnsinnig", geantwortet: „Nein, einige sind wahnsinnig, andere aber nicht." Er hat die negativen Fälle nicht berücksichtigt.

Ein großer Fortschritt besteht nun darin, daß man diese Unzulänglichkeit wenigstens einigermaßen beseitigt, indem man feststellt, w i e v i e l e S die Eigenschaft P besitzen, w i e v i e l e Genies wahnsinnig, wie viele es nicht sind. Die G r u n d f o r m d e s s t a t i s t i s c h e n U r t e i l s ist die folgende: *Soundso viele S von allen S haben die Eigenschaft P;* woraus sich dann die E i n t e i l u n g ergibt: *S ist zu soundso vielen Teilen P und zu soundso vielen Teilen Q.* (Von allen Genies waren soundso viele wahnsinnig, soundso viele nicht.) An Stelle des Wortes „einige" tritt das Wort „so viele"[1]).

So einfach und dürftig manchem diese beiden Grundformeln des statistischen Urteils auch scheinen mögen, so ist leicht an Beispielen zu zeigen, was für eine große Bedeutung ihnen zukommt. Das statistische Urteil, das Präzisieren unbestimmter Urteile, erobert immer weitere Gebiete. Man denke an die Pflanzengesellschaftsordnung, an linguistische Untersuchungen, an die Konstitutionsforschung in der Medizin, an chemische Untersuchungen, um nur einige Beispiele anzuführen. In der Geologie, einer bisher rein beschreibenden Wissenschaft, geht man neuerdings dazu über, nicht mehr nur das Vorkommen der verschiedenen Gesteinsarten, sondern ihren A n t e i l an der Erdrinde zu bestimmen. „Die Geologie wird zu einer S t a t i s t i k der Erdrinde und ihres Inhaltes" (Niggli). Die Erfolge der modernen Vererbungswissenschaft beruhen auf der q u a n t i t a t i v e n Erfassung der Erberscheinungen, die durch Mendels bahnbrechende Versuche eingeleitet wurde. In der Volkswirtschaftslehre, wo die Erscheinungen äußerst verwickelt sind und einfache „Gesetze" gar nicht zulassen, ist es ebenfalls die statistische Betrachtungsweise, die einzig Fortschritte ermöglicht. Die moderne Physik, die ehrwürdige Astronomie sogar ist ohne Statistik heute nicht mehr denkbar. Und wenn es auch eine maßlose Übertreibung ist, zu behaupten, die Wissenschaft fange erst dort an, wo das Messen und Zählen beginne, ist es doch ebenso falsch, zu sagen, sie höre dort auf.

---

[1]) Ausführlicher habe ich diese Theorie in: Logik der Statistik, Ztsch. f. schweiz. Statistik, 1931, auseinandergesetzt. O. Anderson verdanke ich den Hinweis, daß ähnliche Gedankengänge russische Statistiker schon früher entwickelt haben.

Das Feststellen von Wahrscheinlichkeiten. Ein Mann will sein Leben versichern. Er geht zu einer Versicherungsgesellschaft. Diese fragt ihn zunächst nach seinem Alter. Sie hat Tafeln zur Hand, nach denen sie die Sterbewahrscheinlichkeit ihrer Kunden bestimmen kann. Das klingt äußerst mysteriös, ist aber im Grunde sehr einfach (abgesehen natürlich von den erheblichen technischen Schwierigkeiten, die das Aufstellen und Ausgleichen solcher Tafeln mit sich bringt). Dreiundzwanzig deutsche Gesellschaften haben in langer Zeit ungefähr 900 000 Einzelbeobachtungen an versicherten Personen zusammengebracht. Sie haben z. B. festgestellt, daß von 85 020 versicherten Männern, die im einundvierzigsten Lebensjahr standen, 940 in diesem Jahr starben. Die relative Häufigkeit betrug also 940 dividiert durch 85 020 oder 0,01106. Diese Verhältniszahl ist die Sterbewahrscheinlichkeit für untersuchte Männer, die im einundvierzigsten Lebensjahr stehen. Eine solche Erfahrungstatsache nennt man eine Wahrscheinlichkeit. Man nimmt an, daß die Zahl von 0,011 einigermaßen stabil bleibe und daher bis zur Aufstellung von neuen Sterbetafeln als Ausgangspunkt für das Maß des Risikos einer einzugehenden Versicherung gelten darf. Natürlich könnte man auch sagen: die Wahrscheinlichkeit sei 1,1 Prozent. Aber man ist übereingekommen, die Wahrscheinlichkeit immer zwischen den Grenzen 0 und 1 auszudrücken. 0,5 ist die Wahrscheinlichkeit eines Ereignisses, das in 50 von 100 Fällen eintrifft: 0,99 eines, das in 99 von 100 Fällen eintrifft. 1 ist die obere Grenze, die Gewißheit.

Das Rechnen mit Wahrscheinlichkeiten. Die wenigsten Menschen verstehen es. Wahrscheinlichkeiten richtig abzuschätzen. Sonst würden nicht so viele in der Lotterie spielen. Die Wahrscheinlichkeit eines größeren Gewinnes ist verschwindend gering; in der französischen Staatslotterie ist die Wahrscheinlichkeit, den Haupttreffer zu machen, da zwei Millionen Lose ausgegeben werden, $1/2\,000\,000$. Sie ist ebenso groß wie die Wahrscheinlichkeit, bei einem Eisenbahnunfall getötet zu werden. In der Schweiz wurden im Jahr 1940/41 185 Millionen Personen befördert. Es kamen 1940 89 Personen durch Eisenbahnunfälle ums Leben. Der Bruch: „günstige" Fälle durch mögliche Fälle, $89/185\,000\,000$, ergibt die Wahrscheinlichkeit $1/2\,080\,000$. Sie ist von derselben Größenordnung wie die Wahrscheinlichkeit, den Haupttreffer zu gewinnen. Keiner, der die Eisenbahn benutzt, rechnet darauf, dabei ums Leben zu kommen, aber auf den Haupttreffer rechnen Unzählige.

Nehmen wir ein anderes Beispiel. Welches ist die Wahrscheinlichkeit eines n i c h t v e r r e g n e t e n S o n n t a g s? Da die Häufigkeit (die sogenannte Wahrscheinlichkeit) eines Sonntags ein Siebentel ist, weil ein Sonntag auf jeden siebenten Tag entfällt, und da z. B. für Bern im Jahr durchschnittlich 50 ganz klare Tage ermittelt wurden, die Häufigkeit, die sogenannte Wahrscheinlichkeit eines solchen Tages $\frac{50}{365}$, also ebenfalls etwa ein Siebentel, beträgt, ist die Häufigkeit eines Sonntags, der sonnig ist, ein Siebentel kleiner als die Häufigkeit eines Tages, Sonntag zu sein, also $\frac{1}{7}$ von einem Siebentel oder $\frac{1}{49}$; die Wahrscheinlichkeit eines nicht sonnigen Sonntags $\frac{6}{7} \times \frac{1}{7} = \frac{6}{49}$; also entfällt auf sechs trübe Sonntage ein sonniger. Die nicht sonnigen Werktage haben die Häufigkeit $\frac{6}{7} \times \frac{6}{7}$ oder $\frac{36}{49}$, die sonnigen Werktage $\frac{6}{7} \times \frac{1}{7}$ oder $\frac{6}{49}$. Die Summe dieser vier Brüche ist, wie man sieht, gleich eins. Die Wahrscheinlichkeit wird, wie oben erwähnt, stets durch einen echten Bruch ausgedrückt, sie bewegt sich zwischen 0 (Minimum der Wahrscheinlichkeit) und 1 (Gewißheit). Die Wahrscheinlichkeit eines Ereignisses und die ihr entgegengesetzte Wahrscheinlichkeit für das Nichteintreffen dieses Ereignisses müssen sich daher stets zu 1, zur Gewißheit, ergänzen.

Dieser Rechnung liegt der sogenannte „Undsatz" der Wahrscheinlichkeitstheorie zugrunde, welcher besagt, die Wahrscheinlichkeit, daß das eine u n d das andere von zwei voneinander unabhängigen Ereignissen gleichzeitig eintreffen, gleich ist dem P r o d u k t aus den Wahrscheinlichkeiten jedes einzelnen Ereignisses.

Der „Oder"-Satz der Wahrscheinlichkeitstheorie besagt: Die Wahrscheinlichkeit, von zwei voneinander unabhängigen Ereignissen werde das eine o d e r das andere eintreffen, ist gleich der S u m m e der Wahrscheinlichkeiten für jedes der beiden Ereignisse für sich allein. Auch dieser Satz ist an Hand eines Beispieles ohne weiteres einzusehen. Beim italienischen Zahlenlotto werden von den fortlaufenden Zahlen 1—90 immer fünf Zahlen nacheinander gezogen. Die Wahrscheinlichkeit, daß eine bestimmte Zahl von 1—90 b e i m e r s t e n Z u g h e r a u s k o m m t, ist $^1/_{90}$, daß sie beim zweiten Zug herauskommt, ebenfalls $^1/_{90}$ usw., daß diese Zahl sich unter den fünf gezogenen Zahlen befindet, ist natürlich größer, nämlich $^1/_{90} + ^1/_{90} + ^1/_{90} + ^1/_{90} + ^1/_{90} = ^5/_{90}$ oder $^1/_{18}$. Würde der italienische Staat das 18fache der Einsätze ausbezahlen, so würde er auf die Dauer ebensoviel gewinnen als verlieren. Er vergütet aber nur das Zehnfache, behält also $^8/_{18}$ der auf einzelne Nummern gespielten Summen zurück.

Von Pearson wurden 1000 Beobachtungen über die Körpergröße von Vätern und Söhnen angestellt: Wer über 171 cm groß war, wurde als groß, wer darunter war, als klein bezeichnet. Es ergab sich folgende Tabelle:

	Vater klein	Vater groß	Total Väter
Sohn klein	250	89	339
Sohn groß	215	446	661
Total Söhne	465	535	1000

Man sieht, daß die Wahrscheinlichkeit, große Söhne zu haben, für große Väter bedeutend größer ist, als kleine Söhne zu haben, umgekehrt sind die Väter mit kleinen Söhnen verhältnismäßig selten groß. Die Wahrscheinlichkeit, daß ein Vater groß ist, ist $^{535}/_{1000}$ oder 0,535 (d. h. die Wahrscheinlichkeit oder Häufigkeit, daß ein Vater unter die mehr als 171 cm großen Väter gehört, wenn er aus einer ganzen Bevölkerung zur Beobachtung gelangt, ist $^{535}/_{1000}$). Die Wahrscheinlichkeit, daß ein Sohn groß ist, ist $^{661}/_{1000}$ oder 0,061; daß ein großer Vater einen großen Sohn hat, ist $^{446}/_{535}$ oder 0,83, also ziemlich nahe bei 1, der Gewißheit; daß ein großer Vater einen kleinen Sohn hat, nur $^{89}/_{535}$ oder 0,166; daß ein kleiner Sohn einen großen Vater hat, nur $^{89}/_{339}$ oder 0,262. — Aus dieser kleinen Zusammenstellung lassen sich also eine ganze Reihe wertvoller Aussagen, statistische Urteile, gewinnen. Ganz offensichtlich ist es k e i n Z u f a l l, daß die Aussichten für große Väter so viel größer sind, große als kleine Söhne zu bekommen — sonst würden die Wahrscheinlichkeiten für kleine wie für große Söhne viel näher beieinanderliegen. Das wird sich jedermann aus einem ganz i n s t i n k t i v e n Gefühl heraus sagen. Im folgenden soll jedoch gezeigt werden, wie man zu einer s i c h e r e n Beurteilung gelangen kann, zu einem W e r t e n der Zahlen. Das Gefühl ist in statistischen Dingen ein unsicherer Führer.

III. Das Werten der Zahlen (Die Gesetze des Zufalls)

1. Die Schwankungen der Zahlen

Die Natur macht keine Sprünge, behaupteten die alten Griechen. Und noch jetzt wird diese Ansicht vielfach zitiert und vertreten. Gerade wo es sich um zahlenmäßig erfaßbare Erscheinungen handelt, glaubt man mit einer gewissen Regelmäßigkeit trotz vieler Schwankungen im einzelnen rechnen zu dürfen. Diese Konstanz sei keine absolute im Gegensatz zu den „exakten" Gesetzen der Naturwissenschaften, sagen, gleichsam entschuldigend, die Statistiker. Es kommt ihnen dabei nicht zum Bewußtsein, daß sich in den letzten Jahrzehnten eine unbeachtete Revolution vollzogen hat. Die strenge Auffassung von den unabänderlich geltenden wissenschaftlichen Gesetzen ist einer elastischeren von der mehr oder weniger großen Wahrscheinlichkeit ihres Eintreffens gewichen. „Kein Naturgesetz wird je anders als angenähert oder wahrscheinlich sein", erklärte Poincaré schon vor dreißig Jahren, und ein englischer Physiker klagte, die Natur sei nicht nur weit davon entfernt, keine Sprünge zu machen, sie scheine überhaupt nichts anderes zu tun.

Eben diese Schwankungen wurden schon von einem englischen Kaufmann bemerkt, John Graunt (1620—1674), der als erster die Sterberegister durchforschte. Er hat hierüber eine sonderbare „Theorie des Rücksprungs" aufgestellt:

> „Es scheint aber ein solcher Rücksprung durchgängig in allen Dingen sich zu finden, denn wir sehen es nicht allein in der fortgehenden Bewegung der Räder in den Uhren, in dem Rudern der Kähne, daß zu jedem vorwärtsgehenden Schritte ein kleiner rückwärtsgehender Ruck sich befinde; sondern, wenn ich mich nicht heftig betrogen habe, es erscheinet selbe gleichfalls auch in der Bewegung des Mondens . . ."

Das ist der erste unbeholfene Versuch, statistische Vorgänge zu erklären[1]. Wertvoller waren seine Beobachtungen, die Messungen die Schwankungen der Zahlen.

Die modernen Statistiker suchen in erster Linie für die Schwankungen eine Ursache, einen sogenannten systematischen Fehler, ver-

---

[1] Ähnlich äußerte sich Pascal: „La nature agit par progrès, itus et reditus. Elle passe et revient, puis va plus loin, puis deux fois moins, puis plus que jamais, etc."

antwortlich zu machen; wenn sie keinen solchen finden, sagen sie, die Abweichungen seien l e d i g l i c h   d e r   b e g r e n z t e n   Z a h l v o n   B e o b a c h t u n g e n   z u z u s c h r e i b e n ,   sie würden in g r ö ß e r e n   M a s s e n   v e r s c h w i n d e n .   S i e   s e i e n   g e r i n g , m a n   k ö n n e   s i e   v e r n a c h l ä s s i g e n ,   s i e   s e i e n   a u f   d e n Z u f a l l   z u r ü c k z u f ü h r e n .

Was will das alles im Grunde heißen? Wann dürfen wir von einer Abweichung sagen, sie gehe über die Zufallsgrenzen nicht hinaus? Wo liegen diese Grenzen? Was ist Zufall?

D r e i   F r a g e n   ü b e r   d e n   Z u f a l l .   Drei Fragen drängen sich auf, wenn man vom Zufall spricht: Wie Zufall möglich sei? Wie man ihn berechnet? Und wie man ihn erkennt? Die erste Frage beschäftigt den Philosophen, die zweite den Mathematiker, die dritte den Mann der Praxis. Nur dieser wird die vorliegende Schrift in die Hand nehmen, nur die dritte Frage wird ihn interessieren. Aber ohne die zweite kann er sie nicht beantworten. Wie kann er von einer Zahl wissen, ob sie „zufällig" oder „nicht zufällig" sei, ob sie von der Norm, vom Durchschnitt stark oder unwesentlich abweicht? Dazu muß er wissen, wie man den Zufall berechnet.

„G o t t   w ü r f e l t ."   „Daß Gott Gesetze macht, wundert mich nicht; daß er würfelt, wundert mich auch nicht; aber daß er n a c h G e s e t z e n   würfelt, das wundert mich." Dieser Satz, der einem geistreichen Physiker zugeschrieben wird, rührt an einen der merkwürdigsten Widersprüche der Statistik. „Der Zufall hat nichts Geheimnisvolles", meint Winkler, „er hat seine Gesetzmäßigkeiten; er läßt sich berechnen." — Ist aber nicht gerade dieses Berechenbare des Zufalls rätselhaft?

„Inmitten der wechselnden und unbekannten Ursachen, die wir Zufall nennen, und die den Gang der Ereignisse unsicher und unregelmäßig gestalten, sieht man eine erstaunliche Regelmäßigkeit zum Vorschein kommen, und zwar in dem Maße, als sie sich vervielfältigen; eine Regelmäßigkeit, die von einem Plan abhängig zu sein scheint, und die man als einen Beweis für das Walten einer Vorsehung betrachtet hat. Aber wenn man darüber nachdenkt, erkennt man bald, daß diese Regelmäßigkeit nichts ist als die Entwicklung der verhältnismäßigen Wahrscheinlichkeiten von einfachen Ereignissen, die sich um so häufiger zeigen werden, je wahrscheinlicher sie sind" (Laplace).

Was heißt das nun im Grunde: Die Wahrscheinlichkeiten werden um so häufiger sein, je wahrscheinlicher sie sind? Da „wahrscheinlich" nur ein anderer Ausdruck für „häufig" ist, haben die Kritiker des großen Mathematikers geltend gemacht, daß sein Begriff der Wahrscheinlichkeit einen Zirkelschluß enthalte (s. H. Wiesler, Der Begriff der Wahrscheinlichkeit in Mathematik und Statistik, Schweiz. Ztschr. für Volksw. und Stat., 1946, S. 139, inbes. auch Dialectica, 1949, Bd. 3).

Zufallsmaschinen. Die Wahrscheinlichkeitstheoretiker ziehen Märmel aus einer Urne, sie spielen mit Würfeln, sie werfen Münzen in die Luft. Damit können sie den Laien wohl staunen machen, ihm aber das Wesen des Zufalls, seine Gesetzmäßigkeit, das Gesetz der Großen Zahlen niemals erklären (Keynes). Wer beweist ihm, daß sich ihre Versuchsergebnisse wiederholen werden? Man kann es den nichtmathematischen Statistikern kaum verdenken, wenn sie fortfahren, dem obenerwähnten Gesetz mystische Eigenschaften zuzuschreiben, in jeder statistischen Zahl „das Wesen der Erscheinung" zu erblicken, jede Statistik als „Urnenzug aus einer sehr großen Urne" anzusehen, oder gar als den „durch Zufälle gestörten Ausdruck einer höheren Wahrscheinlichkeit".

Die Wahrscheinlichkeitstheoretiker haben ferner sogenannte Zufallsmaschinen erfunden, die den Zufall produzieren, ebenso wie es Maschinen gibt, die Stecknadeln produzieren. Ebensowenig jedoch wie die Zufallsspiele kann uns der Galtonsche Zufallsapparat das Entstehen der Zufallskurve näherbringen. Er produziert wohl den Zufall, aber er erklärt ihn uns nicht. Bei diesem Apparat rollen Kugeln über ein geneigtes, mit Nägeln gespicktes Brett in unten aufgestellte Gefäße und bilden dort ein „Zufallshistogramm". Moede hatte den guten Gedanken, den Zickzacklauf der Kugeln von diesen selbst aufzeichnen zu lassen. Es ergaben sich ganz wirre Bilder. Wie kommt also durch blinden Zickzacklauf diese symmetrische und gesetzmäßige Erscheinung zustande, die man binomial nennt?

Der Römische Brunnen — ein von mir konstruiertes Schema (Fig. 1) — zeigt im Gegensatz zum Galtonschen Brett das

32

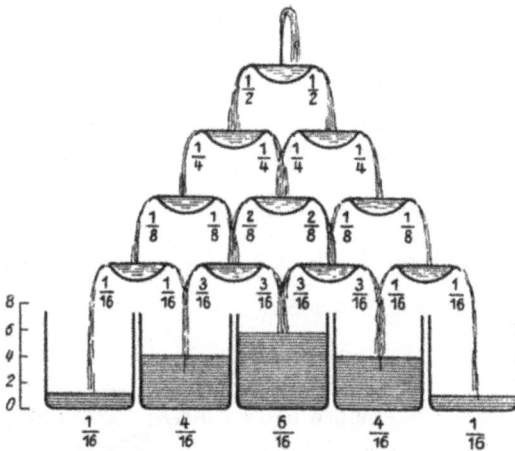

Figur 1. Der Römische Brunnen. Schema zur Demonstration der
gesetzmäßigen binomialen Verteilung.

Zwangsläufige nicht Zufällige der binomialen Verteilung. Aus der
obersten Schale fließt Wasser durch zwei gleich große Öffnungen in
zwei Schalen ab, von jeder von diesen wiederum zu g l e i c h e n
T e i l e n in je zwei weitere Schalen usw. In der dritten Reihe der
Schalen sieht man nach Fig. 1 $\frac{1}{8}$ und $\frac{2}{8}$ zu $\frac{3}{8}$ der Wassermassen zu-
sammenfließen, die sich wieder in $\frac{3}{16}$ und $\frac{3}{16}$ teilen. Damit ist die
ganz gesetzmäßige Verteilung des herabströmenden Wassers festge-
legt. Sie ergibt, wie man sieht, eine ganz und gar ungleichartige Verteilung weil die mittleren Schalen stärker gespeist werden als die an
der Seite. Fängt man die Wassermassen unten in gleich große Gefäße
auf, so zeigt der Wasserspiegel in diesen eine treppenförmige Figur,
ein Häufigkeitshistogramm. Die Wassermenge beträgt in den Ge-
fäßen von links nach rechts $\frac{1}{16}$, $\frac{4}{16}$, $\frac{6}{16}$, $\frac{4}{16}$ und $\frac{1}{16}$ des Ganzen. Diese
Verteilung nennt man deswegen b i n o m i a l, weil sie sich auch rech-
nerisch durch Auswertung des Binoms $\left(\frac{1}{2} + \frac{1}{2}\right)^n$ gewinnen läßt, wenn
man nacheinander die Zahlen 1, 2, 3 und 4 für n für jede Reihe einsetzt.

K n a b e   o d e r   M ä d c h e n ? Daß diese binomiale Verteilung
keine rein mathematische Konstruktion ist, beweist z. B. die Verteilung der Knaben und Mädchen in den Familien. Dem reichen

Material, das Geißler 1893 für Sachsen veröffentlichte, entnehmen wir die folgende Tabelle:

Sächsische Familien mit vier Kindern, in denen vorhanden waren	Zahl der Familien
4 Knaben und 0 Mädchen	$8\,628 = \dfrac{1}{16}$
3 Knaben und 1 Mädchen	$31\,611 = \dfrac{4}{16}$
2 Knaben und 2 Mädchen	$44\,793 = \dfrac{6}{16}$
1 Knabe und 3 Mädchen	$28\,101 = \dfrac{4}{16}$
0 Knaben und 4 Mädchen	$7\,004 = \dfrac{1}{16}$
Alle sächsischen Familien mit 4 Kindern	$120\,137 = \dfrac{16}{16}$

Zeichnen wir nach dieser Tabelle die Zahl der Familien als Stäbchen in der üblichen Weise auf (Fig. 2), so wird uns die Über-

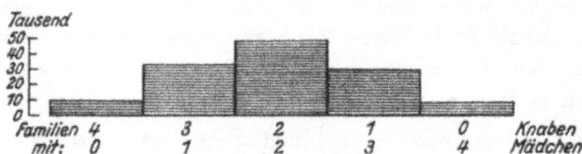

Figur 2. Geschlechtsverhältnis der Kinder in sächsischen Familien mit 4 Kindern.

einstimmung mit Fig. 1 auffallen; doch ist sie nicht ganz vollkommen; die Familien mit 3 Knaben und 1 Mädchen haben gegen jene mit 3 Mädchen und 1 Knaben ein kleines Übergewicht, das darauf zurückzuführen ist, daß etwas mehr Knaben als Mädchen auf die Welt kommen. Die Verteilung ist daher nicht $(0,5 + 0,5)^4$, sondern $(0,515 + 0,485)^4$. Immerhin können wir von einer befriedigenden Annäherung an die symmetrische Biniomialverteilung sprechen[1].

Wenn wir also das Modell des Römischen Brunnens nach unten ausbauen, so müßte sich im v o r a u s berechnen lassen, wie viele

[1] S c h i e f e Verteilungen kommen zustande, wenn die beiden Ausflußöffnungen der Schalen verschieden groß sein würden, und z. B. die linke Öffnung 80 Prozent des Wassers, die rechte 20 Prozent ausfließen ließe, was der Ausrechnung des Binoms $(0,8 + 0,2)^n$ entspricht. Wie sich leicht durch solche Ausrechnungen zeigen läßt, nähern sich diese schiefen Verteilungen, je weiter man sie nach unten fortsetzt, wieder der symmetrischen normalen.

Prozent Knaben z. B. in den Familien mit 6 Kindern vorhanden sind, und nicht nur das, sondern auch, wie viele Prozent der Familien z. B. mit 4 Knaben und 2 Mädchen vorkommen werden. Wir wiederholen und verlängern also unser Schema (Fig. 1) bis zur 6. Reihe, indem wir der Einfachheit halber nur die Z ä h l e r der Brüche untereinander setzen:

$$1$$
$$1 \quad 1$$
$$1 \quad 2 \quad 1$$
$$1 \quad 3 \quad 3 \quad 1$$
$$1 \quad 4 \quad 6 \quad 4 \quad 1$$
$$1 \quad 5 \quad 10 \quad 10 \quad 5 \quad 1$$
$$1 \quad 6 \quad 15 \quad 20 \quad 15 \quad 6 \quad 1$$

Dieses Pascalsche Dreieck läßt sich beliebig ausdehnen. Jede Zahl ist die Summe der beiden schräg links und rechts über ihr stehenden. Auf dieser uralten Gesetzmäßigkeit, die schon um das Jahr 1300 auf Grund hindostanischer Erkenntnisse veröffentlicht wurde, beruht im Grunde ein großer Teil der Wahrscheinlichkeitsrechnung (Borel).

Die sächsischen Familien mit 6 Kindern hatten folgende Verteilung nach dem Geschlecht der Kinder:

6 Knaben, 0 Mädchen	1 579	2,2 %
5 Knaben, 1 Mädchen	7 908	11,0 %
4 Knaben, 2 Mädchen	17 332	24,0 %
3 Knaben, 3 Mädchen	22 221	30,8 %
2 Knaben, 4 Mädchen	15 700	21,8 %
1 Knabe, 5 Mädchen	6 233	8,7 %
0 Knaben, 6 Mädchen	1 096	1,5 %
Alle Familien mit 6 Kindern	72 069	100 %

Wie man sieht, stimmt unsere Vorausberechnung, denn die Zahlen der untersten Reihe des Pascalschen Dreiecks, in Prozent umgerechnet, entsprechen ziemlich genau den Prozentsätzen der angeführten Tabelle. Sie betragen nämlich 1,6 %, 9,4 %, 23,4 %, 31,2 %, 23,4 %, 9,4 % und 1,6 %.

Wir können das Pascalsche Dreieck noch mehr verlängern und uns selbst eine Tafel anfertigen, durch nichts anderes als einfache Additionen. Auf Seite 38 und 39 ist eine solche Tafel der sogenannten Binomialkoeffizienten bis zur 30. Reihe aufgeführt. Die Ausrechnung gestaltet sich allerdings mit der Zeit außerordentlich mühselig. Man benutzt daher hierfür eine Näherungsformel, ein abgekürztes Rechnungsverfahren der höheren Mathematik, das aber an der Sache selbst nicht das geringste ändert (Borel).

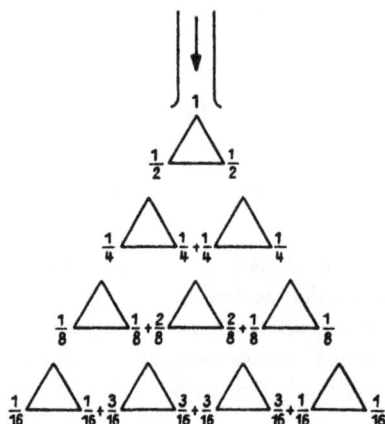

Figur 3. Verbesserter Galtonscher Zufallsapparat. Die Aufspaltung des Zustroms ist nicht zufällig, sondern gesetzmäßig (nach Czuber).

Die Brücke zu den Zufallsspielen. Aus der Fig. 3 wird erklärlich, warum die Zufallsmaschine, das verbesserte Galtonsche Brett, dieselben Verteilungen liefert wie der Römische Brunnen (Fig. 1). Die Keile sind so eingestellt, daß sie den Strom der Schrotkörner jeweils genau zur Hälfte aufspalten. Die sogenannte Zufallsverteilung ist also keineswegs zufällig, sondern streng vorausbestimmt.

Das Eigentümliche an den Zahlen dieser Figur wird jedem auffallen. Es besteht in der langsamen Abnahme der Brüche in der Mitte, während die Brüche auf den Seiten außerordentlich rasch abnehmen. Die verschieden starke Abnahme ist nun von der allergrößten Bedeutung für die theoretische Statistik. Deshalb soll sie hier noch an Hand eines kleinen Gedankenexperimentes verdeutlicht werden. Die Folgerungen daraus für die praktische Statistik, für repräsentative

36

Erhebungen, für Streuungsmessungen sind so bedeutsam, daß der Leser um fünf Minuten Aufmerksamkeit gebeten wird.

Die Kartenmischmaschine. Man stelle sich vor, daß, wie beim Bakkarat, aus einer Schachtel immer die oberste Karte eines Haufens von Spielkarten gezogen und auf ihre Farbe, ob Rot oder Schwarz, geprüft werde. Die Größe und Zusammensetzung des Spielkartenhaufens sei nicht bekannt, aber eine Maschine sorge für das Mischen der Spielkarten in so vollkommener Weise, daß sie sämtliche denkbaren Kartenzusammenstellungen dem Spieler nacheinander darbiete. Die gezogene Karte werde stets wieder in die Mischmaschine zurückgelegt.

Die erste Karte, die gezogen wird, sei rot (R), die zweite ebenfalls R, die dritte R. Sind also alle Karten rot? Nein, denn die nächste sei schwarz (S), die übernächste wieder S. (Ist das Verhältnis also 3 R : 2 S?) Die nächste sei aber wieder R, wodurch das Verhältnis 4 R : 2 S wird; jetzt folgen zweimal S; hierauf, wollen wir annehmen, wiederhole sich genau die gleiche Reihenfolge: RRRSSRSS. Sie scheint völlig unregelmäßig, ist es aber nicht.

Wenn wir sie in Serien von zwei Zügen zerlegen, d. h. zwei nacheinander gezogene Karten gedanklich zu einer Zusammenstellung von zwei Karten vereinigen, also RR, RS, SR, SS, so sehen wir, daß wir das Ergebnis aller möglichen Kombinationen von zwei roten und zwei schwarzen Karten vor uns haben. Die Hälfte dieser Serien zu zwei Zügen weist gemischte Farben auf, nämlich RS und SR, ein Viertel der vorkommenden Serien enthält nur je eine Farbe, RR oder SS.

Eine derartige Kartenmischmaschine können wir uns wie einen Jacquardstuhl konstruiert denken. Bei einem solchen Webstuhl wird jeder der parallel liegenden Kettfäden für sich allein geführt und kann je nach Bedarf einzeln oder in Verbindung mit andern Kettfäden gehoben werden, um das Webschiffchen mit dem Schußfaden durchzulassen, wodurch es möglich ist, jedes beliebige Muster oder Bild zu weben. Eine gelochte Karte gibt durch die verschiedenartige Stellung der Lochungen jeweils die Zahl und die zu webenden Kettfäden an, die gleichzeitig für die Kombination mit dem Schußfaden in Funktion treten. Es läßt sich denken, daß eine solche Leitkarte auch jeweils die Kombination der Spielkarten, mit andern Worten, das Mischen der Karten, veranlaßt. Im bisher behandelten

Erweiterung des Pascalschen Dreiecks (s. Fig. 1)

(Nur die Zähler der Brüche sind hier aufgeführt)

2	3	4	5	6	7	8	9	10	11	12¹	13¹	14	15	16	17	18	19	20
1	1	1	1	1	1	1	1	1	1	1	1	1	1	1	1	1	1	1
2	3	4	5	6	7	8	9	10	11	12	13	14	15	16	17	18	19	20
1	3	6	10	15	21	28	36	45	55	66	78	91	105	120	136	153	171	190
4	1	4	10	20	35	56	84	120	165	220	286	364	455	560	680	816	969	1 140
	8	1	5	15	35	70	126	210	330	495	715	1 001	1 365	1 820	2 380	3 060	3 876	4 845
		16	1	6	21	56	126	252	462	792	1 287	2 002	3 003	4 368	6 188	8 568	11 628	15 504
			32	1	7	28	84	210	462	924	1 716	3 003	5 005	8 008	12 376	18 564	27 132	38 760
				64	1	8	36	120	330	792	1 716	3 432	6 435	11 440	19 448	31 824	50 388	77 520
					128	1	9	45	165	495	1 287	3 003	6 435	12 870	24 310	43 758	75 582	125 970
						256	1	10	55	220	·	·	5 005	11 440	24 310	48 620	92 378	167 960
							512	1	11	66			·	·	19 448	43 758	92 378	184 756
								1 024	1	12					·	·	75 582	167 960
									2 048	1							·	·
										4 096	8 192	16 384	32 768	65 536	131 072	262 144 ·	524 288 ·	1 048 576

Jede Zahl ist die Summe aus der links in derselben Horizontale stehenden Zahl und der darüber befindlichen.

¹) Da die Zahlen von der Mitte absteigend sich jeweils genau wiederholen, sind sie im folgenden weggelassen.

21	22	23	24	25	26	27	28	29	30
1	1	1	1	1	1	1	1	1	1
21	22	23	24	25	26	27	28	29	30
210	231	253	276	300	325	351	378	406	435
1 330	1 540	1 771	2 024	2 300	2 600	2 925	3 276	3 654	4 060
5 985	7 315	8 855	10 626	12 650	14 950	17 550	20 475	23 751	27 405
20 349	26 334	33 649	42 504	53 130	65 780	80 730	98 280	118 755	142 506
54 264	74 613	100 947	134 596	177 100	230 230	296 010	376 740	475 020	593 775
116 280	170 544	245 157	346 104	480 700	657 800	888 030	1 184 040	1 560 780	2 035 800
203 490	319 770	490 314	735 471	1 081 575	1 562 275	2 220 075	3 108 105	4 292 145	5 852 925
293 930	497 420	817 190	1 307 504	2 042 975	3 124 550	4 686 825	6 906 900	10 015 005	14 307 150
352 716	646 646	1 144 066	1 961 256	3 268 760	5 311 735	8 436 285	13 123 110	20 030 010	30 045 015
352 716	705 432	1 352 078	2 496 144	4 457 400	7 726 160	13 037 895	21 474 180	34 597 290	54 627 300
293 930	646 646	1 352 078	2 704 156	5 200 300	9 657 700	17 383 860	30 421 755	51 895 935	86 493 225
		1 144 066	2 496 144	5 200 300	10 400 600	20 058 300	37 442 160	67 863 915	119 759 850
				4 457 400	9 657 700	20 058 300	40 116 600	77 558 760	145 422 675
						17 383 860	37 442 160	77 558 760	155 117 520
2 097 152	4 194 304	8 388 608	16 777 216	33 554 432	67 108 864	134 217 728	268 435 456	536 870 912	1 073 741 824

Fall würden vier Leitkarten zum Kombinieren der zwei roten und zwei schwarzen Spielkarten erforderlich sein, weil nur vier Kombinationen: RR, RS, SR und SS, möglich sind.

Hat die Maschine jedoch d r e i rote und drei schwarze Spielkarten zu mischen und fassen wir immer je d r e i Kartenabhebungen zu einer Serie zusammen, so werden offenbar folgende acht Kombinationen möglich und daher acht Leitkarten, die sie herbeiführen, erforderlich sein: RRR, RRS, RSR, SRR, RSS, SRS, SSR, SSS. Bei v i e r schwarzen und vier roten Spielkarten ergibt sich folgende Tabelle für die 16 möglichen Kombinationen (der bessern Übersicht halber wurden die S durch Punkte ersetzt):

RRRR   1 Zusammenstellung mit 4 R und keinem S

RRR. ⎫
RR.R ⎪
R.RR ⎬   4 Zusammenstellungen mit 3 R und 1 S
.RRR ⎭

RR.. ⎫
R.R. ⎪
R..R ⎪
.RR. ⎬   6 Zusammenstellungen mit ebensoviel R wie S
.R.R ⎪
..RR ⎭

R... ⎫
.R.. ⎪
..R. ⎬   4 Zusammenstellungen mit 1 R und 3 S
...R ⎭

....   1 Zusammenstellung mit keinem R und 4 S

Wie aus dieser Übersicht hervorgeht, werden am häufigsten jene Kombinationen von roten und schwarzen Karten zur Ziehung dargeboten werden, in denen ebenso viele R als S vorhanden sind. Das ist nicht erstaunlich. Zwar ist jede einzelne Kombination, z. B. RRSS, genau ebenso häufig oder ebenso selten wie jede andere, z. B. RRRR. Da aber zwei R und zwei S sich nicht nur als RRSS, sondern auch in folgender Weise zusammenfinden können: RSRS oder SRSR oder

SSRR oder RSSR oder SRRS — so hat man hier s e c h s Fälle mit gleichviel R und S gegenüber e i n e m mit nur RRRR. Wenn wir uns genau notieren, wie oft Karten mit g l e i c h e m Mischungsverhältnis zum Vorschein kommen, so werden wir also sechsmal mehr solche Fälle antreffen als Serien in nur einer Farbe (nur Rot oder nur Schwarz). Die gemischten Fälle, können wir sagen, kommen stärker zur Geltung.

Würden wir jetzt die Leitkarten unserer Kartenmischmaschine völlig regellos durcheinanderwerfen, so würde an der erschöpfenden Darbietung aller überhaupt möglichen Spielkartenkombinationen natürlich nicht das geringste geändert; aber ein Beobachter hätte den Eindruck einer völlig zufälligen Aufeinanderfolge etwa von Wappen- oder Kopfwürfen mit einer Münze.

Z u f a l l s s p i e l e o h n e Z u f a l l , G l ü c k s s p i e l e o h n e G l ü c k. Wir sehen an diesen einfachen Beispielen deutlich, wie der Zufall bei einem sogenannten Zufallsspiel, z. B. dem Münzaufwerfen, funktioniert und wie er sich vorausberechnen läßt. Wer darauf baut, es werden von je vier gezogenen Karten unter den geschilderten Voraussetzungen je zwei rote und zwei schwarze sein, wird nicht immer, aber m e i s t e n s recht behalten. Abweichungen kommen vor, müssen vorkommen, aber sie sind selten. Eine Stichprobe wird also meistens gut ausfallen.

Das ist für die Statistiker ungeheuer wichtig, weil sie oft darauf angewiesen sind, Stichproben zu nehmen, wenn sie nicht alle Fälle erfassen können. Freilich müssen sie sich darauf verlassen dürfen, daß „die Karten gut gemischt sind", daß die Auswahl nicht einseitig wirkt.

Aus dem Gesagten geht auch hervor, warum die Spielkasinos so viel Geld machen. Glücksspiele sind künstliche Einrichtungen, in denen die binomiale Verteilung zur Geltung kommen muß. Die selteneren Ereignisfolgen gruppieren sich gesetzmäßig nach dem Binomialgesetz um den Durchschnitt, der am häufigsten vertreten ist.

Wie sehen solche G l ü c k s s p i e l e in der Praxis aus? Wir wollen ein besonders einfaches beschreiben. Nach Verbot der Kursaal- spiele in der Schweiz kamen die sogenannten Geschicklichkeitsspiele auf, die aber nichts als Glücksspiele waren. Z. B.: einem auf Kugel- lagern laufenden Figürchen gab man einen Stoß, so daß es einer Bahn entlang lief, die mit sehr schmalen Querstreifen abwechselnd rot und schwarz bemalt war. Diese Querstreifen waren mit roten und schwarzen fortlaufenden Ziffern versehen. Unmöglich konnte man berechnen, wo das Figürchen stehenbleiben würde, bei einem roten oder schwarzen Querstreifen, bei einer roten oder schwarzen Nummer, da die geringste Änderung der Stoßkraft genügte, um das Figürchen zu verschieben. Also mußten auf die Dauer ebenso viele schwarze wie rote Querstreifen als Ruhepunkte der Figur vorkommen. Fälle, in denen zwölfmal nacheinander Rot erscheint, werden sehr selten sein. Aber es nützte nichts, für den folgenden Zug auf Schwarz zu setzen, denn die Wahrscheinlichkeit für Rot ist unverändert 0,5. Der Apparat hat ja weder Bewußtsein noch Gedächtnis (Bertrand).

Ähnlich ist das Roulette eingerichtet, eine drehbare Scheibe mit 18 roten und 18 schwarzen, gleich großen numerierten Feldern, auf deren einem eine kleine Elfenbeinkugel zur Ruhe kommen muß. Verdoppelt die Bank alle Einsätze auf jene Farbe, bei der die Figur oder die Kugel stillsteht, und zieht die Bank die Einsätze auf die andere Farbe ein, so werden Verlust und Gewinn sich im Laufe der Zeit für die Bank die Waage halten. Deshalb hält sie sich durch Einführung eines 37. Feldes, des Gewinnfeldes, das Zero, schadlos[1]).

Ein vollkommenes Glücksspiel bringt weder Glück noch Unglück. Gewinn und Verlust heben sich gegenseitig auf die Dauer auf.

Daraus folgt, daß es nur unvollkommene Glücksspiele geben kann. Die Bank m u ß gewinnen, der Spieler m u ß verlieren. Selbst wenn die Bedingungen für Spieler, die unter Ausschaltung der Bank gegeneinander spielen, für alle gleich günstig sind (die Wahrscheinlichkeit für sie, wie im obigen Beispiel, $1/2$ beträgt), so ist ihr Ruin gewiß. Denn wenn auch die Zahl der günstigen wie der ungünstigen Fälle in einer unendlich langen Spielperiode genau einander gleich sein werden, so wechseln sie nicht regelmäßig miteinander ab.

Wann wird der Ruin der Spieler eintreten? „Niemand weiß es, die Wahrscheinlichkeit dafür steigt mit der Zahl der Partien und konvergiert gegen die Gewißheit" (Bertrand).

Es läßt sich berechnen, daß der Fall, bei einem solchen Spiel werde jemand mit je 1 Franken Einsatz 100 000 Franken gewinnen, in 7 Milliarden Partien nur einmal vorkommen wird.

Diese geringe Gewinnchance gilt übrigens nur für ein gerechtes Spiel, ein Spiel mit gleichen Bedingungen. Die üblichen Glücksspiele

---

[1]) Für genauere Darlegungen s. meinen Aufsatz: Psychologie und Technik des Glücksspiels, Zeitschr. für schweiz. Statistik, 1934.

sind weit davon entfernt, gerechte Spiele zu sein; die Zeit, die bis zum Ruin der Spieler vergeht, verkürzt sich daher erheblich.

Der Zufall im Ei. Wie ist die binomiale Verteilung in den Familien zu erklären? Das Geschlecht wird bei Pflanzen und Tieren durch einen sehr komplizierten Vorgang, den sogenannten Chromosomenmechanismus, bestimmt: Jede Tierart besitzt in jeder Zelle eine konstante Zahl von leicht färbbaren Substanzen (Chromosomen) im Zellkern, rätselhafte Gebilde, die der Träger aller vererbbaren Eigenschaften sind. Beim Vereinigen von zwei Zellen im Vorgang der Befruchtung würde die Zahl dieser sogenannten Chromosomen auf das Doppelte anwachsen, wenn nicht durch die vorhergehende Reifeteilung dafür gesorgt würde, daß ihre Zahl auf die Hälfte herabgesetzt wird. Bei den Wanzen, bei denen man diese Verhältnisse zuerst untersuchte, hat jedes weibliche Tier 22 Chromosomen, jedes männliche 21. Durch die Reifeteilung wird also die Zahl in jeder Eizelle auf 11 herabgesetzt; bei den Samenzellen mit ihren 21 Chromosomen muß ein Chromosom ungeteilt in die eine Zellhälfte wandern, es bilden sich dadurch bei der Abschnürung zwei Sorten männlicher Geschlechtszellen, solche mit 11 und solche mit 10 Chromosomen in je gleicher Anzahl. Bei der Befruchtung entsteht daher entweder eine neue Zelle mit 11 + 11 = 22 Chromosomen, d. h. ein weibliches Tier, oder eine neue Zelle mit 11 + 10 = 21 Chromosomen, d. h. ein männliches Tier. Da nun Samenzellen mit 11 wie mit 10 Chromosomen in gleicher, sehr großer Anzahl für die Befruchtung bereitgestellt sind, so ist dafür gesorgt, daß ebensooft weibliche wie männliche Nachkommen entstehen, daß das Geschlechtsverhältnis sich wie $^1/_2 : {}^1/_2$ stellt und größere Abweichungen von diesem Verhältnis außerordentlich selten vorkommen können. Es werden daher annähernd ebenso viele männliche wie weibliche Tiere von jeder Tier- oder Pflanzenart erzeugt. Beim Menschen liegen die Verhältnisse ähnlich; das leichte Überwiegen der männlichen Geburten im Verhältnis von zirka 106 : 100 in Europa ist noch nicht aufgehellt.

Durch ein sehr reiches Beobachtungsmaterial bei psychotechnischen Eignungsprüfungen hat sich gezeigt, daß viele körperliche und geistige Eigenschaften der Menschen ebenfalls der binomialen Verteilung folgen. Darauf ist auch vermutlich zurückzuführen, daß z. B. die ausbezahlten Akkordlöhne als Entgelt für Leistungen sich vielfach in binomialer Verteilung um den Mittelwert gruppieren.

Der Zufall bei Messungen. Sehr früh beobachtet wurde dieselbe binomiale Verteilung bei wiederholten Messungen am selben Objekt (astronomische und andere Messungen), was zu der Hypothese geführt hat, daß das arithmetische Mittel einer Anzahl Messungen dem wirklichen Wert am nächsten komme und die Einzelmessungen sich binomial oder als zufällige Fehler um den wahren Wert, der nicht bekannt ist, gruppieren.

Diese Verteilung kann man sich folgendermaßen entstanden denken: angenommen, eine Strecke sei mit einem metallischen Meßband zu messen, dessen Länge durch hohe und tiefe Lufttemperaturen eine Verlängerung oder Verkürzung von 1 mm erfährt, und daß ferner durch Zittern der messenden Hand Abweichungen nach rechts oder links vom selben Ausmaß wie die Temperaturunterschiede, also von 1 mm, zustande kommen, so werden sich diese Abweichungen (hohe Temperatur [h] bewirkt Verlängerung, tiefe Temperatur [t] bewirkt Verkürzung, Ausschlag durch die unsichere Hand nach rechts [r] Verlängerung und nach links [l] Verkürzung) wie folgt kombinieren: l und t zusammen ergibt einen Fehler von zweimal 1 mm (lt); ebenso rh einen Fehler von 2 mm; genau so oft wird aber im Mittel lh (Ausschlag nach links durch Zittern der Hand um 1 mm, kompensiert durch hohe Temperatur, also Verlängerung um 1 mm), ferner rt vorkommen, wodurch sich die Fehler in diesen beiden Fällen ausgleichen. Auf zwei falsche Messungen werden zwei richtige kommen. Nehmen wir statt zwei Fehlerquellen, wie in diesem Beispiel, sechs unabhängige Fehlerquellen an, so ergeben sich in 20 von 64 Fällen richtige und nur in zwei Fällen ganz falsche Messungen. Also auch hier treffen wir bei unabhängigen Fehlerquellen die binomiale Verteilung an. So erklärt sich die eigentümliche Erscheinung, daß durch wiederholte Messungen, und Berechnen des Durchschnitts aus ihnen, die besten Annäherungen an die tatsächliche Größe zustande kommen.

Das Wachsen der mittleren Fälle. Kehren wir einen Augenblick zu unserem Gedankenexperiment, zu unseren roten und schwarzen Kartenpaaren, zurück. Haben wir statt vier schwarze und vier rote Spielkarten fünf schwarzrote Kartenpaare zu mischen, so wachsen die möglichen Spielkartenverbindungen bereits auf 2^5 oder 32 an, bei sechs Spielkartenpaaren auf 2^6 oder 64, bei sieben auf 2^7 oder 128 usf. Die Zahl wächst genau so ungeheuerlich rasch wie die

Zahl der Weizenkörner, die der sagenhafte Erfinder des Schachspieles als Belohnung für sich forderte.

Binomiale Verteilung

Art der Verbindungen von Rot und Schwarz bei je 20 Zügen	Zu erwartende Zahl dieser Verbindungen	Aufsummierung dieser Zahlen
20 R und 0 S	1	
19 R und 1 S	20	21
18 R und 2 S	190	211
17 R und 3 S	1 140	1 351
16 R und 4 S	4 845	6 196
15 R und 5 S	15 504	21 700
14 R und 6 S	38 760	60 460
13 R und 7 S	77 520	137 980
12 R und 8 S	125 970	263 950
11 R und 9 S	167 960	431 910
10 R und 10 S	184 756	616 666
9 R und 11 S	167 960	784 626
8 R und 12 S	125 970	910 596
7 R und 13 S	77 520	988 116
6 R und 14 S	38 760	1 026 876
5 R und 15 S	15 504	1 042 380
4 R und 16 S	4 845	1 047 225
3 R und 17 S	1 140	1 048 365
2 R und 18 S	190	1 048 555
1 R und 19 S	20	1 048 575
0 R und 20 S	1	1 048 576

Bei z w a n z i g roten und zwanzig schwarzen Spielkarten und Serien von je zwanzig Zügen erhalten wir obenstehende Tabelle, wenn wir das Pascalsche Dreieck auf zwanzig Zeilen verlängern oder das Binom $(1 + 1)^{20}$ ausmultiplizieren (s. unsere Tabelle der binomialen Verteilung S. 38).

Bei zwanzig Zügen pro Serie ergeben sich daher 2^{20} oder 1 048 576 verschiedene Kombinationen. Am häufigsten sind wiederum die m i t t l e r e n F ä l l e, die Serien, in denen 10 R und 10 S gezogen werden. Sie kommen 184 756 mal vor. Am seltensten sind die extremen Fälle mit 20 R und keinem S und mit 20 S und keinem R; sie werden nur zweimal auf 1 048 576 Serien erscheinen. Die

Zahl der Kombinationen ergibt, aufgezeichnet, die Figur 4. Verbinden wir das Ende der Stäbchen durch eine Gerade, so erhalten wir ein Häufigkeitspolygon.

Ist das Erkennen der Intelligenz Zufall? Machen wir gleich eine praktische Anwendung unserer auf die einfachste Weise gewonnenen theoretischen Erkenntnisse: Der französische Mathematiker Emile Borel berichtet von einem interessanten Versuch. Es wurden die Photographien von 40 Kindern, unter denen die Hälfte geistig zurückgeblieben war, 20 Beobachtern vorgelegt. Diese hatten lediglich durch die Betrachtung der Photographie zu entscheiden, ob sie das Kind als normal oder als zurückgeblieben ansahen. War es also möglich, rein aus dem Gesichtsausdruck der Kinder ihre Intelligenz zu erkennen? Es ergab sich, daß unter den 40 Photographien 29 richtig beurteilt wurden, 9 mal waren die Ergebnisse zweifelhaft und 2 mal falsch. Von den 29 richtig taxierten Photographien wurden nur 5 einstimmig von allen 20 Beobachtern richtig beurteilt. Weitere 5 Photos wurden mit einer Majorität von 19 Stimmen richtig taxiert: 8 mit 18 Stimmen Mehrheit, 2 mit 17, 4 mit 16, 3 mit 15 und 2 mit 14 Stimmen Mehrheit. Zweifelhaft waren die Beurteilungen von 2 Photos, die nur mit 13 Stimmen Mehrheit, 2 mit nur 12 Stimmen Mehrheit, 1 mit nur 11 und 4 mit Stimmengleichheit richtig taxiert wurden. Die übrigen 2 Photos waren mit größerer oder geringerer Stimmenmehrheit falsch beurteilt worden. Dies war das Ergebnis. Viele werden sagen, das sei Zufall.

Wir müssen, um diese Frage zu entscheiden, die Zahlen mit dem Ergebnis einer binomialen Verteilung vergleichen, wobei wir die 20 Photos von normalen und die 20 von nichtnormalen Kindern wie unsere 20 roten und 20 schwarzen Spielkarten in Serien von je 20 Ziehungen miteinander kombinieren. Wenn die 40 Photos gut gemischt in allen denkbaren Kombinationen den 20 Beobachtern mit der Rückseite nach oben, d. h. ohne jede Möglichkeit des Erkennens der Intelligenz der Kinder, dargeboten würden, also jeder der 20 Beobachter eine Photo blind zöge, und diese Beobachtung 40 mal wiederholt würde, so ergäbe sich aus unserer Tabelle S. 38, daß von den rund eine Million denkbaren Kombinationen der 40 Photos rund 19 Prozent aller Fälle auf die Serien mit gleich viel normal wie anomal aussehenden Photos entfallen würden. In Wahrheit hatten aber nur in 4 von 40 Fällen, also in 10 Prozent der Fälle, 10 Beobachter die anomalen Photos als normal, die übrigen Beobachter sie als nicht normal angesehen. — Eine Ziehung von lauter richtigen Beurteilungen (20 normal und 0 nicht normal) würde nach unserer Tabelle nur einmal auf eine Million Fälle vorkommen. Es wäre also ungemein unwahrscheinlich, daß sich bei einer Folge von lediglich 40 Beobachtungen auch nur ein einziges Mal ein solcher Fall ereignen würde; in Wahrheit aber hat er sich 5 mal unter nur 40 Fällen ereignet. Diese (und die übrigen Zahlen) beweisen, daß tatsächlich irgendein bestimmtes Ausleseprinzip (hier natürlich das Erkennen der Intelligenz der Kinder) mit im Spiel gewesen sein muß, im Gegensatz zur gesetzmäßigen, „zufälligen" Kombination der Photos durch Mischung.

Das Gesetz der großen Zahlen. So sehr die Ansichten der Statistiker in allen möglichen Fragen auch auseinanderklaffen — darüber, daß das Gesetz der großen Zahlen die Grundlage der Statistik sei, sind sie sich alle einig. Nur versteht darunter jeder etwas anderes.

Eine kleine Zusammenstellung vieler dieser widersprechenden Ansichten habe ich an anderer Stelle gegeben[1]. Nicht einmal über die Grundfrage, ob das Gesetz der großen Zahlen eine Erfahrungstatsache sei oder ein rein ideelles Gesetz, sind sie einerlei Meinung. Daß man aus diesem Gesetz zwei konstruiert hat, wie Winkler dies tut, der sowohl ein mathematisches wie ein statistisches Gesetz der großen Zahl unterscheidet, macht die Sachlage nicht einfacher. Sogar bedeutende Mathematiker haben das Gesetz angezweifelt oder behauptet, daß ihre Entdecker selbst es mißverstanden hätten. Doch ist es streng mathematisch beweisbar. Obwohl der Beweis nicht, wie immer wieder gesagt wird, höhere mathematische Kenntnisse erfordert[2], wollen wir ihn hier nicht geben, sondern uns damit begnügen, seinen Inhalt klarzumachen.

Das Gesetz will im Grunde nichts anderes besagen als: Extreme Kombinationen sind selten; sie werden mit dem Wachsen der Seriengröße relativ immer seltener (s. Tab. S. 38). Umgekehrt: Jene Fälle, die dem tatsächlichen Mischungsverhältnis $1/_2 + 1/_2$ entsprechen, werden verhältnismäßig um so häufiger anzutreffen sein, je mehr Varia-

---

[1] Die statistische Wesensform, Allg. Statistisches Archiv, 1928, und Philosophie der Statistik, ebenda, 1931.

[2] H. Poincaré, Calcul des Probabilités, 1912, S. 78.

tionsmöglichkeiten vorhanden sind. Je größer die Serien, desto größer die Zahl der mittleren Fälle, desto kleiner die Zahl der extremen Fälle, d. h. desto seltener die „Abweichungen". Wir haben oben gesehen, daß bei 20 roten und 20 schwarzen Karten die Zahl aller Kombinationen, die bei Serien von je 20 Ziehungen möglich sind, etwas über 1 Million beträgt. Von dieser entfallen nach unserer Tabelle im ganzen rund 500 000 auf die Fälle, wo

10 R und 10 S oder

9 R und 11 S oder

9 S und 11 R

vorkommen; dagegen ist bloß e i n Fall mit 20 R und einer mit 20 S vorhanden. Am häufigsten sind also die Fälle, die dem wirklichen Verhältnis der roten und schwarzen Karten (20 : 20 oder $^1/_2 : {}^1/_2$) ungefähr entsprechen. Verlängern wir nun das Pascalsche Dreieck und kombinieren statt 40 jetzt 60 Spielkarten (30 schwarze und 30 rote) erschöpfend miteinander, so entfallen 155 Millionen von einer Milliarde auf 15 R und 15 S, dagegen nur 1 auf 30 R (s. Tab. S. 38).

Nehmen wir statt der 30 S- und 30 R-Karten nun 1 Million rote und 1 Million schwarze und veranstalten zahlreiche Ziehungen von je 1 Million Karten. In Gedanken können wir ja alles großartig geben. Auch hier habe die sorgfältige und erschöpfende Mischung für a l l e d e n k b a r e n Kombinationen (Kartenverbindungen durch Mischung) zu sorgen: eine Ziehung, bei der wir eine Million R und kein einziges S erhalten, muß sich im Laufe der Äonen ereignen. Aber in der unvorstellbar großen Menge der andersartigen Kombinationen wird ein solcher Fall völlig „unauffindbar" und praktisch nicht vorhanden sein.

Die Ziehungen mit genau 500 000 R und 500 000 S werden absolut weitaus am häufigsten sein. Solche Serien werden aber nur um wenig häufiger vorkommen wie die Serien mit 499 999 R und 500 001 S. Dagegen Serien mit e t w a s größeren Abweichungen von den 500 000, z. B. eine Serie mit 507 000 R und 493 000 S wird jedoch bereits wieder außerordentlich schwach vertreten sein. Damit ein einziges Mal eine solche Serie vorkommt, die auf den ersten Blick gar nicht so stark von den mittleren Fällen abweicht, müßte nach Emile Borel jeder Bewohner der Erde während eines Zeitraumes von 1 Milliarde mal 1 Milliarde Jahrhunderten 10 Milliarden Serien von 1 Million Karten in der Sekunde ziehen[1]). Soviel häufiger sind die Serien mit ungefähr gleichviel roten und schwarzen Karten. Soviel größer ist also die Wahrscheinlichkeit, bei großen Zahlen die mittleren Fälle anzutreffen, als extreme Fälle herauszufischen.

Unzulässige Verallgemeinerungen. Das Gesetz der großen Zahl wird von den Statistikern in der allerverschiedensten Weise gebraucht und mißbraucht. Manche gehen so weit, zu glauben, daß auf Grund dieses Gesetzes ganz allgemein „viele Fälle" genügen, um „die Wahrheit" zu finden. Andere beruhigen sich damit, daß eine statistische Masse g r o ß i s t, und sagen, hier hätten sich also die verschiedenen Fehler ausgeglichen, während der Ausgleich die systematischen Fehler nicht beseitigen kann. Sie nehmen dann an, Durchschnitte und Verhältniszahlen seien „typisch" und stabil. Sie erklären ferner die Regelmäßigkeiten der Erscheinungen des wirtschaftlichen und gesellschaftlichen Lebens mit diesem Gesetz, und zwar ebensowohl ein Gleichbleiben von absoluten Zahlen wie ein geringes Schwanken von Verhältniszahlen im Laufe der Zeit. Sie prophezeien auf Grund dieses Gesetzes die Zukunft.

---

[1]) Wie kann man solche Berechnungen machen? Sie sind außerordentlich einfach, wenn man sich einer Näherungsformel bedient, deren Ableitung allerdings höhere mathematische Kenntnisse erfordert, als hier vorausgesetzt werden. Die von Borel sehr vereinfachte Formel zur Berechnung der sogenannten w a h r s c h e i n l i c h e n d e z i m a l e n A b w e i c h u n g für umfangreiche Serien ist die Quadratwurzel aus der Seriengröße. Mit a. W.: Die Aussichten dafür, daß die Abweichung nicht mehr als ein Zehntel aller Fälle ausmacht, werden in Borels Beispiel, also bei einer Million Ziehungen pro Serie, gleich der Quadratwurzel aus einer Million oder 1000 von einer Million Fällen sein. Wie groß sind die Aussichten für das Vorkommen von a m a l d i e s e r Z e h n t e l s a b w e i c h u n g? Sie sind 10^{-a^2}. Die wahrscheinliche dezimale Abweichung (nämlich 7 mal 1000 (nämlich 7000 von 500 000, also 507 000 oder 493 000) wäre also 10^{-49}. Wie groß oder vielmehr wie verschwindend gering ist diese Wahrscheinlichkeit? Da man sich unter 10^{-49} nichts vorstellen kann, machen wir einen Vergleich. Da ein Tag nicht ganz 100 000 sec. (also 10^5 sec.) aufweist, ein Jahrhundert aber weit über 10^4 Tage hat, und wenn in einer Milliarde von Milliarden Jahrhunderten (also 10^{18} Jahrhunderten) jeder der Einwohner der Erde (über 10^9) 10 Milliarden Ziehungen (10^{10}) per sec. machen würde, so wäre die Totalzahl der Ziehungen annähernd 10^5 mal 10^4 mal 10^{18} mal 10^9 mal 10^{10} oder 10^{46}. Die Wahrscheinlichkeit einer solchen Abweichung wäre also annähernd 10^{-46}, zum Vergleich mit den oben gefundenen 10^{-49}.

Es ist aber selbstverständlich, daß das Gesetz der großen Zahlen nur unter den Voraussetzungen Geltung hat, unter denen es abgeleitet wurde. Es ist ein Gesetz der Kombinatorik. Wenn man es auf die statistische Wirklichkeit, auf empirische Zahlenreihen, anwenden will, muß man vorerst nachweisen, daß die Voraussetzungen der Kombinatorik bei diesen Zahlen überhaupt vorliegen.

Nun gibt es aber unendlich viele theoretisch mögliche zufällige Verteilungen. Wie findet man die den statistischen Zahlen entsprechende als erste Annäherung heraus? Zu diesem Zweck muß man die Abweichungen der empirischen Zahlen von ihrem Durchschnitt, ihre „Streuung" messen und sie mit den Abweichungen einer theoretischen Verteilung vergleichen. Sind die Abweichungen ungefähr von der gleichen Größenordnung in beiden Fällen, so können wir annehmen, daß die empirischen Zahlen durch zufällige Umstände bedingt sind.

Das Messen der Abweichungen. Um die empirischen statistischen Zahlen mit jener binomialen oder normalen Verteilung, die ihr am nächsten kommt, vergleichen zu können, bedient man sich verschiedener einfacher Maße. Die gesetzmäßigen Abweichungen der binomialen Verteilung werden den tatsächlichen Abweichungen der empirischen Zahlenreihe von ihrem Mittelwert gegenübergestellt. Das wichtigste Ergebnis unserer bisherigen Ausführungen ist ja, daß sich bei der binomialen Verteilung beim Pascalschen Dreieck zahlreiche Abweichungen von den mittleren Fällen naturnotwendig zeigen müssen und daß diese Abweichungen an Zahl ganz gesetzmäßig abnehmen, je mehr sie vom Mittel abrücken. Große Abweichungen werden relativ seltener, je mehr Kombinationsmöglichkeiten vorhanden sind. Kleine Abweichungen sind häufig.

Unglücklicherweise ist es üblich, die Abweichungen mit ganz unverständlichen, irreführenden Namen, wie Zufallsabweichungen, Fehler usw., zu bezeichnen. So ist es gekommen, daß der im Grunde sehr einfache Ausgangspunkt der mathematischen Statistik weiten Kreisen ein Buch mit sieben Siegeln geblieben ist. Im Kap. 7 wollen wir das Messen der Abweichungen ausführlich behandeln und hier nur andeuten, wie man zu ihnen gelangt.

Aus dem Pascalschen Dreieck und der daraus erstellten Tabelle auf Seite 38 können wir unmittelbar entnehmen, wie groß die Häufigkeit oder Wahrscheinlichkeit einer ganz bestimmten Kombination ist, z. B. wie viele Fälle von im ganzen einer Million möglichen Kombinationen, die sich bei 20 Ziehungen pro Serie einstellen, auf die Kombination 12 R und 8 S entfallen. Mit andern Worten, wie groß wird die Wahrscheinlichkeit einer Abweichung 2 R vom Mittel, das 10 R beträgt, sein? Es sind das 125 970 von 1 048 000 Kombinationen oder 8 Prozent (s. Tab. S. 38).

0,08 ist also die Wahrscheinlichkeit des Ziehens von 12 R- und 8 S-Karten oder, in Familien mit 20 Kindern, die Wahrscheinlichkeit des Vorhandenseins von 12 Knaben und 8 Mädchen.

Interessanter ist aber die umgekehrte Frage, die wir genau in derselben Weise mit Hilfe der Tabelle beantworten können, die Frage, w i e g r o ß d i e A b w e i c h u n g e n vom Mittel bei einer b e s t i m m t e n Zahl von Kombinationen, sagen wir bei 500 000 von total einer Million, also bei 50 Prozent, bei der Hälfte aller möglichen Variationen, sind. Innerhalb dieser Grenzen, können wir sagen, ist die Wahrscheinlichkeit ½.

Die „mittleren Fälle", wie wir sie in unserem Beispiel von 20 Ziehungen pro Serie genannt haben, finden sich bei 10 R und 10 S (s. S. 45). Diese Fälle werden unter einer Million 185 000 mal vorkommen. Um aber auf die gewünschte Zahl 500 000 zu kommen, auf die Hälfte von der Gesamtzahl der Fälle, müssen wir, von diesen Mittelfällen nach beiden Seiten vorwärtsschreitend, die Zahlen bei den verschiedenen Kombinationen addieren. Am einfachsten ist es, wir zeichnen ein übliches Stäbchendiagramm auf (s. Fig. 4). Die Kombinationen 11 R und 9 S, ferner jene 9 R und 11 S umfassen je 168 000 Exemplare, zusammen also 336 000. Diese zu den 185 000 von 10 R und 10 S hinzugerechnet, ergibt etwas mehr als 500 000 Fälle, die Hälfte aller möglichen Kombinationen. Die Grenze für diese Fälle liegt daher annähernd bei + 1,5 u n d − 1,5 v o m M i t t e l p u n k t (nämlich von 10 R und 10 S), also bei der Grenzlinie von 11 R und 9 S sowie 11 S und 9 R, entfernt. Diese Abweichung (Fig. 4) nennt man die w a h r s c h e i n l i c h e A b w e i c h u n g o d e r d e n w a h r s c h e i n l i c h e n F e h l e r, obwohl von Fehlern keine Rede ist. Innerhalb der stark ausgezogenen Senkrechten mit dem Abstand 2 (w) liegen die H ä l f t e aller Fälle der Verteilung, die Hälfte der Gesamtfläche der Fig. 4. Rechts und links dieser fetten Grenzlinien liegen je ein Viertel aller Fälle, das sogenannte I. und IV. Quartil. Man addiere die Länge der Stäbchen auf der Fig. 4 von links bis zum fetten Strich und gelangt so auf die Zahl 264, rund ein Viertel von 1050; oder man übertrage die Fig. 4 auf mm-Papier und zähle die cm² ab.

Es ist leicht einzusehen, daß dieser sogenannte wahrscheinliche Fehler mit der Seriengröße a b s o l u t z u n i m m t, a b e r r e l a t i v a b n i m m t. Wir brauchen nur im Vergleich zum eben erwähnten Beispiel von 20 Zügen pro Serie in unserer Tabelle die S e r i e m i t 3 0 Z ü g e n zu betrachten (s. auch Fig. 5). Hier liegen von 1073 Mil-

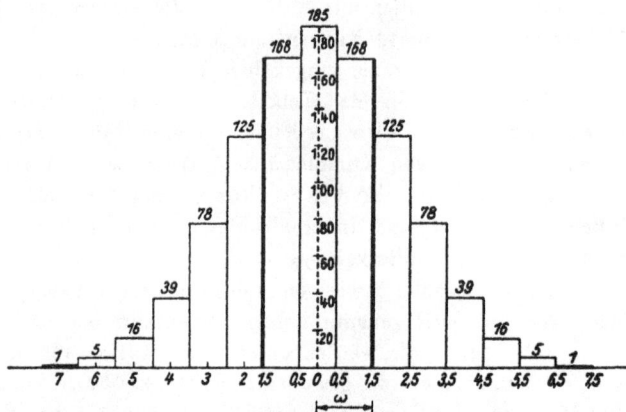

Figur 4. Aufzeichnung der Binomialkoeffizienten (in 1000) der 20er Reihe (s. Tab. S. 45).

lionen Kombinationsmöglichkeiten 155 Millionen bei 15 R und 15 S. Wenn wir von diesen mittleren Fällen um 1 nach beiden Seiten weitergehen, so treffen wir auf die beiden Zahlen 145 Millionen; diese zu den 155 Millionen hinzugerechnet, ergibt 445 Millionen, womit wir aber noch keineswegs die Hälfte, nämlich 536 Millionen der insgesamt 1073 Millionen Kombinationsmöglichkeiten erfaßt haben. Die „wahrscheinliche Abweichung" ist also, im Gegensatz zur 20er-Serie, größer als 1,5 (sie liegt bei 1,85), sie ist allerdings a b s o l u t gewachsen; verglichen aber mit der Gesamtheit der Abweichungen, nach beiden Seiten, die jetzt 15 (statt 10) beträgt, hat sie also viel weniger zugenommen. Die Abweichungen von den mittleren Fällen werden so relativ seltener. Die wahrscheinliche Abweichung ist also bei den verschiedenen Verteilungen verschieden. Sie nimmt bei größerer Ausbreitung langsam zu. Sie ist demnach ein Maß der Ausbreitung der Verteilungen. — Noch eines zeigt uns die

Fig. 5. Die Stufen werden, wenn wir die Binomialkoeffizienten des Pascalschen Dreiecks in Stäbchenform aufzeichnen, immer zahlreicher und dadurch schmaler. Sie gehen allmählich, je mehr wir das Dreieck verlängern, in eine geschweifte Linie, die sogenannte G l o c k e n -,

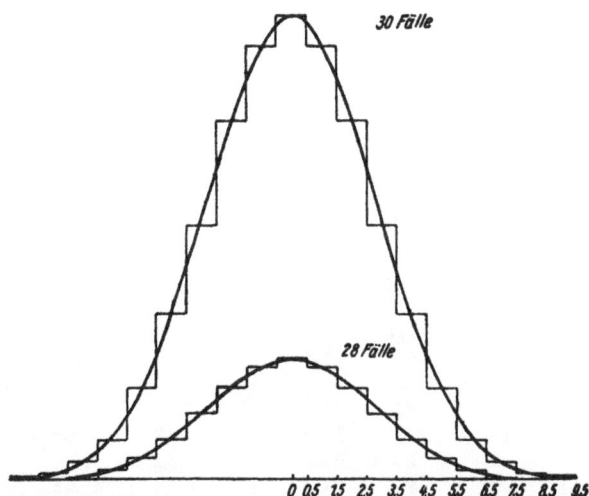

30 Fälle

28 Fälle

0 0,5 1,5 2,5 3,5 4,5 5,5 6,5 7,5 8,5 9,5

Figur 5. Die Binomialkoeffizienten der 28er und 30er Reihe (Tab. S. 38), durch einen Kurvenzug verbunden. Dieser nähert sich der Normalkurve.

Normal-, Gaußsche, Fehler- oder Variationskurve, über. Diese Kurve ist in die Stufen der Fig. 5 bereits eingezeichnet. Ihr Verlauf läßt sich durch eine Formel, die e hoch minus x^2-Funktion beschreiben und daher ihr Inhalt berechnen.

D e r „ Z u f a l l" i m S t u n d e n g l a s. Um die verschiedene Ausbreitung der Glockenkurve, der vorkommenden normalen Verteilungen zu studieren, wollen wir einige empirische Verteilungen betrachten. In einer Sanduhr bildet der einrinnende Sand einen glockenförmigen Haufen, dessen Oberfläche die „Normalfläche" und dessen Querschnitt eine Glockenkurve ergibt. Dies hat der Zürcher Astronom W o l f gezeigt. Er ließ zwischen zwei im Abstand von 13,5 mm nebeneinandergestellten, parallelen Glaswänden Streusand durch einen Trichter einlaufen, zuerst 10 g, dann 20, 30, 60 und 90 g Sand. Am Boden hatte er genau senkrecht unter der Einflußöffnung

53

den Nullpunkt einer Zentimeterskala angebracht. Mit einem Milli-
meterstab maß er die Ordinaten bei je 1 cm Abszissenabstand, d. h. er
maß die Höhe der glockenförmigen Begrenzungslinie des Sandhaufens,
die sich am Glas abzeichnete, in Abständen von 1 cm, 2 cm, 3 cm usw.
vom Ausgangspunkt der Skala nach beiden Seiten. Im Durchschnitt
von fünf nacheinander vorgenommenen Versuchen war die Höhe des
Sandhaufens in mm:

cm-Skala	10 g	20 g	30 g	60 g	90 g	30 g %	Binomial %
10					0,1		
9					1,6		
8				0,1	8,4		
7			0.1	1,1	15,8	0	0
6		0,1	0,6	8,6	23,4	0,3	0,3
5	0,1	0,2	1,8	16,0	30,0	0,9	1,2
4	0,2	1,7	8,2	26,6	37,4	4,1	3,3
3	1,9	7,1	16,0	32,8	45,4	7,9	7,1
2	6,8	15,2	24,8	40,8	53,2	12,3	12,1
1	14,4	24,0	33,0	48,2	60,4	16,4	16,7
0	18,8	27,8	36,2	53,4	67,0	18,0	18,5
1	14,8	24,2	31,0	48,6	59,8	15,4	16,7
2	7,8	16,0	23,8	40,0	52,4	11,8	12,1
3	2,5	8,4	15,6	32,6	44,4	7,8	7,1
4	0,5	2,8	7,8	25,4	37,2	3,9	3,3
5	0,1	0,5	2,0	18,2	30,0	1,0	1,2
6		0,1	0,6	10,4	22,2	0,3	0,3
7			0,1	3,4	15,2	0	0
8				0,1	9,0		
9					2,5		
10					0,2		
			201,6			100,1	99,9

In der oben gegebenen Tabelle wurden die Angaben über den
Versuch mit 30 g Sand in der vorletzten Kolonne in Prozent umgerechnet und zum Vergleich die b i n o m i a l e Verteilung, die ihr
am meisten entspricht (die mit 18 Stufen und 262 144 Kombinationen, die der Tabelle auf S. 38 entnommen wurde), ebenfalls in Prozent hinzugefügt. Auch bei dieser etwas rohen Methode (die Tabelle
auf S. 38 wurde ja durch einfache Additionen gewonnen) kommt man
zu einer befriedigenden Annäherung.

Man könnte mit diesen Zahlen Stäbchendiagramme aufzeichnen
und die Stäbe mit einem Kurvenzug verbinden. Dadurch würden verschieden hohe und breite Glockenkurven entstehen. Zweckmäßiger

54

ist es, die Glockenkurven alle in der g l e i c h e n Höhe zu zeichnen, da man dadurch ihre Natur besser beurteilen kann. Zu den Angaben der obigen Tabelle wurde jene Glockenkurve berechnet, der sich die tatsächlich beobachteten Werte am besten anschmiegen (die Berechnungsweise wird in Kap. 7 dargelegt werden). Die tatsächlich beobachteten Werte unserer Tabelle auf S. 54 sind durch Kreuze in die Fig. 6—10 eingezeichnet. Sie liegen, wie man sieht, meist sehr nahe jener Kurve, wie sie sich aus der Verlängerung des Pascalschen Dreiecks gesetzmäßig ergeben würde (mit Ausnahme der 90-g-Kurve). Das Ergebnis ist höchst überraschend: die Glockenkurve ist also keine rein ideelle Erscheinung, man kann sie experimentell herstellen.

Jede Kurve der Fig. 6—10 hat zwei W e n d e p u n k t e, wie die Mathematiker jene Punkte auf der Kurve nennen, bei denen sie hier am steilsten ist, und die Richtung der Kurve sich ändert, vom Konkaven ins Konvexe übergeht (s. Fig. 14). Sie lassen sich sehr bequem zum Messen der Ausbreitung der Glockenkurve verwenden. Sie liegen am nächsten beisammen beim Sandversuch mit 10 g, am weitesten entfernt bei jenem mit 90 g. Der Abstand der Wendepunkte der Glockenkurve von der Ordinate des Mittelwertes, vom Nullpunkt, läßt sich auch rechnerisch leicht bestimmen. Diese Zahl[1]), der sogenannte m i t t l e r e F e h l e r, ist ein „Streuungsmaß", wie die wahrscheinliche Abweichung. Er kennzeichnet die Ausbreitung der Figur. Von ihm wird noch viel in Kap. 7 die Rede sein. Der mittlere Fehler σ für die binomische Verteilung läßt sich leicht aus der wichtigen Formel $\sigma = \sqrt{p \cdot q \cdot n}$ berechnen, wobei n die Zahl der Kombinationen, p und q die Wahrscheinlichkeiten bedeuten.

Auf den ersten Blick erkennen wir, daß beim Sandversuch mit 10 g weitaus die größte Menge des Sandes um die mittlere Senkrechte herum angehäuft liegt, während beim Sandversuch mit 90 g die „Streuung" sehr viel größer ist.

Die „Streuungsmaße" sind zur Kennzeichnung der Glockenkurven außerordentlich wichtig. Es genügt also nicht allein, ihren Scheitelwert, den häufigsten Wert, der dem arithmetischen Mittel aller Einzelwerte entspricht, zu kennen. Wichtig ist ebenfalls das größere oder geringere Zusammendrängen der übrigen Fälle um diesen Mittelwert. Aus der unendlich großen Zahl der normalen

---

[1]) Sie wird auch Standardabweichung genannt und mit σ bezeichnet. σ^2 ist das arithmetische Mittel der Fehlerquadrate (s. Kap. 7).

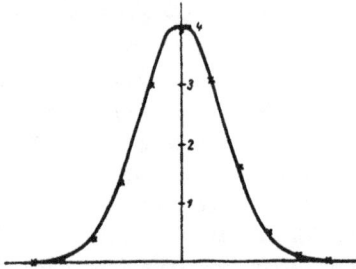

Figur 6. Sandversuch 10 g. Die Abweichungen von der Normalkurve
sind gering.

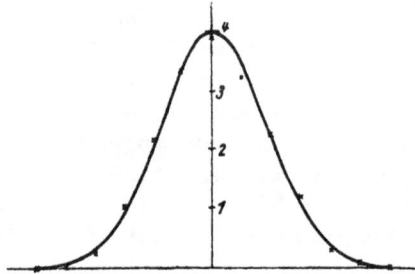

Figur 7. Sandversuch 20 g. Die Normalkurve ist weniger steil.

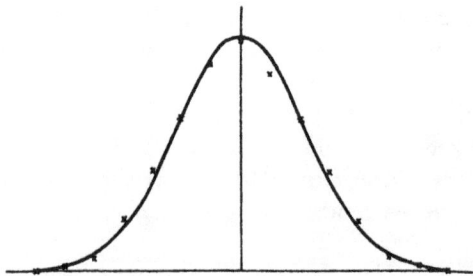

Figur 8. Sandversuch 30 g. Die Anpassung an die Normalkurve
ist noch gut.

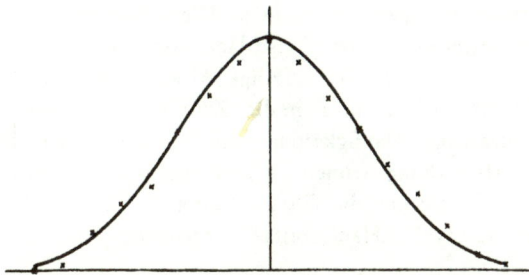

Figur 9. Sandversuch 60 g. Die Ausbreitung der Normalkurve nimmt zu.

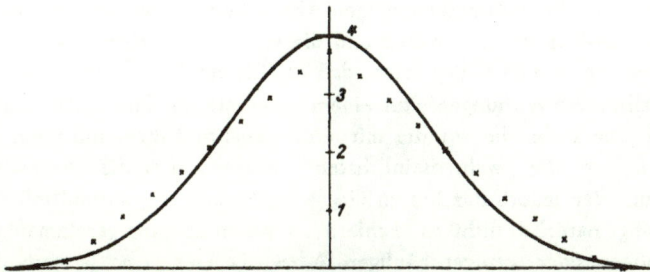

Figur 10. Sandversuch 90 g. Die Abweichungen von der Normalkurve
sind bedeutend.

Verteilungen, der Glockenkurven, müssen wir jene heraussuchen, die
der vorliegenden empirischen Verteilung am ehesten entspricht. Das
gelingt nur an Hand der Streuungsmaße. Deshalb ist ihre Feststellung
unumgänglich.

Bilderreichtum der Mathematiker. Die Mathema-
tiker nennen die Abweichungen von den mittleren Fällen „Streuung". (Auch ein bestimmtes Maß der Abweichungen, die mittlere
Abweichung, nennt man unglücklicherweise ebenfalls „Streuung".)
Sie entnehmen diesen Ausdruck den Erfahrungen auf einem Schieß-
platz. Ein festgeklemmtes Gewehr wird die meisten Schüsse ins Zentrum der Scheibe abgeben, dagegen weniger und weniger Schüsse in
die Kreisringe, die das Zentrum in wachsendem Abstand umgeben.
Diese Streuung des Gewehrs wird natürlich um so größer sein, je
größer die Entfernung von der Scheibe ist, weil sich dann störende

Einflüsse aller Art geltend machen. Die Abweichungen, die verschiedenen Entfernungen der Einschläge vom Zentrum, nennen die Mathematiker F e h l e r oder zufällige Abweichungen, und die Häufigkeit der Abweichungen, d. h. die Zahl der Einschläge in jedem einzelnen Kreisring, Häufigkeiten oder F r e q u e n z e n. Die wahrscheinliche Abweichung nennen sie auch den w a h r s c h e i n l i c h e n F e h l e r. Sie bezeichnen die Glockenkurve als „Zufalls-", „Fehler-" oder „Normalkurve", „Häufigkeits-", „Frequenz-" oder „Variationskurve".

Diese bildhaften Ausdrücke sind von verhängnisvollem Einfluß auf die statistische Praxis gewesen. Sie haben zu dem Glauben geführt, daß die ganz gesetzmäßigen Abweichungen, die wir am Pascalschen Dreieck studiert haben und die sich aus der Kombinatorik ergeben, r e i n z u f ä l l i g seien, daß es sich um Fehler der Natur, um zufällige Abweichungen von einem supponierten Normalen handle, daß jene Fälle, die wir die mittleren genannt haben, nicht nur die häufigsten, die „wahrscheinlichsten", sondern auch die „normalen" seien. Wer jedoch das Binom $(\frac{1}{2} + \frac{1}{2})^n$ r i c h t i g ausmultipliziert, gelangt natürlich nicht zu „Fehlern", sondern zu ganz gesetzmäßigen, häufigen oder weniger häufigen A b w e i c h u n g e n, je nach dem geringeren oder größeren Abstand vom größten (mittleren) Glied. Er kann diese Abweichungen zählen und messen; sie sind, wir wiederholen es, keine F e h l e r, es sind seltener oder weniger selten vorkommende Kombinationen.

D e r Z u f a l l i n d e r M a s s e n f a b r i k a t i o n. Nirgends scheint dem Zufall weniger Spielraum gegeben als in der maschinellen Massenproduktion, in einer modernen Fabrik. Und gerade dort ist er zu Hause. Nichts beweist deutlicher das durchaus Gesetzmäßige seines Wirkens. Aus vielen Hunderten von Beispielen, die beizubringen wären, sei hier ein einziges[1] angeführt. In einer Drahtzieherei wurden 402 herausgegriffene Proben von Tombakdrähten auf ihre Festigkeit hin untersucht; die meisten Proben hatten eine Festigkeit von 40,5 kg pro mm², die dem arithmetischen Mittel aller 402 Proben entspricht. Die übrigen Proben wurden klassiert, wobei Abstufungen von 36—37 kg, 37—38 kg usw. Festigkeit pro mm² ge-

[1] Aus dem sehr empfehlenswerten Buch von Kohlweiler: Statistik im Dienste der Technik, 1931.

58

bildet wurden. Die Zahl der Proben, die in jede dieser Stufen fielen, findet sich in der folgenden Tabelle:

Festigkeit kg pro mm²	Zahl der Proben, absolut	In %	Theorie Binomial-Koeffizienten	In %
36—37	3	0,8	1	0,4
37—38	6	1,5	8	3,1
38—39	47	11,7	28	10,9
39—40	84	20,9	56	21,9
40—41	127	31,5	70	27,4
41—42	91	22,6	56	21,9
42—43	37	9,2	28	10,9
33—44	4	1,0	8	3,1
44—45	3	0,8	1	0,4
	402	100,0	256	100,0

Die empirische Verteilung wurde der binomialen Verteilung gegenübergestellt, die wir uns selbst, durch Weiterführung des Pascalschen Dreiecks, für ebenfalls 9 Stufen, berechnet hatten (s. Tab. S. 38). Da die Gesamtzahl der beiden Reihen verschieden ist (402 und 256), mußten beide Verteilungen in Prozente umgerechnet werden. Ein Vergleich der beiden Verteilungen in Prozentzahlen offenbart eine auffällige Übereinstimmung (mit Ausnahme des Maximums, das in der Drahtzieherei etwas überhöht ist). Es ist also in der Massenfabrikation von Tombakdrähten die Festigkeit eine Eigenschaft, die zufallsmäßig variiert; genau wie wenn wir Kartenpaare systematisch durch gutes Mischen kombinieren würden. Um die durchschnittlichen Festigkeiten gruppieren sich gesetzmäßig die Produktionszahlen der höheren und niederen Festigkeitswerte.

Der „Zufall" der Entvölkerung schweizerischer Gemeinden. Sogar statistische Tatsachen, die zweifellos hauptsächlich durch wirtschaftliche Einflüsse bestimmt werden, nehmen bisweilen die Form der normalen Verteilung, der Glockenkurve, an. Das folgende Beispiel zeigt das in sehr schöner Weise. Wer die Zu- oder Abnahme einzelner Gemeinden, die anläßlich jeder Volkszählung festzustellen ist, verfolgt, steht vor einem schwer übersehbaren Durcheinander, was aus der umstehenden kleinen Tabelle zu ersehen ist, die einen mikroskopischen Ausschnitt der Bewegung, nur für vier von 3000 schweizerischen Gemeinden, erfaßt (s. auch S. 12).

Einwohnerzahl in den Jahren

Gemeinde	1850	1860	1870	1880	1888	1900	1910	1920
Märstetten	1009	1034	978	970	1067	1030	1067	1107
Fischingen	2125	2097	2170	2156	2386	2570	2665	2543
Roggwil	1284	1204	1239	1182	1220	1289	1495	1460
Basadingen	2169	2106	2083	2016	1927	1885	2269	2359

Im folgenden sind 2010 Gemeinden zusammengestellt, welche in 70 Jahren, also bei 8 Volkszählungen, 0 mal, 1 mal, 2 mal bis 7 mal gegenüber dem Stand der letzten Volkszählung abgenommen haben. Es ergab sich für rund 2000 schweizerische Gemeinden, d. h. für zwei Drittel aller Gemeinden, folgende kleine Tabelle:

Abnahme	Zahl der Gemeinden	Theoretische Berechnung
0 mal	81	60
1 mal	216	195
2 mal	372	409
3 mal	509	540
4 mal	477	459
5 mal	249	246
6 mal	92	82
7 mal	14	19
	2010	2010

Weitaus am häufigsten sind, wie man sieht, die Gemeinden, die 3 mal ab- und 4 mal zugenommen haben, ferner jene, die 4 mal ab- und 3 mal zugenommen haben. Die extremen Werte sind selten. Bei einer zufälligen (normalen) Verteilung ergeben sich ganz ähnliche Werte. Sucht man die Normalkurve, die dieser empirischen Verteilung am ähnlichsten ist, so erhält man das untenstehende Bild (Fig. 11), in dem die tatsächlichen Werte durch Kreuze eingetragen sind. Wie man sieht, sind die Abweichungen von den entsprechenden Punkten der Normalkurve nur klein[1].

Der Zufall als Sieger. Die 60 Schüsse, mit denen ein 19 jähriger in Freiburg 1934 alle internationalen Größen schlug, ver-

---

[1] Die Rechnung ist sehr einfach und wird im Kapitel 7 erläutert werden.

teilen sich zufallsartig um das Mittel, das fast genau bei 9, der Nummer des zweitinnersten Kreises auf der Scheibe, liegt. Der Schütze hatte 17 Zehner, 31 Neuner, 9 Achter und 3 Siebener erzielt. Das Ergebnis ist dasselbe, als wenn er aus einer Urne, die in sehr großer Zahl schwarze und weiße Kugeln im Verhältnis von 9 schwarzen zu 1 weißen Kugel enthält, 60 mal je 10 Kugeln blind gezogen und festgestellt hätte, wie viele darunter schwarz sind.

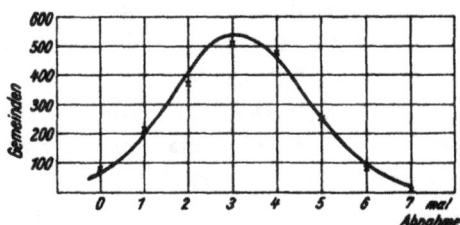

Figur 11. Zahl der Gemeinden mit 0—7 maliger Abnahme der Volkszahl bei den Zählungen von 1860—1930.

Das Ergebnis ist also dasselbe wie bei einem solchen Zufalls-spiel. Damit wird natürlich nicht behauptet, daß der Schütze, wenn er mit geschlossenen Augen geschossen hätte, dasselbe gute Resultat erzielt haben würde. Vielmehr bedarf es ganz besonderer Begabung, Übung und höchster Anspannung der Kräfte, um den erwähnten hohen Durchschnitt zu erzielen. Um d i e s e n aber schwanken die Zahlen zufallsartig. Ebenso zufallsartig schwanken die Höchstleistun-gen nicht eines einzigen, sondern v e r s c h i e d e n e r Spitzenkönner. Bei den meisten sportlichen Höchstleistungen sind ja die Unterschiede der Leistungen der Wettkämpfer in der Spitzengruppe minimal[1]), so daß selbst ihre Feststellung oft sehr schwierig ist. Es ist anzunehmen, da die Einzelleistung um einen Durchschnitt zufallsartig „streut", daß meistens der Zufall letzten Endes den Ausschlag gibt und die „Asse" zu demselben Resultat auf einfachere Weise kämen, wenn sie sich an einen Tisch setzen und den Sieger mit dem Würfelbecher ausknobeln würden.

---

[1]) Als Illustration diene der 10 000 m-Lauf der beiden Weltmeister Heino und Zatopek, deren abwechselnd errungene Weltrekordzeiten vom 25. 8. 1944, 12. 6. 49, 1. 9. 49 u. 22. 10. 49 um nur 0,66 sec differieren.

2. Die Gleichförmigkeiten der Zahlen

Eine geistreiche Erklärung. Im vorigen Abschnitt sind die Schwankungen der Zahlen gedeutet worden. Soweit es sich um Zufalls- oder Glücksspiele handelte, um die binomiale Verteilung oder um Verteilungen, die aus dieser entwickelt wurden, ergaben sich gesetzmäßig Schwankungen innerhalb der Zufallsgrenzen, d. h. innerhalb eines ganz bestimmten Ausmaßes. Der Mittelwert ist am häufigsten vertreten oder am stärksten „besetzt". Er ist relativ „stabil". Bei Wiederholungen der Beobachtungen wird er sich immer mehr durchsetzen. Damit sind die Schwankungen der Zahlen ebenso wie ihr Beharrungsvermögen gleichzeitig erklärt.

Aber keineswegs in allen statistisch erfaßbaren Erscheinungen treffen die Voraussetzungen der sog. Zufallsverteilung zu. L. V. Furlan äußert sich in seinem Werk „Das Harmoniegesetz der Statistik" (1946) wie folgt:

> „Zusammenfassend können wir sagen, daß im Bereich der sozialen und wirtschaftlichen Erscheinungen die Konstanz des Geschehens, von seltenen Ausnahmen abgesehen, nicht entfernt jenes Optimum erreicht, das einen Vergleich mit den von einer konstanten Wahrscheinlichkeit beherrschten Ereignissen gestattet. Zahlreicher sind dagegen die Fälle, da, innerhalb beschränkter örtlicher und zeitlicher Grenzen des Geschehens, der Schwankungsbereich immerhin noch so eng gezogen ist, daß der Eindruck eines Beharrungszustandes entsteht, der geeignet ist, die Aufmerksamkeit des Beobachters zu erregen. Für solche Fälle ist eine generelle Erklärung unschwer zu finden. Das Tun und Lassen der Individuen, welche die Glieder der menschlichen Gesellschaft bilden, wird maßgeblich beeinflußt durch die Anlagen, welche jeder einzelne unter uns als Erbe von seinen Vorfahren empfangen und in seinen bisherigen Lebensabschnitt weiterentwickelt hat sowie durch die Eindrücke, die er aus seiner näheren und weiteren Umgebung in der Vergangenheit aufnehmen konnte. Die Summe dieser Anlagen und Eindrücke, welche in einem gegebenen Augenblick jeweilen wirksam wird, stellt eine sich erneuernde Gesamtheit dar: Neue Anlagen werden entwickelt, während alte verkümmern, neue Eindrücke kommen hinzu und neue Einflüsse machen sich geltend, während alte verblassen, und es liegt auf der Hand, daß dieser Erneuerungsvorgang nur langsam vonstatten gehen kann, da der jeweilige Zuwachs und Abgang im Vergleich zum dauernden Bestand verhältnismäßig klein bleiben wird. Aber auch die Bevölkerung selbst ist eine sich erneuernde Gesamtheit."

In sehr schönen Beispielen zeigt Furlan, daß langsame Wachstums- und Schrumpfungserscheinungen eine Stabilität oft nur vortäuschen und diese zeitlichen und örtlichen Verschiebungen unterliegt.

„Die Gleichförmigkeit der Welt." Marbe schreibt:
„Fast alle Pflanzen zeigen eine gewisse, auch für den Laien unverkennbare Gleichförmigkeit; dasselbe gilt für die Menschen einerseits, die Pferde andererseits und alle Tiere überhaupt." Diese Gleichförmigkeit, die die Statistiker seit dreihundert Jahren beschäftigt, ist trotz zahlreicher Erklärungsversuche in vielen Fällen noch völlig rätselhaft geblieben. Ebenso naiv wie Graunts oben angeführte Theorie des Rücksprungs ist die von Marbe behauptete über die allgemeine Gleichförmigkeit in der Natur. Wenn nämlich alles im großen ganzen gleichförmig ist, muß man fragen: Warum ist denn so vieles im einzelnen ungleichförmig?

Absichtlich herbeigeführte Gleichförmigkeiten. Bei den Geschicklichkeitsspielen können wir uns die Gleichförmigkeiten leicht erklären. Wir machen es uns hier absichtlich ein wenig schwer. Aber wir machen es uns nicht unmöglich. Wir stellen die Kegel nicht so nahe auf, daß wir immer, aber auch nicht so fern, daß wir nie alle Neune werfen. Wir bemühen uns redlich, lauter Treffer zu machen. Als Ergebnis erhalten wir ziemlich regelmäßige Streuungen um ein Mittel. Auftretende Gleichförmigkeiten sind also verständlich.

Schwieriger zu erklären sind im wirtschaftlichen Leben die unleugbaren Gleichförmigkeiten trotz kleinerer Unregelmäßigkeiten. Manchmal allerdings beruhen hier die Gleichförmigkeiten auf einer bewußten oder unbewußten Selbsttäuschung. Wir wollen oft die vorhandenen Unterschiede gar nicht sehen, um uns unser Geschäft zu erleichtern, z. B. beim Welthandel nach Typen. Oder wir bemühen uns, die Unterschiede möglichst klein zu machen, wie bei der Fabrikation genormter Teile.

Wenn ein Bauer Zaunlatten zurechtschneidet — einige sind zu lang, er sägt sie ab, einige zu kurz, er nagelt sie zusammen —, so wird er sich nicht verwundern, daß sie am Schluß alle gleich lang sind. Der Statistiker aber wundert sich darüber, wenn er genau dasselbe wie der Bauer tut; wenn er aus einer Anzahl von Angaben den arithmetischen Durchschnitt berechnet und dadurch zu einem Ausgleich gelangt. Er wundert sich dann über die wunderbare Gleichförmigkeit der Zahlen. Das arithmetische Mittel aus einer Anzahl von Angaben muß ja notwendig nivellierend wirken. es macht alle Glieder gleich groß. Das ist nichts anderes als ein Abschneiden und Ansetzen. Aber darauf kommen manche sog. Statistiker nicht. Ich will zur Vorsicht einen längst Verstorbenen, S ü ß m i l c h, zitieren, der 1740 schrieb: „Wenn z. B. in einer dreijährigen Liste einer Stadt ein heftiges epidemisches Jahr befindlich ist, so kann man solche nicht mit den andern zusammenaddieren, weil man sodann leicht eine Mittelzahl bekommen würde, die um 100 oder 1000 zu groß wäre. Wenn ich aber zehn oder zwanzig Jahre zusammennehme und es ist unter selbigen etwa nur e i n epidemisches Jahr, so verteilt sich der Schaden gleichsam, und der Fehler wird unmerklich." So gelangt der Statistiker bisweilen zu seiner „göttlichen Ordnung". Er hat sie selbst gemacht.

D i e N a t u r   a l s   s c h l e c h t e r   S c h ü t z e. Die Natur ist nach Auffassung des belgischen Statistikers Quetelet ein Schütze, der sein Ziel nicht immer trifft. Sie arbeitet nach einem Modell, das sie nur annähernd erreichen kann, ähnlich wie Hunderte von Bildhauern, die so genau wie möglich den Apoll von Belvedere zu kopieren trachten. Keine dieser Kopieen würde dem Original völlig gleichen, wohl aber ihr Durchschnitt, da sich die Fehler gegenseitig aufheben müßten. K a m m e r e r hat diese Erklärung bedeutend verfeinert, indem er sagte, je weiter sich ein Lebewesen von der Norm entfernt, desto mehr werde es dadurch in seiner Lebensfähigkeit bedroht. Diesen Gedanken könnte man, nicht ohne einige Künstlichkeit, auch auf das menschliche Zusammenleben anwenden. Die ganz hohen und die ganz niederen Löhne sind selten, weil sie außergewöhnlich großen oder kleinen Leistungen entsprechen, die aber selten sind, weil sie außergewöhnlich sind und die unternormal Begabten wirtschaftlich oder sozial gefährdet sind, also seltener vorkommen werden als die große Masse mit ungefähr gleichförmigen Leistungen. Diese Hypothese hat einen Schönheitsfehler: das Anomale ist nämlich sehr oft lebensfähiger als das Normale.

D i e   U n t e r s c h i e b u n g s h y p o t h e s e läßt sich durch folgendes Beispiel erläutern. In jeder Volkswirtschaft scheiden jährlich eine bestimmte Zahl weiblicher Arbeitskräfte durch Heirat aus dem Produktionsprozeß aus. Sie werden durch ungefähr ebenso viele jüngere Kräfte ersetzt, die zu etwa demselben Lohn eingestellt werden. Die Zahl der weiblichen Beschäftigten ebenso wie ihre Lohnsumme wird daher innerhalb kleiner Zeiträume ungefähr gleich groß bleiben.

In der Tat hat sich der Durchschnittsstundenverdienst der Fabrikarbeiter in der Schweiz von Jahr zu Jahr sehr wenig geändert.

Da das Wirtschaftssystem aus dem Zusammenspiel einer Reihe von Kräften besteht, deren Stärke und Richtung sich nur langsam verschiebt, haben die Nationalökonomen gesagt, nicht die Gleichförmigkeit sei das Wunderbare, oder wie Süßmilch sich ausdrückte, das Göttliche; wunderbar wären vielmehr plötzliche und sprunghafte Änderungen.

Die Ausgleichshypothese. Von der eben dargelegten Auffassung ist kein weiter Schritt zur Ausgleichshypothese, die besonders bei den Statistikern beliebt ist. Nach diesem Erklärungsversuch heben sich in größeren Zahlen die örtlichen und zeitlichen Schwankungen als Abweichungen, als Fehler gegenseitig auf, genau so wie sich Fehler in einer statistischen Masse ausgleichen, wenn es zufällige Fehler sind, d. h. wenn ihre Ursachen nach beiden Richtungen und in ungefähr gleicher Stärke wirken. Hat z. B. beim Anfertigen von Zählblättchen einer Volkszählung der betreffende Arbeiter das Blättchen infolge Unaufmerksamkeit als männlich statt als weiblich markiert, so ist anzunehmen, daß er ein anderes Mal ein Zählblättchen für einen Mann aus Versehen als weiblich bezeichnen wird. Diese Fehler sind also nicht einseitige, sog. systematische Fehler, so wenig wie beim Messen von Strecken das Zittern der Hand eine einseitige Verschiebung, sondern einmal einen Ausschlag nach rechts, einmal nach links verursacht. — Auch lokale Unterschiede können so, beim Zusammenfassen zu großen Landesdurchschnitten, schwinden. Wenn überhaupt eine Erscheinung irgendwelchen Schwankungen unterliegt, so ist anzunehmen, daß sich diese Schwankungen im Lauf der Zeit wenigstens zum Teil ausgleichen. — Aber weshalb unterliegt sie Schwankungen? Und liegt nicht schon im Begriff Schwankung die Feststellung eines Auf und Ab, eines Oszillierens um eine gerade gedachte Linie? Ist das eine Erklärung?

Die Konglomerathypothese. Am verbreitetsten ist heute unter den Statistikern die über 100 Jahre alte Auffassung, daß eine Gleichförmigkeit in den statistischen Massenerscheinungen durch das Vorhandensein sehr vieler kleiner Ursachen bewirkt werde, von denen sich einige in diesem, einige in jenem Sinne geltend machen. Aus sehr vielen Wellen, die sich übereinander lagern, entsteht schließlich als Endergebnis eine Horizontale.

Die angeführten Erklärungsversuche der Gleichförmigkeit statistischer Massenerscheinungen sind von größter praktischer Bedeutung, weil von der angenommenen Gleichförmigkeit der Zahlen tausend praktische Maßregeln, tausend Pläne, tausend Entscheidungen abhängen. Doch sind alle bisherigen Erklärungsversuche bei genauer Betrachtung noch wenig befriedigend.

3. Das Deuten der Schwankungen

Die statistische Voraussage. Da wir wenig oder nichts über die Natur der statistisch beobachteten Gleichförmigkeiten wissen, ist die Möglichkeit, Folgerungen aus statistischen Zahlen zu ziehen, sehr beschränkt. Dennoch ist sie vorhanden. Gerade aus den Schwankungen können wir manchmal auf Gleichförmigkeiten schließen. Wenn sich nämlich eine statistisch beobachtete Erscheinung sehr ähnlich wie ein Zufallsspiel verhält, wenn die Schwankungen sich um den Mittelwert binomial verteilen, große Abweichungen selten, kleinere häufiger sind, so ist der Schluß berechtigt, daß auch bei zukünftigen Beobachtungen oder bei Beobachtungen gleicher Art, die denselben Mittelwert und dieselbe Streuung ergeben, die Schwankungen sich innerhalb der Zufallsgrenzen halten werden. Der Statistiker darf also in solchen Fällen voraussehen, er darf selbst da prophezeien, wo auf den ersten Blick nichts anderes als ein unübersehbares Durcheinander zu herrschen scheint. Vereinzelte starke Abweichungen mögen gelegentlich vorkommen. Aber sie werden selten sein.

Aber auch wenn zufällige Verteilungen nicht vorliegen, ist der Statistiker u. U. zu Voraussagen berechtigt. Jedoch die große Zahl allein tut es nicht. Einfach auf Grund einer größern Beobachtungszahl zu schließen, daß eine Gleichförmigkeit oder Stabilität vorhanden sein muß, heißt das voraussetzen, was man beweisen sollte.

Wenn wir sehr viele Beobachtungen gemacht haben, so sagt man, dürfen wir annehmen, daß noch weitere Fälle, die wir nicht beobachtet haben, vollkommen gleich verlaufen. Wenn die Sonne an vielen Millionen Tagen aufgegangen ist, so wird sie wohl auch morgen und noch viele Tage aufgehen. Mit demselben Recht kann man sagen: Da ein Hundertjähriger 36 500 Tage gelebt hat, wird er noch viele weitere Tage erleben.

Das Wiederaufgehen der Sonne und den baldigen Tod des Hundertjährigen erwarten wir jedoch aus ganz anderen Gründen als aus wahrscheinlichkeitstheoretischen.

Wir brauchen uns nur umzublicken, um uns zu überzeugen, daß in den verschiedensten Wissenschaften keineswegs m a s s e n h a f t e Wiederholungen der Beobachtungen und Experimente stattfinden, keineswegs die große Zahl entscheidet. Oft genügen ganz wenige Fälle zur Verallgemeinerung. So hat man aus den spärlichen Fußspuren, welche Insekten in einer Schlammpfütze vor hundertfünfzig Millionen Jahren zurückließen und die dann versteinerten, die damalige Insektenwelt mit ihren Billionen Individuen rekonstruiert. Der Arzt zählt bei Blutuntersuchungen etwa 500 rote Blutkörperchen ab; jedoch der menschliche Körper hat davon mehrere Billionen.

D e r   S c h w a n k u n g s s p i e l r a u m . Durch nichts wird der Statistiker, dessen Existenz auf dem Gesetz der großen Zahl beruht, in größere Verlegenheit versetzt, als durch die naheliegende Frage nach der Größe dieser Zahl. Er kann nicht angeben, wann die große Zahl erreicht ist, bei welcher Zahl die Möglichkeit eines Schlusses auf weitere Fälle vorliegt. Auf jedem Fachgebiet liegen die Verhältnisse anders. Die Zahl ist gar nicht entscheidend. Was dem Induktionsschluß, dem Schluß vom Einzelnen auf das Allgemeine, von einem bekannten Teil auf andere unbekannte Teile, von den Erscheinungen der Gegenwart auf die Erscheinungen der Zukunft vielmehr stets bewußt oder unbewußt zugrunde liegt, ist ein weiterer Hilfssatz, nämlich die Kenntnis über den Schwankungsspielraum, die Variationsbreite und Variationshäufigkeit der vorliegenden Erscheinung. Der Fachmann kennt ihn. Er weiß aus Erfahrung, wie oft Ausnahmen oder Abweichungen vorzukommen pflegen, ob etwa gleichmäßige Saisonschwankungen auftreten usw. Der Tabakfabrikant, der ein Tabakfaß, in welchem viele hunderttausend Blätter eingepreßt sind, dadurch auf seinen Inhalt prüft, daß er an zwei Stellen Proben entnimmt, der Baumwollhändler, der wenige hundert Fasern aus einem hydraulisch gepreßten Baumwollballen mit Millionen Fasern herauszieht, geht von seiner Erfahrung aus, daß die Möglichkeit der Abweichungen von der gewählten Probe einen gewissen Spielraum nicht überschreiten werde. Ebenso geht der Biologe vor, wenn er Tierversuche verallgemeinert; der Arzt, wenn er eine neue Heilmethode einführt; der Chemiker, wenn er ein neues Element ein für allemal analysiert. Die gründliche Kenntnis der besonderen Methoden jedes Fachgebietes ist zu statistischen Voraussagen unerläßlich.

Ist eine zukünftige Zahl von einer gegenwärtigen abhängig, so darf der Statistiker natürlich auf dieses künftige Ereignis schließen, z. B. der Geburtenausfall der großen Kriege macht sich in der Bevölkerungsbewegung noch auf Generationen hinaus bemerkbar, wenn die zahlenmäßig geschwächte Generation ins vermehrungsfähige Alter tritt. Freilich können andere Einflüsse solche Voraussagen, die nur unter sonst gleichen Umständen gelten, wieder aufheben. So war der Schluß voreilig: die Ehen nach 1918 haben in Deutschland stark zugenommen, also werden auch die Geburtenzahlen nach Beendigung des Krieges stark steigen. Was zugenommen hat, waren die kinderlosen Ehen.

Statistische Gedankenexperimente. Nicht zu verwechseln mit eigentlich statistischen Voraussagen sind die Zukunftsberechnungen auf Grund willkürlicher statistischer Annahmen. Die heutigen Zustände oder die heute zu beobachtenden Bewegungstendenzen werden in die Zukunft hineinprojiziert. Solche Berechnungen, deren mögliche Fehler sich manchmal in bestimmte Grenzen einschließen lassen und dann nicht so gefährlich sind, haben meist lehrhaften Charakter und beginnen mit einem „Wenn". Z. B.: „Wenn die Geburtenhäufigkeit gleichbleibt, und selbst wenn die Sterblichkeit weiter abnimmt, wird die Einwohnerzahl in den nächsten 30 Jahren um 20 Prozent zurückgehen." Oft vergißt der Leser das „Aber" am Schluß. „Aber", sollte er sich sagen, „alles ist nur ein schwerer statistischer Traum." Von solchen Berechnungen ist nur eines völlig sicher, daß sie ganz gewiß nicht eintreffen werden. Das wäre ein höchst merkwürdiger Zufall, weil die Voraussetzung: gleichbleibende oder gleichmäßig sich ändernde Faktoren der Rechnung in der Wirklichkeit niemals zutrifft.

IV. Das Gliedern der Zahlen

1. Grundsätze der Gliederungen

Zwei Arbeitsmethoden. Die Statistiker bearbeiten denselben Boden mit zwei gänzlich verschiedenen Werkzeugen. Und manchmal erheben sie sie drohend gegeneinander. Den ausgesprochenen Gegensatz zwischen den Anhängern der einen und der andern Arbeitsmethode zu überbrücken, ist bis jetzt nicht gelungen, und doch fehlen nicht die Berührungspunkte: die sogenannten gemeinen Statistiker bedienen sich unausgesetzt mathematischer Begriffe und Vorstellungsweisen (ohne es zu wissen). Andererseits sind die Entwicklungen der mathematischen Statistik oft nichts als eine Weiterführung oder Verfeinerung der Methoden der statistischen Praktiker.

Das eine jener Werkzeuge, das mathematische, haben wir im vorigen Abschnitt kennengelernt. Es ist das schärfer geschliffene, scheinbar ein Universalwerkzeug, anwendbar auf allen möglichen Gebieten. Aber es zeigt sich bald, daß es nur unter ganz bestimmten Voraussetzungen zu brauchen ist: vor allem bei eigentlichen Zahlenreihen mit gleichmäßigen Stufen, über die sich die Werte in einer bestimmten Gesetzmäßigkeit verteilen [1]).

Das andere Werkzeug, das wir in diesem Abschnitt untersuchen wollen, ist primitiver, aber trotz langem Gebrauch noch nicht abgenützt. Seine Handhabung setzt keine mathematischen Kenntnisse voraus, dafür aber innige Vertrautheit mit dem Arbeitsgegenstand. Es besteht, um es kurz zu sagen, im s a c h l i c h e n Gliedern der Zahlenmassen. Bei dieser Gliederung werden gewöhnlich nicht gleichmäßige, sondern ungleichartige Stufen gebildet.

Leider lassen sich gerade über dieses Gebiet der Statistik nicht viele allgemeine Richtlinien geben. Jedes Fachgebiet hat hier seine Besonderheiten; in alle statistischen Fachgebiete einzuführen, ist niemandem gegeben, weil man nicht Universalspezialist sein kann. Einige Fingerzeige dürfen aber hier nicht fehlen.

Z e r l e g e n , n i c h t A d d i e r e n. Ein an den Tatsachen ausgerichtetes begriffliches Ordnen ist die Grundlage jeder statistischen Tätigkeit. Das Gliedern der Zahlenmassen nach sorgfältig ausgewählten Merkmalen ist eines der wichtigsten Geschäfte des Statistikers. Daß damit Häufigkeitszahlen oder Wahrscheinlichkeiten gewonnen werden können, haben wir im 2. Kapitel gesehen. Unter besonders günstigen Umständen sind diese Häufigkeitszahlen, wie wir oben festgestellt haben, einer wahrscheinlichkeitstheoretischen Behandlung zugänglich. Aber auch wenn dies nicht möglich ist, sind die Häufigkeitszahlen oder Wahrscheinlichkeiten fast immer von großem Wert, weil sie u n b e s t i m m t e V o r s t e l l u n g e n p r ä z i s i e r e n. Was sich aus einer statistischen Ordnung ergibt, grenzt oft ans Wunderbare.

---

[1]) Es gibt noch eine Reihe weiterer Anwendungsgebiete der mathematischen Statistik, die hier nicht behandelt werden können.

Wie vollzieht sich diese Ordnung? Auf das A u f s p a l t e n kommt es an, nicht auf das Abzählen oder Zusammenzählen. Das zeigt sich deutlich bereits bei der statistischen Erhebung, dem Anfang aller statistischen Tätigkeit. Undenkbar wäre es, wenn der Statistiker z. B. alle Bauern, dann alle Handwerker, dann alle Fabrikarbeiter aus einer Bevölkerung durch Zählen feststellen wollte, um zu einer Berufsstatistik zu gelangen. Er geht ganz methodisch vor. Er erfaßt bei einer Berufsstatistik die ganze Bevölkerung, und dann zerlegt er diese Gesamtmasse nach Bauern, Handwerkern, Arbeitern usw. Die Zergliederung geht fächerförmig immer weiter.

F o r m a l e   G l i e d e r u n g e n   u n d   i h r e   G r e n z e n . Die Grundsätze der statistischen Klassifikation richten sich vor allem nach der Art des Materials. Die Art der Anordnung ist meist schon gegeben. Im vorhergehenden Abschnitt, wo von Zahlenreihen die Rede war, die einer systematischen Messung und Wertung auf ihre Zufallsnatur fähig sind, ist über die Art der Gliederung kaum gesprochen worden, denn gleichmäßige Stufen ergeben sich von selbst. Es sind Zeitabschnitte, Jahre, Monate, Tage oder irgendwelche, durch den Gegenstand vorgeschriebene Unterteilungen, wie Körpermaße, zahlenmäßig festgestellte und an einem Individuum variierende Merkmale oder Klassen usw. Nur dann kommt der mathematische Statistiker in die Lage, selbst den Stufenabstand zu bestimmen, wenn er sehr zahlreiche Einzelbeobachtungen oder Massen in größere Klassen zusammenfaßt, um nicht zuviel Stufen zu erhalten.

Dabei nimmt er bewußt gewisse Vereinfachungen vor, z. B. erhebt er die Klassen(Stufen-)mitte zur Norm, während die wirkliche Verteilung über eine Klasse ganz unregelmäßig sein kann. Oder er nimmt die Zeitabschnitte als gleich groß an, auch wenn sie es nicht sind, z. B. Schaltjahre und andere Jahre oder die Monate trotz ihrer verschiedenen Tageszahl. Oder er vernachlässigt die Tatsache, daß die beweglichen Feste mit ihren abnormen Verhältnissen einmal in diesen, einmal in jenen Monat fallen, ferner, daß manchmal ein Monat 4, manchmal 5 Sonntage enthält.

S a c h l i c h e   G l i e d e r u n g e n   u n d   i h r e   G r e n z e n . Schwieriger ist die Anordnung des statistischen Materials dort, wo die Unterteilungen nicht wie bei den eigentlichen Reihen in der Hauptsache gegeben sind, sondern wo ungleiche Gliederungen vorgenommen werden müssen. Sie kann der Statistiker zwar frei wählen, aber nur bis zu einem gewissen Grade. Denn auf dem Fragebogen, der ihm das Material verschaffte, sind lediglich eine Anzahl Merkmale festgestellt worden. Darüber hinaus kann er nicht gehen: nach ihnen muß sich die Gliederung richten.

Immerhin erlauben ihm manche Merkmale eine ungeheure Fülle von Unterscheidungen. Hier ist es eher diese Fülle, die die Gliederung erschwert. In der Außenhandelsstatistik wird zwar nur nach Herkunfts- und Bestimmungsland, Menge und Wert der Ware gefragt. Nicht nur das Länderverzeichnis wird immer umfangreicher, die Bezeichnung der Ware fördert eine riesige Fülle von Merkmalen zutage. Die allgemeine Tendenz geht dahin, diese Waren immer ausführlicher zu gliedern. Die Feinheit der statistischen Unterscheidung wächst oft mit dem Umfang der statistisch festgestellten Zahlen.

Die Sprache als Unterscheidungsmittel hat aber auch ihre Grenzen. Oft sind beispielsweise neue Berufe früher da als ihre Bezeichnungen; oft sind die Bezeichnungen da, aber sie werden noch nicht allgemein verwendet, denn es fehlt den Berufstätigen ein ausgesprochenes Berufsbewußtsein. Die Auszählungen können dann zu weit gehen. So hat es keinen Sinn, in der Baumwollindustrie die Ringspinnerinnen zu zählen, weil sich zwar viele Ringspinnerinnen als solche, andere aber nur als Spinnereiarbeiterinnen in die Zählpapiere eintragen und daher mit den Vorspinnerinnen zusammengezählt werden. Die Zahl der Ringspinnerinnen wird also zu klein. Dagegen Maschinensetzer werden sich wohl ausnahmslos als solche und nicht etwa bloß als Setzer bezeichnen. Sie sind eine Elite.

Aber auch die Verwendung mehrerer Merkmale, nicht nur die Abstufung eines einzelnen Merkmales wie des Berufes, f ü h r t z u r F ü l l e. Die Kombination von wenigen erfragten Merkmalen kann erdrückend werden. Selbst der gewiegte Statistiker täuscht sich darüber bisweilen. Bei einer Volkszählung handelt es sich z. B. in der Regel nur um 10—14 Fragen. Wird das Material zunächst nach dem Geschlecht zerlegt, so gibt das zwei Gruppen: (männlich — weiblich), nach dem Zivilstand vier Gruppen (ledig, verheiratet, verwitwet, geschieden). Nach Geschlecht und Zivilstand zerlegt, gibt es zweimal vier Gruppen (männlich-ledig, weiblich-ledig, männlich-verheiratet usw.). Eine eventuelle weitere Gliederung nach 5jährigen Altersklassen 0—4jährig, 5—9jährig, ergibt 20 Altersklassen, mit den genannten Merkmalen kombiniert also achtmal 20 Unterteilungen.

Dazu kommt die Unterscheidung nach Nationalität (Einheimische, Ausländer). Diese 320 Angaben werden in der Schweiz für jeden der 187 Bezirke gegeben, das sind 60000 Zahlen. Üblich ist in der Schweiz das Zerlegen des Gesamtmaterials nach der Heimatgemeinde, zirka 3000 Gemeinden. Im Jahr 1910 wurden für jeden Bezirk und jedes Geschlecht also 374 Tabellen (21 Großfolioseiten mit je 3000 Rubriken) zusammengetragen, was 1,1 Millionen Tabellenhäuschen ergab. So ausführliche Tabellen kann man unmöglich veröffentlichen, ihr Zusammenziehen zu übersichtlicheren Drucktabellen erfordert außerordentlich viel Arbeit.

2. Die Begriffe als Grundlage der Gliederungen

Am Anfang war das Wort. Alles Zählen, alles Gliedern, alles Einteilen beruht auf der Bildung klarer Begriffe. Sollen wir also mit den Begriffen beginnen? Mit Definitionen? Viele statistische Lehrbücher legen auf die Definition der Begriffe das Hauptgewicht.

Wenn nicht klar ist, was man zählen will, kann man nicht zählen. Das liegt auf der Hand. Mit Recht hat daher Žižek die scharfe begriffliche Umgrenzung der Zähleinheit, z. B. der Wohnung für eine Wohnungszählung, der Fabrik für eine Fabrikzählung, als Grundlage jeder statistischen Auszählung gefordert.

Ist diese Forderung erfüllbar? Und erschöpft sich die statistische Begriffsbildung im Aufstellen der Zähleinheit? Das kann schon deswegen nicht sein, weil diese oft genug ein Provisorium ist. Erst durch die Erhebung wird festgestellt, was die Zähleinheit inhaltlich bedeutet, und oft wird noch nach der Zählung ihr Umfang eingeschränkt.

Die Besonderheiten der statistischen Begriffsbildung können am besten an dem Beispiel des Betriebsbegriffs gezeigt werden, der allen Statistikern, welche eine Betriebszählung durchzuführen haben, stets große Schwierigkeiten bereitet. Was ist ein „Betrieb"? Offenbar deckt sich der Sprachgebrauch keineswegs mit den Bedürfnissen des Statistikers. Auch die nationalökonomischen und juristischen Begriffsbestimmungen des Betriebes, so z. B. Sombarts Definition als einer „Veranstaltung zum Zwecke fortgesetzter Werkverrichtung", reichen bei weitem nicht hin, um die Durchführung einer Betriebszählung zu ermöglichen. Der Statistiker ist neuerdings zu dem Schluß gekommen, es sei am besten, den Betrieb überhaupt nicht zu definieren. Er begnügt sich damit, eine ganze Anzahl von wirtschaftlichen Kategorien aufzuführen, welche in die Zählung einzubeziehen sind. Am weitesten in der Aufzählung des Inhalts des Betriebsbegriffes ist die Österreichische Betriebszählung von 1902 gegangen, welche dem Zähler eine umfangreiche Druckschrift in die Hand gab, die in alphabetischer Anordnung eine große Zahl von Betriebsarten und Betriebsbenennungen enthielt und dazu dienen sollte, im Zweifelsfalle nachgeschlagen zu werden, ob ein vorliegendes wirtschaftliches Gebilde unter den Begriff des Betriebes falle und in die Zählung einzubeziehen sei. Die Logiker bezeichnen diese Art der Definition als die primitivste. Sie nennen sie bekanntlich „definitio per enumerationem simplicem".

Ergibt sich schon aus diesen wenigen Andeutungen, daß die strenge Umgrenzung eines statistischen Begriffes, der zur Zählung dienen soll, oft gar nicht möglich ist, so zeigt die Erfahrung andererseits, daß zur Verarbeitung der Zählung ein so umfassender Begriff wie der des Betriebes gar nicht eindeutig festgelegt sein muß.

Die Lehre vom Begriff hat in der jahrtausendealten Geschichte der Logik eine merkwürdige Wandlung erfahren. In der Logik des Aristoteles beruht das syllogistische Verfahren durchwegs auf dem Vorhandensein von streng umrissenen allgemeingültigen Begriffen. Durch Zusammenfügen von Begriffen, so lehrte man noch in der scholastischen Logik und bis die Neuzeit hinein, entstehen die Urteile, durch Zusammenfügen der Urteile die Schlüsse. Daß aber der Begriff ein Niederschlag aus U r t e i l e n ist, etwas Wandlungsfähiges und Fließendes, ein Gefäß, das sich stets wieder mit anderm Inhalt füllt, daß er eine Abkürzung ist, ein Namensschild für eine ganze Reihe von komplizierten, miteinander verbundenen Vorstellungen, die in uns zum Anklingen kommen und mehr oder weniger deutlich im Lichtkegel des Bewußtseins auftauchen, diese Anschauung ist verhältnismäßig jung. Aus ihr folgt unmittelbar die Unmöglichkeit, gewisse Begriffe überhaupt einwandfrei zu definieren. Nicht nur die G r e n z e der Begriffe ist fließend, was man schon oft bemerkt hatte, sondern auch ihr K e r n : je nach Umständen und Zwecken muß er wieder in anderm Licht erscheinen.

„Wir erkennen Dinge nur durch Merkmale" (Kant). Und wir greifen aus der Masse der Merkmale eines Begriffs nur jene heraus, die für uns wichtig sind. Das häufigste Objekt der Statistik, der Mensch, „ist ein komplexer Gegenstand. Doch aus der Fülle der Merkmale hebt ein Armeelieferant seine Eigenschaft heraus, so viele

Pfund im Tag zu essen; ein General, so viele Meilen im Tag zu marschieren; der Stuhlfabrikant, eine gewisse Körperform aufzuweisen; der Redner, auf die und die Gefühle zu reagieren; der Theaterdirektor, den und den Preis, und nicht mehr, für einen unterhaltenden Abend zu bezahlen" (James). Der Statistiker sollte sich von der Auffassung freimachen, einen Begriff immer nur starr in einem einzigen Sinn zu brauchen. „Stadt" und „Land", „Groß-" und „Kleinstadt", „Groß-" und „Kleinbetrieb", „Handwerk" und „Industrie" erfordern, je nach der Untersuchung und ihrem Zweck, wechselnde quantitative Abgrenzungen.

Einen wirklichen I n h a l t bekommen die statistischen Begriffe wie „Fabriken", „Ausländer", „Lohneinkommen" natürlich erst durch den statistischen Urteilsprozeß, durch die Aufstellung von zahlreichen statistischen Urteilen, durch das G l i e d e r n der Zahlen.

3. Das Folgern aus Gliederungen

U r s a c h e n f o r s c h u n g. Das Klassifizieren wird oft mit U r - s a c h e n forschung verwechselt. Wenn eine unausgeschiedene Gesamtmasse in homogenere Teilmassen zerlegt wird, so ist damit noch keine Ursachenforschung getrieben; noch weniger haben wir, wie K a u f - m a n n das behauptet, ein Experiment angestellt. Wir haben nur erfahren, daß die unausgeschiedene Gesamtmasse vor der Zerlegung nicht einheitlich, kein „Kollektiv" war, sondern ein Konglomerat. Wenn die Schneider in einer Berufszählung eine andere Altersverteilung aufweisen als die Gesamtzahl der Erwerbstätigen, so ist die Zugehörigkeit zum Schneiderberuf nicht die U r s a c h e der sich ergebenden, abweichenden Altersgliederung von jener der Gesamtmasse, sondern wir haben bei dieser fälschlicherweise alle möglichen Verschiedenheiten in einen Tiegel geworfen. Wenn die Ausländer in einem Land eine andere Heiratshäufigkeit aufweisen als die Eingeborenen, so ist nicht die Nationalität die Ursache der andersartigen Heiratshäufigkeit, wie man sich gewöhnlich ungenau ausdrückt.

Die Schwierigkeit oder Unmöglichkeit des I s o l i e r e n s e i n e s k a u s a l e n F a k t o r s wird von den Statistikern viel zu wenig beachtet. Unter den angeblich statistisch bewiesenen kausalen Faktoren finden sich solche wie Geschlecht, Alter, Zivilstand, Stadtleben. Daß das Geschlecht z. B. einen Einfluß auf die Sterblichkeit hat, ist, wie mir scheint, dadurch noch lange nicht bewiesen, daß man feststellt, die Frauen leben im Durchschnitt länger als die Männer. Das wäre nur dann zu beweisen möglich, wenn sie unter den genau gleichen Lebensbedingungen eine geringere Sterblichkeit hätten: wenn sie die gleichen Arbeiten wie die Männer verrichteten und wenn die tausenderlei unmerklichen Umstände, die durch Erziehung und Gewöhnung Körper und Seele modeln, für beide Geschlechter genau dieselben wären.

Die Willkür in der Ursachenfeststellung. Aus dem vielgestaltigen Fluß des Geschehens muß der Mensch, wenn er sich behaupten will, gewisse zeitliche Aufeinanderfolgen isolierter Tatsachen herausfischen und in irgendeiner Weise gedanklich verbinden, entweder, indem er einen gesetzmäßigen Zusammenhang annimmt und ihn vorauszusehen sich bemüht, oder indem er ein höheres Wesen und seine Willkür oder den Zufall als verantwortlich für den Zusammenhang erklärt. Je nach seinem Zweck wechselt das, was er Wirkung oder Effekt nennt, und das, was er Ursache nennt. Nach Winkler ist der Schuß aus einem Gewehr ins Herz eines Menschen für die Tötung dieses Menschen ursächlich. Aber F. C. Schiller macht mit Recht bei zufällig ganz demselben Beispiel darauf aufmerksam, daß das, was als Ursache gesucht und angenommen wird, stets eine Auswahl aus der Gesamtheit des vorausgegangenen Geschehens bilde und, wie das bei Auswahlen natürlich ist, variiere. Die Ursache eines solchen Todesfalles könne gefunden werden in einem Unfall oder in dem Mann, der das Gewehr ungeschickt auf den Boden stellte, oder in der Verletzung der Organe des Opfers, oder in dessen allgemeinem Gesundheitszustand, oder in seiner zufälligen Bewegung in die Feuerlinie, oder in seiner Unachtsamkeit oder Trunkenheit, oder in jener des Mannes, der feuerte, oder in der mechanischen Natur der Flinte, oder in der physischen Natur des Pulvers usw. Alle diese Umstände seien mit unter den Voraussetzungen des Todesfalles vorhanden, und jede könne als wesentlich für ihn angesehen werden, vom Gesichtspunkte des Handelnden oder des Patienten, oder des Doktors, oder des Untersuchungsrichters, oder des Moralisten, oder des Physikers, der an dem Vorgang interessiert sei.

Die großen Massenbewegungen, schreibt Rappard, sind niemals einheitliche Bewegungen, infolge des komplexen Wesens des sozialen Lebens. Um die Tragweite und die Bedeutung der allgemeinen Phänomene zu bestimmen, müsse man aus der Masse der Tatsachen die wichtigen zu wählen wissen und die andern ausschließen. Diese Auswahl sei der Probierstein für jeden Historiker. Denn, wie M a c a u - l a y , einer der größten Meister dieses Faches, gesagt hat: „Wer nicht die Kunst der Auswahl beherrscht, kann, indem er nichts als die Wahrheit zeigt, alle Wirkungen der größten Unwahrheiten hervorrufen."

W a n d l u n g e n i n d e r A u f f a s s u n g d e r K a u s a l i t ä t. Georg Christoph L i c h t e n b e r g meinte, man könne den Menschen den Ursachenbär nennen, weil er, ähnlich wie der Ameisenbär nach Ameisen, stets nach Ursachen suche. Ein Physiker von heute wird zu diesem Ausspruch des Physikers von gestern den Kopf schütteln. Er sucht längst nicht mehr nach Ursachen. Er hat die Kausalität abgeschafft.

Kausal bedingt ist nach P l a n c k ein Vorgang dann, wenn man ihn mit Sicherheit vorhersagen kann. Der Statistiker von heute lebt vielfach noch in dem Glauben, daß dies in den exakten Naturwissenschaften möglich sei.

Man höre aber doch endlich die Physiker selbst: „Keines unserer Naturgesetze wird jemals anders als annähernd und wahrscheinlich sein", schrieb H e n r i P o i n c a r é schon vor 30 Jahren. Er sagte über die Grundlagen des Induktionsprinzips: „Da man nie sicher ist, keine wesentliche Bedingung vergessen zu haben, so kann man auch nie sagen: Wenn die und die Bedingungen erfüllt sind, wird dieses oder jenes Ereignis eintreten; man kann nur sagen: Wenn diese Bedingungen erfüllt sind, so ist es w a h r s c h e i n l i c h, daß dieses Ereignis u n g e f ä h r eintreten wird ... Wenn sich der gleiche Fall wieder ereignet, so müssen auch die gleichen Folgen wieder eintreten; so drückt man es gewöhnlich aus. Aber in dieser Fassung wäre jenes Prinzip (der Induktion) unnütz. Damit man sagen kann, daß sich der gleiche Vorgang wieder ereignet, müßten alle Umstände gleich sein, da keiner vollständig gleichgültig ist. Und da dies nie eintritt, könnte man das Prinzip nie anwenden. — Wir müssen den Wortlaut abändern und sagen: „Wenn ein Vorgang A einmal eine Folge B hervorgebracht hat, so wird ein Vorgang A', der wenig verschieden von A ist, eine Folge B hervorbringen, die wenig verschieden von B ist."

D a s G l i e d e r n d e r Z a h l e n z u m A u f s t e l l e n v o n H y p o t h e s e n. Selten läßt sich aus einem Zahlenbild direkt auf

die gesuchte Erscheinung schließen. Die zunehmende Zahl der Ehe-
schließungen z. B. ist ein Hinweis darauf, daß der Bedarf an Neu-
wohnungen steigen wird. Dem können starke Abwanderungen, eine
vergrößerte Sterblichkeit, eine Überalterung der Bevölkerung usw.
entgegenwirken. Die Zahlen können uns allerdings, wenn wir sie
geschickt aufgliedern, wertvolle Andeutungen in dieser oder jener
Richtung liefern. Z. B. die Zahl der Weinhändler geht sehr zurück.
Liegt das am Rückgang des Weinkonsums? Es kann auch sein, daß
mehr ausländische Weine, die von wenigen großen Weinhandlungen
in den Städten verkauft werden, in den Konsum gelangen. Ein Aus-
zählen der Weinhändler nach großen Städten wird zeigen, ob die
kleinen Weinaufkäufer auf dem Land in den weinbauenden Landesteilen an Zahl zurückgegangen sind.

Das Nichtausgliedern umgekehrt führt oft zu falschen Schlüssen.
Einer Studentin, die ihre Dissertation über ein Problem der Frauenarbeit schreibt, fällt die große Zahl von A r b e i t e r n i m H a n d e l
auf. Sie nimmt an, die Verkäufer müssen also vielfach zu den Arbeitern gerechnet worden sein, nicht zu den Angestellten. Ein Blick in
ein Tabellenwerk zeigt aber, daß das G a s t g e w e r b e zur Klasse
Handel gerechnet und das Bedienungspersonal dort zu den Arbeitern
gezählt wurde, wodurch die große Zahl von Arbeitern im Handel
ihre Erklärung findet. Das hat die Studentin nicht bemerkt und damit
bewiesen, daß sie die Zahlen eines Tabellenwerkes nicht zu verwerten
versteht. Ähnliche Fälle kommen außerordentlich häufig vor.
Schon die Klassifikation bietet mit ihren Zusammenfassungen
in Gruppen einen Überblick über das Ganze. Stellt man die verschiedenen Arten und Unterabteilungen der Klassifikation je nach ihren
Zwecken verschiedenartig zusammen, wobei man für vorhergehende
Zählungen dieselbe Klassifikation anzuwenden hat, so gewinnt man
oft überraschende Ergebnisse, die im Tabellenwerk, das meist nur
eine einzige Klassifikation durchführt, gar nicht zu finden sind. Die
Verhältniszahlberechnung, die Gliederungszahlen, die Relativzahlen
werden uns wertvolle Vorspanndienste leisten.

K r i t i k d e r G l i e d e r u n g s z a h l e n. Vor allen Dingen wird
man sich darüber vergewissern müssen, ob formale Veränderungen
gegenüber frühern Erhebungen stattgefunden haben, ob statistische
Täuschungen und Verzerrungen dadurch zustande gekommen sind,

daß die Erhebungsweise eine andere war, etwa eine weniger sorgfältige gewesen ist, ob die Grenzfälle, z. B. für ganz kleine Betriebs-
einheiten, Zwergbetriebe in der Landwirtschaft, Heimarbeiterbetriebe,
Störarbeiter, miteinbezogen wurden, ob Grenzberufe, wie Taglöhner,
Rentner, in einer Berufszählung mitberücksichtigt wurden, ob die
Hausfrauen in Bauernbetrieben zur Landwirtschaft oder zur hauswirtschaftlichen Tätigkeit gerechnet werden usf. Ferner ist festzustellen, welche Betriebsarten oder Berufsarten nicht mehr erfaßt wurden, welche neu hinzugekommen sind, welche Unterarten zu andern
Arten geschlagen wurden, wie z. B. die Parketterie zur Chaletfabri-
kation, die früher zur Schreinerei gerechnet wurde, und dergleichen.
Klar muß man sich ebenfalls sein über die verwendeten Maßstäbe. Ist
die Zahl der Beschäftigten, die man zu der Einteilung nach Größenklassen benützt, tatsächlich ein guter Maßstab und nicht nur ein
Indiz für die wirtschaftliche Bedeutung eines Zweiges? Ist die ver-
wendete motorische Antriebskraft ein weiteres Mittel, um diese Bedeutung zu messen? Wird nur die Antriebskraft erhoben oder sind
auch Bezüge zu thermischen und chemischen Zwecken mit in ihr ein-
gerechnet usf.?

Die historische Entwicklung kann erst auf Grund einer kritischen
Würdigung verfolgt werden. Sie ist meist sehr ausgiebig an interessanten Aufschlüssen. Um sich rasch über sie zu orientieren, betrachte
man aber nicht die Gesamtzahlen, die in der Regel die Resultante
von zahlreichen, sich widerstreitenden Bewegungstendenzen zu sein
pflegen. Man nehme vielmehr die wichtigsten, am stärksten besetzten
Arten (Betriebsarten, Berufsarten) heraus, etwa bei der schweizerischen Betriebszählung die 70 Betriebsarten mit mehr als 3000 Beschäftigten, die insgesamt zirka 80 Prozent aller beschäftigten Personen umfassen, und betrachte die Zu- oder Abnahmen in diesen
einzelnen Arten. Eine Reihung der zunehmenden Betriebe nach der
Größe der Zunahme ist ein rein mechanisches Hilfsmittel, das viel
angewendet wird, aber ein buntes Sammelsurium der gereihten Betriebsarten erzeugt, und nicht viel mehr sagt als die Reihung der
wichtigsten Betriebsarten in der ursprünglichen systematischen Reihenfolge, in welcher der Statistiker ohnedies leicht die Maxima und
Minima herausfindet.

Die zweite Frage, die sich der Statistiker stellen muß, ist, ob an
sich schon in den einzelnen Betriebsarten eine Zu- oder Abnahme zu
erwarten ist, und zwar in bezug auf die Zunahme der Bevölkerung

oder eines erhöhten Bedarfs. Die Konzentration der Betriebe z. B. in bestimmten Gegenden kann leicht durch Vergleich der prozentualen Verteilung der Betriebe einer Betriebsart mit der prozentualen Verteilung der Bevölkerung festgestellt werden.

Man achte auf die Veränderungen der Größe der Einheiten, ihres Anteils am Ganzen, ihrer Zusammensetzung, z. B. hinsichtlich Angestellter und Arbeiter, Männern und Frauen, man achte auf die Verschiebungen in den Verhältniszahlen.

I n n e r e   V e r s c h i e b u n g e n. Besonders dankbar ist die Prüfung der Verschiebungen im Innern der Gliederungstabellen, der Verschiebungen der Maxima, z. B. in einer Gliederungstabelle nach der Größe der Betriebe, die Zunahmen in den Klein-, Mittel- oder Großbetrieben, die Abnahmen der Alleinbetriebe, überhaupt die Veränderungen der extremen Fälle, die vielfach ein Verschieben innerhalb der einzelnen Betriebsgrößenklasse, eine allgemeine Wanderung von kleinern zu größern und von größern zu größten Betrieben andeuten. Man achte auch auf das Entstehen neuer Fälle, so z. B. auf das Aufkommen der Kraftfahrzeuge im Verkehrsgewerbe, auf die starke Vermehrung der Angestelltenschicht durch die vermehrten Anstrengungen der Industrie für den Absatz ihrer Erzeugnisse durch Ausbau ihres Verkaufsapparates, ferner durch Rationalisierungsbestrebungen, die eine genaue Beobachtung des Arbeitsvorganges zur Voraussetzung haben. Endlich sind die Verschiebungen der gegenseitigen Verhältnisse einzelner Maßzahlen zu beachten, wie die Zunahme der PS pro Arbeiter, immer unter Berücksichtigung der absoluten Zahl, ob auch die Arbeiter an sich noch eine Zunahme aufweisen usw. Diese Verschiebungen darf man allerdings nicht kritiklos betrachten. Eine starke Zunahme der mechanischen Kräfte im Bäckereigewerbe z. B. bedeutet noch nicht, daß hier die Mechanisierung Arbeiter verdrängt habe. Die Einführung der Knetmaschine macht keinen Bäcker überflüssig. Sie erleichtert ihm nur die Arbeit und verkürzt sie um vielleicht eine Stunde. Die Teigteilmaschine erspart ihm 10 Prozent Teig, weil sie die Brötchen genau gleichgewichtig zu machen gestattet. Anders liegen die Verhältnisse in der Metzgerei, wo das äußerst zeitraubende Hacken und Wiegen des Fleisches für die Herstellung der Wurstwaren durch die Blitz- und Scheffelmaschine vollkommen entfällt; der Metzgerlehrling oder -bursche wird vielfach zum Austräger. Dies sind sehr einfache Beispiele dafür, wie statistische Strukturverschiebungen, die sich bloß in Zahlenveränderungen ausdrücken, innere Umwandlungen verdecken können.

Übertragungen und Verbindungen. Viel zu wenig Gebrauch wird bei der Auswertung statistischer Zahlen von einem Handgriff gemacht, der ausgezeichnete Ergebnisse ermöglicht. Z. B. über die Kapitalintensität der einzelnen Industriezweige sind wir noch sehr schlecht unterrichtet. Wir kennen den wichtigen Faktor Kapital nicht und können ihn bei Betriebszählungen auch nicht erheben. Dagegen ist in Aktiengesellschaften das Aktien- und Obligationenkapital bekannt. Nur sind die Aktiengesellschaften in den einzelnen Betriebszweigen sehr verschieden stark vertreten. Es gibt Zweige, wo alle Unternehmungen Aktiengesellschaften sind, andere, wo nur sehr wenig Aktiengesellschaften vorhanden sind. Berechnet man nun in jedem Zweig das Aktienkapital pro 1000 PS unter der wahrscheinlichen Annahme, daß die technische Ausrüstung eines Unternehmens von seiner Unternehmungs f o r m nicht beeinflußt wird, und überträgt die so gewonnene Relativzahl auf die Totalzahl der PS der Nicht-Aktiengesellschaften, natürlich nur d e r s e l b e n Betriebsart, so gewinnt man für die gesamte Betriebsart einen Anhaltspunkt über die Größe des investierten Kapitals, der unter sorgfältiger Berücksichtigung gewisser extremer Fälle, wie ausländischer Beteiligungen, Handelskapital usw., dazu verwendet werden kann, um eine Rangordnung aller Betriebsarten nach der Größe des Kapitals oder auch nach dem Verhältnis vom Kapital- zum Lohnsummenanteil aufzustellen. Man kann nach diesem Verhältnis die Industriezweige in kapitalintensive und lohnintensive eingruppieren und wieder untersuchen, wie sich in jeder dieser Gruppen z. B. die Zahl der Arbeiter und der PS entwickelt habe.

Am dankbarsten ist also, wie gezeigt wurde, das Durchpflügen des Zahlenmaterials in immer anderen Richtungen und nach wechselnden Gesichtspunkten.

B. Die statistische Technik

V. Das Sammeln der Zahlen

1. Die Vollerhebung

Die Entstehungsgeschichte einer Zahl ist für den Statistiker ebenso wichtig wie für den Kriminalisten die Entstehungsgeschichte eines Verbrechens. Der eine wie der andere kann sich sonst den Fall nicht erklären. Was der Laie mit Gähnen überschlägt, die methodischen Vorbemerkungen statistischer Quellenwerke, gerade das liest der Professionelle mit begieriger Aufmerksamkeit. Die Zahlen lassen sich nicht beurteilen ohne Zahlenkritik, und eine Zahlenkritik ist nicht möglich ohne Einsicht in den Werdegang der Erhebung. Formal richtig sind die Zahlen statistischer Werke ja stets. Addieren ist leicht. Ob die Zahlen inhaltlich richtig sind, das ist sehr oft die Frage. Davon hängt ihr Wert ab, ihre Überzeugungskraft, ihre Brauchbarkeit.

Zur Entstehungsgeschichte einer Zahl gehört natürlich auch die Kenntnis der Art der Aufarbeitung, ob sie mit Zählmaschinen erfolgte, wie die Zusammenzüge erstellt wurden usw. Das freilich kann den Benützer einer Statistik kalt lassen. Es berührt bloß den statistischen Techniker. Aber für jeden Leser statistischer Werke ist wichtig zu wissen: Was ist erfragt worden? Wie ist es erfragt worden? Was ist nicht erfragt worden? Welcher Ausschnitt der Wirklichkeit wurde in die Erhebung einbezogen? Was war die Absicht des Fragenden? Was waren seine Mittel? Wieviel hat er damit erreicht? Bedeuten die Zahlen wirklich das, was er vorgibt, mit ihnen erfaßt zu haben? Wo sind die Grenzfälle der Erhebung? Wo hat sie versagt? Warum? — Denn jede Statistik ist Stückwerk.

Einmalige und fortgesetzte Beobachtung. Es gibt zwei grundlegend verschiedene Arten der Ermittlung von statistischen

Zahlen: die ständige statistische Beobachtung und die Beobachtung zu bestimmten Terminen. Geburten und Todesfälle werden fortlaufend registriert. Dagegen wird die Gesamtmasse der Lebenden an einzelnen Stichtagen, meistens alle zehn Jahre, festgestellt. Es ließe sich natürlich auch denken, daß der Gesamtbestand der Lebenden fortlaufend statistisch erfaßt würde, z. B. wenn die Bestimmung bestünde, daß jeder Mensch monatlich eine Volkszählungskarte auszufüllen hätte. Fortlaufende Ermittlungen, die einen Gesamtbestand nicht zu einem bestimmten Zeitpunkt, sondern nacheinander feststellen, kommen in der modernen Statistik noch hie und da vor, z. B. die eidgenössischen Fabrikinspektoren ermittelten die Arbeiterzahl des einzelnen Betriebs, wenn sie ihn einmal im Jahr pflichtgemäß aufsuchten. Diese Zahlen sind natürlich nicht ganz einwandfrei, weil im Laufe eines Jahres Verschiebungen der Arbeiterschaft eintreten. Derselbe Arbeiter kann in zwei verschiedenen Betrieben gezählt werden. Frühere Volkszählungen, die sich auf längere Zeitperioden, oft auf Jahre erstreckt und nicht in einem kritischen Moment, um Mitternacht eines einzigen Zähltages, stattgefunden haben, waren deshalb mit bedeutenden Mängeln behaftet.

Die fortlaufenden Registrierungen werden übrigens ebenfalls nur abschnittsweise statistisch aufgearbeitet, etwa für einen Monat oder ein Jahr ausgezählt. Sie sind mit den Speicherbecken der Elektrizitätswerke zu vergleichen, bei denen ein ständiger Zufluß gestaut wird.

Die fortlaufenden Beobachtungen, die Registrierungen von Bewegungsvorgängen sind vollkommener als Stichtagszählungen, denn sie erlauben natürlich einen viel genaueren Einblick in die Veränderungen statistischer Massen, als jene, namentlich dann, wenn verschiedene Bewegungsvorgänge getrennt erfaßt und miteinander oder auch mit Bestandsaufnahmen kombiniert werden, so z. B. die Wanderungs-, Eheschließungs- und Ehescheidungsstatistik mit der Statistik des Berufs; die Geburtenstatistik und Sterbestatistik mit der Altersgliederung der Bevölkerung usw.

Die Bestandsaufnahme ergibt dagegen bloß den S a l d o der unbekannten Bewegungsvorgänge. Über diese gewinnt man einen zweiten Anhaltspunkt erst durch die Wiederholung der Aufnahme an einem späteren Datum. Was inzwischen passiert, weiß man nicht genau. Meist nimmt man ohne weiteres an, die Entwicklung sei gradlinig verlaufen.

Individualstatistik. Neben den beiden Hauptarten der statistischen Vollerhebung steht oder eigentlich zwischen sie hinein schiebt sich eine noch wenig beachtete Sonderart, die sogenannte „Individualstatistik".

Diese Bezeichnung scheint ein Widerspruch in sich selbst. Die Statistik ist ja dem Individuellen durchaus entgegengesetzt. Dennoch ist natürlich klar, daß jede Statistik auf dem Erfassen einer ganzen Reihe von solchen Einzelfällen, welche dieselbe individuelle Eigenschaft haben, beruht. Wir stellen eine Gruppe zusammen, die aus lauter einzelnen Gliedern besteht, welche sich durch ein und dasselbe Merkmal auszeichnen, und vergleichen sie mit andern Gruppen, die dasselbe Merkmal in einem andern Grad oder ein andres Merkmal aufweisen. Dagegen die Identität der Einzelfälle wird bei Wiederholung der Erhebung nicht festgehalten. Von hier aus ist kein weiter Schritt zur Betrachtung der Fälle mit gleichem Verlauf oder der Objekte mit gleicher Vergangenheit, oder endlich von Individuen in einem bestimmten Zeitpunkt im Vergleich mit diesen selben Individuen in einem andern Zeitpunkt. Man stellt die Einzelfälle fest und erkennt so die inzwischen eingetretenen, individuellen Verschiedenheiten an ihnen, „den Zuwachs, den Abfall, den unveränderten Fortbestand, den Fortbestand mit veränderten Merkmalen, die Art, die Richtung, das Maß der Merkmalsveränderung" (Schiff). Dadurch können durchaus gleichartige Gesamtheiten an zwei Stichtagen verglichen werden, anderseits wird die Summierung und Kompensation, die bei gewöhnlichen Stichtagserhebungen sich so störend bemerkbar macht, vermieden.

Die Methode wird wohl am besten an einem Beispiel vorgeführt. In der eidg. Fabrikzählung von 1929 wurde festgestellt, welche Fabriken bereits im Jahre 1888 vorhanden waren (wobei die Hauptschwierigkeit der Individualmethode, nämlich die Frage, ob wir es wirklich mit denselben Individuen zu tun haben, natürlich auch auftauchte: Firmenänderungen durften nicht als Neugründung gezählt werden). Es ergab sich z. B., daß im Jahre 1888 ebenso viele Tabakfabriken (126) bestanden hatten wie heute; aber nur 41 von den im Jahre 1888 vorhandenen sind heute noch da; 85 sind in diesem Zeitraum eingegangen, ebenso viele, die heute noch bestehen, sind seit 1888 neu gegründet worden (wie viele außerdem seit 1888 neu gegründet wurden, aber vor 1929 wieder eingegangen sind, ist allerdings nicht ersichtlich). Wie aus diesen und vielen anderen Beispielen, die anzuführen wären, hervorgeht, ist das Sterben der Fabriken eine weitverbreitete Erscheinung, was man früher nicht wußte. Auch ein Zurückfallen unter die Grenzen, innerhalb deren die Betriebe noch dem Fabrikgesetz unterstellt sind, sowie ein nur vorübergehendes Aufsteigen von Kleinbetrieben zu Fabriken kam sehr häufig vor. Interessant waren aber namentlich die Veränderungen bei den Großbetrieben, Es zeigte sich, daß die kleinern Fabriken viel weniger lebensfähig waren als die großen und daß die noch heute bestehenden Fabriken schon im Jahre 1888 einen sehr viel größern Umfang hatten und weit mehr PS besaßen als der damalige Durchschnitt. Die Kleinbetriebe waren hinfälliger. In manchen Industriezweigen war die Fluktuation ganz besonders groß.

Der Vergleich der Fabrikzählung von 1923 mit 1929 wurde in gleicher Weise durchgeführt. — Es wurden also nicht nur die sogenannten „beharrenden" Fälle untersucht, sondern auch die abgestorbenen und so viel als möglich die neu hinzugekommenen. Eine solche Betrachtungsweise ermöglicht die interessantesten Einblicke in den individuellen Verlauf. Das Einzelschicksal, um das sich bisher der Statistiker nicht kümmerte, wird in den Lichtkegel der statistischen Betrachtung gerückt.

Vorteile der Vollerhebung. Neben der eben besprochenen Art der Erhebung ist namentlich auch ihr Ausmaß von Bedeutung. Werden alle vorhandenen Objekte gezählt oder nur ein Teil davon? Die Liebe zur Vollerhebung ist bei den berufsmäßigen Statistikern besonders groß. Sie nehmen so viele Fälle, als sie bekommen. Nur wenn sie nicht sehr viele bekommen, sagen sie, das genügt. Diese Haltung wird ihnen offenbar mehr von der Not als von der Methodik diktiert. Doch ist die Bevorzugung der Vollerhebung durch den Fachstatistiker immerhin zu begreifen: wenn er alle vorhandenen Fälle erfaßt, so erfaßt er notwendig auch die selteneren und extremen. Er kann sagen, so ist es, und ein Zweifel gegen seine Zahlen, der Vorwurf der einseitigen Auswahl, ist nicht möglich.

Auch lassen sich die relativen Häufigkeiten oft nur bei Vollerhebungen ganz einwandfrei feststellen. Schon vor einer Erhebung wissen wir gewöhnlich, daß eine größere Zahl von den uns interessierenden Gegenständen diese oder jene Eigenschaft aufweist. Aber erst nach einer solchen Erhebung weiß man genau, soundso viele haben tatsächlich diese oder jene Eigenschaft. — Auch die durchgreifende Klassifikation, z. B. die einwandfreie Aufteilung der gesamten Bevölkerung nach Berufen, kann nur durch eine Vollerhebung gelingen, Begnügt man sich, wie bei der 1905er Schweizer Betriebszählung mit einer Teilerfassung, mit einem „Spaziergang des Zählers durch seinen Zählkreis", wobei er möglichst alle Betriebe aufzustöbern hat, so wird man längst nicht zu derselben Vollständigkeit der Angaben gelangen, als wie wenn durch Haushaltungslisten die Gesamtheit der Bevölkerung erhoben und die Betriebe an Hand der Berufsangaben aller Einwohner ermittelt werden. — Oft ist eine Vollerhebung gar nicht erstrebenswert. Wenn aus den Arten der Blütenpollen, die sich in verschiedenen Tiefen der Moore finden, auf die Vegetation vor Zehntausenden von Jahren geschlossen wird, so geschieht dies aus Proben mit 100—150 Pollen. Dann steht bereits das Vorherrschen der Haselnuß z. B. fest. Alle Pollen zu zählen hätte gar keinen Sinn, auch wenn das möglich wäre.

Grenzen der Vollerhebung. Die Zahl der wirklich vorhandenen Fälle stimmt nie mit der Zahl der statistisch erfaßten überein. Es sind mehr oder es sind weniger. Einige der zu Befragenden haben keine Angaben gemacht, einige doppelte Angaben. Die Menschen haben eine solche Abneigung gegen statistische Fragebogen, daß sie sie gleichsam mit abgewendetem Antlitz ausfüllen, ohne die Erläuterungen zu lesen. Jeder, der als freiwilliger Zähler eine große Erhebung mitgemacht hat, weiß, wie wenig sich selbst hochgebildete Leute in einem statistischen Zählformular sogar bei gutem Willen zurechtfinden. Bei der 1929-Betriebszählung in der Schweiz haben sich z. B. Advokaten und Ärzte als Heimarbeiter eingetragen. Noch viel ärger wird die Sache, wenn der gute Wille fehlt. Daraus folgt, daß von einer wirklich ganz exakten Erhebung eigentlich nie die Rede sein kann. In Deutschland wurden nach fachmännischen Schätzungen bei den früheren Volkszählungen 400 000 Personen (von rund 60 Millionen) nicht gezählt. In der Schweiz findet eine äußerst sorgfältige Kontrolle dadurch statt, daß alle, die nicht an ihrem Wohnort übernachten, auf je einer besondern Zählkarte am Wohnort als vorübergehend abwesend und am Aufenthaltsort als vorübergehend anwesend gezählt und diese beiden Karten im Zentralamt verglichen werden. Trotzdem gehen die nicht zu korrigierenden falschen Zählungen in die Tausende. Eine absolute Genauigkeit bei statistischen Erhebungen ist also nie zu erreichen. Sie ist aber auch nicht notwendig.

2. Die Teilerhebung

Surrogate der Vollerhebung. Sehr oft fehlen die Mittel, um alle Objekte, die einen interessieren, auch nur annähernd vollständig zu erfassen. Man muß sich mit Teil- oder Repräsentativerhebungen begnügen. Solche Erhebungen haben die Vorzüge ihrer Mängel. Beschränkt man sich auf eine kleinere Zahl von Fällen, so kann man bei der Fragestellung mehr ins einzelne gehen. Was man also durch Beschränkung des Gesichtsfeldes verliert, gewinnt man gleichsam durch mikroskopische Vergrößerung. Das Hauptaugenmerk muß aber darauf gerichtet sein, daß der betrachtete Teil tatsächlich einen typischen Ausschnitt des Ganzen bildet. Die Mathematiker sagen, er müsse ein zufälliger Ausschnitt des Ganzen sein, die Nichtmathematiker sagen, gerade der Zufall der Auswahl biete keine Gewähr dafür, daß der Teilausschnitt charakteristisch für die Gesamtheit sei. Sie suchen daher ganz bestimmte „repräsentative" Ausschnitte unter die Lupe zu nehmen.

Wer bei Bewegungsmassen beobachtet hat, daß sie sich innerhalb sehr enger Zahlengrenzen halten, bei Bestandsmassen, daß in ihren Teilen bei wiederholten Beobachtungen sehr geringe Unterschiede zu verzeichnen sind, der wird mit Recht annehmen dürfen, daß der Schluß vom Teil auf das Ganze möglich ist, von der Gegenwart auf die nächste Zukunft, von der örtlichen Einheit auf benachbarte örtliche Einheiten, und er wird sich unter Umständen mit Teilerhebungen begnügen.

Die Anhänger der repräsentativen Methode im engsten Sinne des Wortes gehen aber von ganz anderen Grundsätzen aus. Ihnen ist nicht die empirische Kenntnis der geringen Schwankungsbreite wichtig, eine genaue Kenntnis der Größe und Häufigkeit der Ausschläge; ihr System ist die Abwesenheit eines Systems.

Die älteren Teilerhebungen erfolgten nicht nach zufälligen Auswahlmomenten, sondern nach sachlichen. Ein erster Schritt bestand in der gleichmäßigen örtlichen Berücksichtigung der Fälle. Es wurden z. B. von jeder Landesgegend einzelne Gemeinden herangezogen, wobei man freilich oft in den Fehler verfiel, einer kleinen ländlichen Gemeinde ebensoviel Gewicht beizulegen wie dem berücksichtigten Bruchteil einer großstädtischen Gemeinde.

Daß bestimmte Auswahlen, die man als typisch bezeichnet und daher genauer untersucht, wirklich typisch seien, heißt schlechtweg behaupten, was man beweisen will. Sehr oft setzt man die Beweiskraft der repräsentativen Erhebung ohne weiteres voraus, mit der Forderung: Beweist Ihr mir, daß die Auswahl keine typische gewesen ist.

Um die Auswahl des Typischen wertvoller zu gestalten, sollte man sich die Regel der Logik zunutze machen: daß ein einziger positiver Fall genügt, um ein allgemeines, negatives Urteil „kein S ist P" zu widerlegen; daß ein einziger negativer Fall hinreicht, um ein allgemein positives Urteil „alle S sind P" umzustoßen. Ohne sich natürlich nur auf Einzelfälle zu beschränken, könnte man darauf ausgehen, durch die repräsentative Erhebung allgemein verbreitete irrtümliche Meinungen zu widerlegen. Ein schönes Beispiel bietet hierfür eine eingehende Untersuchung über die Tätigkeit der Frauen in der schweizerischen Industrie, durchgeführt von Marg. Gagg im Jahr 1928. Die Bearbeiterin konnte unmöglich in kurzer Zeit die 8000 schweizerischen Fabriken alle besuchen. Sie besuchte deren nur 150. Wie wurde die Auswahl getroffen? Etwa nach dem Alphabet oder einem blinden Auszählungsmodus? Die Berichterstatterin ging ganz methodisch vor. Sie besuchte Betriebe jener Industriezweige, in denen sehr viele Frauen beschäftigt sind, dann jener, wo nur Männer tätig sind, endlich jener, wo die Frauen einzudringen beginnen. Sie wählte also die beiden Extreme (welche die Statistiker so gerne als zufällig ausschließen oder nivellieren) und die Fälle des Überganges. Sie erfuhr so, warum man Frauen oder Männer bevorzugte und ferner, wo und warum die Frauen anfingen, den Männern erfolgreich Konkurrenz zu machen.

Um die Lohnunterschiede zwischen Männerberufen und Frauenberufen festzustellen, wurden verschiedene Betriebe an einem und demselben Ort aufgesucht und damit die regionalen Unterschiede ausgeschlossen. Von dieser Grundlage ausgehend, konnten dann die spezifischen Männer- und Frauenlöhne für gleichartige und verschiedenartige Tätigkeiten ermittelt werden.

Auf diese Weise gelang es, trotz des eingeengten Blickfeldes eine ganze Anzahl wesentlicher Erkenntnisse zu gewinnen. Diese waren keineswegs einseitig oder nur partikulär. Vor allem konnten gewisse landläufige Vorurteile beseitigt werden, wie z. B., daß die Frauen nie gelernte Arbeit und nie höher qualifizierte verrichten.

Das Abweichende dieser Art von Feststellungen von den rein statistischen erscheint vielleicht noch deutlicher in einer Erhebung der Sozialen Käuferliga vom Jahre 1925 über die Heimarbeit im Kanton Thurgau von derselben Bearbeiterin. Sie erblickte bei dieser

Erhebung einen großen Vorzug darin, daß keine Art der Heimarbeit zahlenmäßig so unbedeutend gewesen ist, um übergangen zu werden, im Gegensatz zur statistischen Betrachtungsweise. Die m o d e r n e Heimarbeit, die bisher gegenüber der älteren von den Autoren gänzlich vernachlässigt wurde, da sie in einzelnen Erwerbszweigen bisher nur vereinzelt auftrat, obwohl gerade diese vor allem lebensfähig sind, fand so zum ersten Male eine Würdigung. Die Erhebung wurde nur stichprobenweise (aber nicht im gewöhnlichen Sinne einer blinden Auslese) durch persönlichen Besuch bei den Heimarbeiterinnen, deren Adressen teilweise von den Industriellen geliefert worden waren, durchgeführt. Es konnten so 1808 in der Heimarbeit nebenberuflich tätige Frauen ermittelt werden, während die Volkszählung im Thurgau im ganzen bloß 485 nebenberufliche Heimarbeiter beider Geschlechter ermittelt hatte, ein Beweis, wie die repräsentative Erhebung erschöpfender sein kann als die erschöpfende Massenbeobachtung, die sich direkt an die Befragten wendet.

Die Auslese im Kanton Thurgau wurde so getroffen, daß möglichst viele Heimarbeiterinnen einer und derselben Firma besucht wurden, weil nur sie unter den gleichen, jedoch sonst von Firma zu Firma außerordentlich schwankenden Akkord- und anderen Arbeitsbedingungen produzieren. Die wichtigen großen Unterschiede der persönlichen Leistungsfähigkeit konnten nur so festgestellt werden. Auf diese Weise wurden die allerverschiedensten Arbeitszweige erfaßt, die Beobachtung also auf einer so w e i t e n S t u f e n l e i t e r als möglich vorgenommen. Damit kann auch bei einer Teilerhebung der ganze Umfang wenigstens qualitativ in die Aufnahme einbezogen werden.

D a s S t i c h p r o b e n v e r f a h r e n hat neuerdings eine große Bedeutung erlangt. Im Grunde ist es schon sehr alt. Thomas Morus (1478—1535) erzählte von seinem Vater, dieser habe die Ehe immer als eine sehr schwierige Wahl bezeichnet, die mit dem Greifen in einen Sack zu vergleichen sei, in dem sich auf sieben Schlangen nur ein Aal befände. Ein ganz ähnliches Bild benützte der Logiker Peirce im Jahre 1883, als er nachwies, es sei viel wahrscheinlicher, durch Zufall ein gutes „Muster" als ein schlechtes zu erhalten. In einem Sack befänden sich zwei weiße und zwei schwarze gleich große Stäbchen. Die Aufgabe bestehe darin, blind ein Stäbchenpaar herauszuziehen. Ein „gutes Muster" ist offenbar ein schwarzweißes Stäbchenpaar, weil es das Verhältnis der vorhandenen Stäbchen im Sack richtig wiedergibt; ein schlechtes würde im Ziehen von zwei schwarzen oder von zwei weißen Stäbchen bestehen. Nun ist es doppelt so wahrscheinlich, ein gemischtes Paar zu greifen als ein einfarbiges Paar. Denn das erste schwarze Stäbchen kann sich entweder mit dem ersten oder mit dem zweiten weißen Stäbchen verbinden, ebenso das zweite schwarze Stäbchen. Das sind vier Möglichkeiten. Dagegen gibt es nur je eine Möglichkeit der Verbindung von einem schwarzen mit einem schwarzen und von einem weißen mit einem weißen Stäbchen. Diese Verhältnisse haben wir bei Besprechung der binomischen Verteilung kennengelernt[1]).

Die Genauigkeit bei verschiedenem Umfang. Das Streuungsmaß σ für zufällige unabhängige Versuche kennen wir bereits von der binomialen Verteilung her; es ist die Quadratwurzel aus $\frac{p\,q}{n}$. Nehmen wir folgendes Beispiel, um anschaulicher zu sein: Schlaginhaufen hat 35 000 Schweizer Rekruten auf ihre körperlichen Merkmale untersucht. 30 % waren blond, also ist $p = 0,3$ und 70 von 100 waren nicht-blond, sie hatten das Merkmal $q = 0,7$. Das Streuungsmaß läßt sich daher für diese sehr große Stichprobe mit

$\sqrt{\dfrac{0,3 \cdot 0,7}{35\,000}}$ oder $\pm\,0,00245$ berechnen. Würde man kleinere Stichproben, sagen wir von je 100 Personen, die man ganz zufällig auswählt, nehmen, so würden unter sehr vielen solchen 100er-Proben natürlich auch solche anzutreffen sein, in denen alle 100 Personen blond sind. Nur werden solche Stichproben mit 100 Blonden unter 100 Rekruten äußerst selten sein. Am häufigsten würden hingegen die Proben mit 30 Blonden sein. Um diesen am häufigsten vorkommenden Wert würden sich die andern Stichproben normal verteilen. Da wir das Streuungsmaß für eine Stichprobe von 100 Rekruten mit $\sqrt{\dfrac{0,3 \cdot 0,7}{100}}$ oder $\dfrac{0,46}{10} = 0,046$, m. a. W. mit 4,6 %, berechnen können, so können wir sagen: da in einer normalen Verteilung 95 % der Gesamtfläche zwischen $\pm\,2\,\sigma$ eingeschlossen sind, genauer zwischen $\pm\,1,96\,\sigma$, müssen wir 4,6 mit dieser Zahl 1,96

---

[1]) W. E. Deming führt in: „Some Theory of Sampling" 1950 aus, wie sich sehr oft ein Stichprobenverfahren auf das binomische Prinzip zurückführen läßt, indem man Gegensatzpaare bildet, wie z. B. ländlich-städtisch, gute-defektive Stücke der industriellen Produktion, Betrieb mit unter 10 acres, mit 10 und mehr acres.

multiplizieren — was 9 ergibt —, um die Wahrscheinlichkeit von 95 % zu erhalten, daß die Stichproben innerhalb der genannten Grenzen liegen. Von 95 % unserer Stichproben von nur 100 Rekruten werden demnach zwischen 30 plus 9 und 30 minus 9, also 21 bis 39 der Rekruten blond sein.

Aus der obengenannten Formel läßt sich auch n berechnen, d. h. der Umfang der Versuche für jede gewünschte Genauigkeit bestimmen, für jede Abweichung vom Durchschnitt von 30 %. Wollen wir beispielsweise bei unseren Stichproben zu einem Spielraum der Blonden von 32,5 % und 27,5 % gelangen bei 95 % Wahrscheinlichkeit, so haben wir die Gleichung 1,96 σ = 2,5 % aufzustellen, woraus sich σ mit 1,27 % berechnen läßt. Also ist

$$0,0127 = \sqrt{\frac{0,3 \cdot 0,7}{n}}$$

und n daher = $\dfrac{0,21}{0,0001613}$ oder 1302. Wir müssen also Stichproben von 1300 nehmen, damit wir mit Abweichungen innerhalb der Grenzen 32,5 % und 27,5 % rechnen können.

Das Fiasko der Voraussage der Präsidentenwahl von 1948. Am 3. November 1948 wurden die Resultate der Wahl des amerikanischen Präsidenten bekannt. Sie überraschten die ganze Welt. Dewey erhielt 45,1 %, Truman 49,5 % der Stimmen, während das Gallup-Institut die Wahl von Dewey mit 49,5 % und die von Truman mit 44,5 % vorausgesagt hatte; Crossleys Voraussage war wenig von der Gallupschen verschieden, während das Roper-Institut auf 52.2 % für Dewey und auf 37,1 % für Truman aus den Stichproben geschlossen hatte.

Die Reaktion der öffentlichen Meinung auf diese Fehlprognosen war wider Erwarten heftig. Die Reaktion der Institute für die Erforschung der öffentlichen Meinung bestand darin, daß sie eiligst eine neue Befragung bei denselben Personen durchführten, die ihnen so unzuverlässig geantwortet hatten. Man erhielt so recht lehrreiche Einblicke in den Wechsel der Wahlsituation wenige Wochen vor der Wahl und unmittelbar nach der Wahl. Eine Anzahl Wähler hatte in der Tat zu Truman hinübergewechselt.

Noch lehrreicher war die Untersuchung eines vom Social Science Research Council bestellten Ausschusses über die Fehlleistung der Meinungsinstitute, der seine Schlüsse in einem umfangreichen Band 1949 veröffentlichte. Das hochinteressante und völlig objektive Werk macht geltend, daß die Fehlermarge mit 5% nicht sehr groß und auch bei der Präsidentenwahl von 1936 in diesem Ausmaß vorhanden gewesen war, während allerdings die Wahlen von 1940 und 1944 nicht einmal eine halb so große Marge (2%) zeitigten. Die ersten Prognosen im August 1948 der großen Meinungsinstitute wiesen ausdrücklich auf die Möglichkeit einer Wahl Trumans hin, und die Voraussagen Gallups für die Wahlen in den Staaten trafen für die tatsächlich gewählten Kandidaten in 30 von 44 berücksichtigten Einzelstaaten zu. Den Hauptfehler nach dem Bericht begingen die Institute damit, daß sie eine „enge" Wahl mit annähernd gleichen Stimmenzahlen, wobei die Prophezeiung über den Ausgang zu einem reinen Hasardspiel wird, nicht voraussahen und auch einen Trend nach Truman hin in den letzten Wochen nicht feststellten. Der Prozentsatz von 15% unentschiedener Wähler war viel zu hoch und hätte weiterhin untersucht werden sollen. Dagegen war die Größe der Stichproben und auch die Fragestellung: Wen würden Sie heute wählen? durchaus angemessen und die Verarbeitung einwandfrei. Die Voraussagen waren jedoch zu apodiktisch.

Der Bericht schließt mit dem Hinweis: „Das Versagen der Voraussage, den Sieger zu ermitteln, liefert in keiner Weise einen Maßstab weder für die Genauigkeit noch für die Nützlichkeit von Stichprobenmethoden auf Gebieten, in denen das Ergebnis nicht im Ausdruck einer Meinung oder im Vorsatz zu einer künftigen Handlung besteht." In der Tat ist es eine ganz andere Sache, für die Gegenwart ein Merkmal oder eine objektive Tatsache durch eine Stichprobe festzustellen oder aber die Meinung von Menschen zu ergründen hinsichtlich einer Wahlhandlung, die sie erst in Zukunft vornehmen werden; denn sie können ihre Meinung ändern, selbst wenn sie schon eine haben, und sie können diese Handlung unterlassen, selbst wenn sie vorläufig die Absicht haben, sie zu begehen.

Beispiele erfolgreicher Stichprobenverfahren. Es ist leicht, Beispiele erfolgreicher Stichprobenverfahren beizubringen. Wichtiger wäre aber, auch die Beispiele nicht erfolgreicher Stichprobenverfahren aufzuzählen, nach dem Rat Paul Valérys: „Achtet genau auf alle die Fälle, die nicht eingetroffen sind." Daß eine Hälfte von vielen aufgeworfenen Münzen Wappen zeigt, ist klar. Voltaire hat von den Astrologen gesagt: „Man darf ihnen die Gabe nicht zugestehen, daß sie sich immer irren." Deswegen ist es am zweckmäßigsten, nur jene Stichprobenverfahren zu betrachten, bei

denen nachträglich durch eine Vollerhebung die Fehlergrenzen festgestellt wurden. Solcher nachträglicher Beweise gibt es viele. Denn
die Statistiker von Beruf standen anfänglich dem neuen Wissenszweig
mit größtem Mißtrauen gegenüber. Prof. v. Mayr bezeichnete noch
1923 das Sampling verächtlich als „notizenartige Zahlenorientie-
rung", als ein Surrogat der Statistik. Das ist es nun freilich nicht.

In einem Referat der Internationalen Statistischen Instituts-
Tagung vom September 1949 berichtete H. Kellerer über die in
Bayern vorgenommene Volkszählung von 1944 auf Grund des Stich-
probenverfahrens von 1% der Bevölkerung und die nachträgliche
Prüfung durch die Vollerhebung. Bei der vorgängigen Stichproben-
erhebung wurde jede 100. Lochkarte herausgegriffen, die Resultate
der nur 87 000 Lochkarten ergaben gegenüber der späteren Zählung
der Gesamtbevölkerung mit 8,7 Millionen Lochkarten folgende
Differenzen:

	Differenz in % des wahren Wertes
Geschlechtsverhältnis:	
männlich	0,54
weiblich	0,44
Religion:	
katholisch	0,03
Zehn Altersgruppen:	
günstigster Fall	0,09
ungünstigster Fall	1,42
Familienstand:	
ledig	0,28
verheiratet	0,31
Beruf:	
Industrie und Handwerk	0,79
Landwirtschaft	0,22
Erwerbspersonen nach Wirtschaftsabteilungen:	
Landwirtschaft	0,01
Industrie und Handwerk	0,47
nach sozialer Stellung:	
selbständig	0,55
Arbeiter	1,48

Die Übereinstimmung mit der Vollerhebung war also recht gut.

Die Tücken des Zufalls. Man spricht häufig von den
Tücken des Zufalls. Der Statistiker kann eher von den Tücken des
Nicht-Zufalls berichten. Die eigentlichen Schwierigkeiten des Stich-
probenverfahrens sind nicht statistischer oder mathematischer Natur.

Sie liegen in der Herbeiführung der Haupt- und Grundbedingung, daß ein Zufallsmuster in Wahrheit ein Zufallsmuster sein muß, mit andern Worten, daß allen Einzelteilen einer Masse dieselbe Möglichkeit, in der Stichprobe zu erscheinen, geboten sei. Scheinbar ist nichts leichter, in Wahrheit nichts schwieriger. Zehn Prozent einer Gesamtmasse zu berücksichtigen, scheint einfach genug. Aber hierzu muß man den Umfang der Gesamtmasse kennen, und diese muß so gelagert sein, daß nicht ein „bias", eine „Schlagseite" der Erhebung entsteht. Das hängt hauptsächlich von der „Durchmischung" ab. Beim Emmentaler Käse genügt das Durchmischen durch das Rührwerk während der Fabrikation, so daß später eine einzige Probeentnahme mit einem Röhrchen über die Qualität des Laibes informiert. Bei einem Ballen Wolle müssen Sonden von verschiedenen Seiten tief eindringen, um ein gutes Muster zu ziehen. Chemische Flüssigkeiten müssen gut gerührt, Kohlenhaufen durchmischt werden. Bei der Produktion von industriellen Massenartikeln genügt es oft, aber nicht immer, den Arbeitsprozeß in gleichen Zeitteilen abzustoppen, um gute Proben zu entnehmen. Bei elektrischen Lampen müssen die Birnen ausgebrannt werden, wodurch sie natürlich zerstört werden, und außerdem braucht das Zeit und ist deshalb kostspielig. Deswegen wurde die „sequential analysis" eingeführt, die den Prüfprozeß abzubrechen gestattet, sobald die Proben genügen. Ein ausgezeichnetes System haben 1948 Dixen und Mood mit ihrer Sensitivitätsanalyse entwickelt, durch die 30 % Ersparnisse erzielt werden. Am schwierigsten ist die Meinung der Menschen zufallsmäßig festzustellen, weil sie subjektiv auf die Fragestellung reagieren und die Menschenhaut ein empfindliches Organ ist.

Selbst wo gute Listen von Einzelfällen vorhanden sind, ist das Bestimmen einer zufälligen Auswahl oft nicht leicht. Es hat sich herausgestellt, daß beim Kartenmischen, Ziehen von Kugeln aus einer Urne, Werfen von Münzen oder Würfeln s e h r große Versuchsserien von weit über 1000 nötig sind, um Zufallsauswahlen zu erzielen. Deshalb bedienen sich hierzu heute die Statistiker künstlich hergestellter Zahlentafeln wie der Tippettschen oder Fischerschen Zahlen, die Mahalanobis sehr eingehenden Untersuchungen nach der Momentenmethode und andern Kriterien unterworfen hat, um ihre Zufallsnatur zu erwahren.

Neuerdings wird das „geschichtete" Stichprobenverfahren viel benützt, um eine gute Auswahl zu erzielen, indem Strata zunächst ausgewählt und dann innerhalb jeder Schicht rein zufallsmäßig die Einzelfälle bestimmt werden. Die theoretischen und praktischen Schwierigkeiten der Stichprobenverfahren sind durch die bekannten Schriften von Cantril, Yates, Deming, R. Ferber sowie durch sehr viele Einzelartikel in der Zeitschriftenliteratur dargelegt worden. Bei kleinen Stichproben kann man seit der Entdeckung von Gosset 1906 der theoretischen t-Verteilung ebenfalls zu gültigen Folgerungen gelangen.

Natürliche Grenzen findet das Stichprobenverfahren dort, wo die Verhältnisse außerordentlich stark verschieden sind, wie z. B. in den verschiedenen Landesteilen der Schweiz und wo sehr eingehende Details der Auszählung verlangt werden, z. B. für einzelne Berufe oder Betriebsarten. Dort ist immer noch die statistische Vollerhebung das beste und auch einfachste Verfahren. Doch ist es auf weiten Gebieten gar nicht anwendbar und jedenfalls sehr kostspielig. Deshalb sind die Vereinigten Staaten sogar auf der ältesten Domäne der amtlichen Statistik, bei den Volkszählungen, in starkem Maße zum Stichprobenverfahren übergegangen, allerdings in Anlehnung an eine Vollerhebung für einfachere Fragen. Das Stichprobenverfahren hat zweifellos eine große Zukunft.

3. Die Kunst, zu fragen

Fragen und Publikum. Die Fragen auf statistischen Erhebungsbogen könnte man, wie das ein Mailänder Sonderling mit seinen Büchern tat, in die vier Kategorien einteilen: eccitanti, calmanti, sonniferi und digestivi. Zu den „aufreizenden" Fragen gehören alle jene, die in die Gefühlssphäre hinabreichen, z. B. die Volkszählungsfrage nach der Konfession, die in England überhaupt nicht gestellt werden darf und auch sonst häufig Proteste veranlaßt; dann namentlich aber die Punkte, von denen das Publikum glaubt, sie kämen der Steuerbehörde zu Gesicht[1]).

---

[1]) Der Landvogt von Saanen, Christian Willadung, schrieb an seine vorgesetzte Behörde über die von ihr angeordnete Feuerstättenzählung im Kanton Bern im Jahr 1653:

„Diese Nachforschung hat ungleiche Gedanken und gefährliche Einbildung bei den Untertanen verursacht, ja soweit, daß ein gemein Geschrei allhie ausgebreitet worden, solcher Verzeichnus geschähe darum, daß Ihre Gnädigen Herren einer jeden Haushaltung 6 Batzen Kontribution aufzulegen vorhabens seiend. Ich bin oft um die Ursache dieser Zählung gefragt worden, habe aber keinen Bescheid geben können."

Unter den „beruhigenden" Fragen wären jene zu verstehen, deren Zweck das Publikum nicht einsieht: das sind die meisten Fragen eines statistischen Fragebogens. Die einschläfernden Fragen sind formaler Natur, wie z. B. die Frage nach dem Wohnort und dem Aufenthaltsort; „verdauungsbefördernd" kann man jene nennen, die bei der Beantwortung vom Publikum gewöhnlich bewußt übergangen werden, weil sie sich an einer schlecht sichtbaren Stelle, auf der Rückseite des Fragebogens oder an seinem Fuß befinden, oder die es zu dumm findet, um darauf zu reagieren.

Die Furcht des Publikums und sein Mißtrauen statistischen Erhebungen gegenüber würden in vielen Fällen schwinden, wenn der einzelne Fragebogen nicht individuell gekennzeichnet sein, wenn er nicht stets die Unterschrift des Ausfüllenden tragen müßte. Ohne Unterschrift hätte man aber gar keine Kontrolle darüber, wer ausgefüllt, wer nicht ausgefüllt, wer doppelt ausgefüllt hat. Auch käme es viel öfter vor, daß bewußt unrichtige Angaben gemacht würden, da man ja nicht feststellen könnte, von wem sie stammen. Wenn die Angaben sehr diskreter Natur sind, wählt man mit Vorteil den Ausweg, daß Name und Adresse des Ausfüllenden auf einen abtrennbaren Teil des Fragebogens, der die gleiche Nummer trägt wie der eigentliche Fragebogen, einzutragen sind. Die Bogen werden an einen Vertrauensmann abgegeben, der den individuellen Teil des Fragebogens abtrennt und ihn zum Zwecke der Kontrolle der Vollständigkeit des Materials und etwaiger späterer Ergänzungen aufbewahrt. Den anonym gemachten Bogen gibt er zur Verarbeitung weiter. Dieses System hat sich seit 1891 bei der schweizerischen Todesursachenstatistik bewährt. Der Arzt, der die Todesursache auf dem statistischen Meldeblatt zu verzeichnen hat, erhält dieses Blatt vom Zivilstandsamt mit den Personaldaten des Verstorbenen versehen zur Ausfüllung, behält die Personaldaten zurück und sendet das anonym gewordene Meldeblatt, mit seiner Unterschrift versehen, in verschlossenem, numeriertem Kuvert ans Zivilstandsamt zurück, das die geschlossenen Kuverts an Hand der Numerierung vollständig sammelt und sie ungeöffnet alle Monate an das Eidgenössische Statistische Amt zur statistischen Bearbeitung abliefert. Sind Rückfragen notwendig, so erfolgen sie an Hand der Nummer der Sterbekarte beim Arzt.

Was soll gefragt werden? Das hängt nicht nur davon ab, was man wissen will. Vieles will man wissen, kann es aber nie auf statistischem Wege erfahren. Im voraus läßt sich auch nicht immer sagen, welche Fragen dem Beantwortenden genehm sein werden. Strafandrohungen nützen selten etwas. Man kann die Menschen wohl zwingen, zu antworten, aber nicht, richtig zu antworten. Nur wenn man die richtige Anwort wüßte, wäre eine Kontrolle möglich, dann brauchte man aber überhaupt nicht zu fragen.

Am besten stützt man sich bei der Aufstellung eines Fragebogens auf bisherige Erfahrungen. Freilich sollte man danach trachten, den Keil der Fragen bei jeder neuen Zählung gleicher Art etwas weiter vorzutreiben. Um den Fragebogen nicht zu überlasten, kann manche frühere Frage, wenn sie kaum neue Ergebnisse liefern würde, zugunsten neuer Fragen fallengelassen werden.

Man sollte solche Fragen in den Fragebogen aufnehmen, die entweder 1. ein Höchstmaß an Wissen über einen Gegenstand direkt vermitteln (Kernfragen), oder 2. durch ihre Kombination ein solches Höchstmaß gewährleisten (Schlüsselfragen), 3. ein Maximum von Ausgliederungen des Materials zulassen (Ausbeutungsfragen), 4. ein Höchstmaß an Wissen indirekt erschließen lassen (verdeckte Fragen), 5. wichtige statistische Nebenergebnisse liefern (Ergänzungsfragen), 6. zum Zwecke der Kontrolle wichtiger Angaben diese in anderer Form nochmals ermitteln (Kontrollfragen). Durch Kombination von verhältnismäßig einfachen Antworten lassen sich oft statistisch überaus wertvolle Ergebnisse gewinnen. Eine Volkszählung z. B. stellt im allgemeinen etwa ein Dutzend Fragen. Es sind eben jene, deren Zweck das Publikum meist nicht begreift, nach Alter, Beruf, Zivilstand. Die Frage nach dem Beruf z. B. in Verbindung mit dem Alter gibt uns Aufschluß über die Überfüllung eines Berufes, über den Nachwuchs. Die Angaben eines Betriebes über sein Personal, in Verbindung mit dem Standort, gibt einen Einblick in die Zusammenballung der Arbeiterschaft und über die Standortfragen eines Industriezweiges usw.

Ein Höchstmaß an Gliederungen der erhaltenen Angaben wird dann möglich sein, wenn individualisierend und eingehend gefragt wird, z. B. wie in der schweizerischen Berufsstatistik seit achtzig Jahren nicht nur nach der Art der persönlichen Beschäftigung des einzelnen, sondern auch nach Name und Adresse des Arbeitgebers. Dadurch kann man die Berufsangaben nach der persönlichen Beschäftigung einerseits, nach Betriebsarten andererseits (wenn man die Karten nach der Adresse des Arbeitgebers zusammenlegt), endlich nach dem Industriezweig, in dem er beschäftigt ist (z. B. persönlicher Beruf:

Schreiner; Erwerbszweig: Buchdruckerei), klassifizieren. Auch ist es dadurch möglich, innerhalb eines Industriezweiges festzustellen, welche persönlichen Berufe alle (z. B. Schreiner, Chauffeure, Buchhalter, Maschinensetzer) in dem Industriezweig Buchdruckereigewerbe vorhanden sind.

Fragen, die i n d i r e k t unser Wissen fördern, sind z. B. Fragen wie jene nach der Zahl der verwendeten PS in einem Betrieb. Sie geben uns Anhaltspunkte, wenn auch nicht direkte Maßstäbe, für die wirtschaftliche Bedeutung dieses Betriebes, ob es sich um einen Groß- oder Kleinbetrieb handelt, ob er technisch gut ausgerüstet ist usw.

Manchmal ist der eigentliche Zweck der Zählung von viel geringerem Wert als das, was durch die Fragen n e b e n h e r ermittelt wird. Der großangelegte englische Produktionszensus von 1907 ging darauf aus, den während des Produktionsprozesses erzeugten sogenannten „zusätzlichen Wert" zu ermitteln, was eine höchst fragwürdige Sache ist, weil sie schlußendlich nur auf die Feststellung der ausbezahlten Lohnsumme, die man meist schon kennt, hinausläuft[1]). Wertvoll waren dagegen die zur Ermittlung dieses Wertes gestellten Fragen nach Herkunft und Menge des verwendeten Rohmaterials, nach Art, Qualität und Menge der Erzeugnisse. — Die Frage nach körperlichen Gebrechen, nach Blinden, Taubstummen usw., sind bei einer Volkszählung nicht deshalb wertvoll, weil sie (meist sehr unvollständige) Zahlen liefern, sondern weil auf Grund dieser Angaben Adressenverzeichnisse angefertigt und den gemeinnützigen Verbänden übermittelt werden können, die sich mit den Mindererwerbsfähigen dann in Verbindung setzen, um ihre wirtschaftliche Lage zu verbessern.

W i e s o l l m a n f r a g e n ? Bei solchen Fragen, die ein Entweder—Oder zulassen, müssen die Fragen so gestellt werden, daß die Antworten sich gegenseitig ausschließen und daß sie den ganzen Begriffskreis erschöpfen; auch dann, wenn nur eine einzige Seite der Frage interessiert. Also kontradiktorische, nicht konträre Fragen müssen gestellt werden. Bei der 1920er-Volkszählung fragte man im Hinblick auf die geplante Hinterbliebenenversicherung nach den W a i s e n nicht einfach: Sind Sie Waise?, sondern folgendermaßen: „Für Personen unter 16 Jahren (1905 und später Geborene) ist anzugeben: Vater und Mutter noch lebend·, Vater gestorben·, Mutter gestorben·,

---

[1]) S. des Verf. „Die Notwendigkeit einer Reform der gewerblichen Zählungen" in der Ztschr. für schweiz. Statistik 1920, ferner ebenda 1936.

Vater und Mutter gestorben*." Die Kontrollfrage: Vater und Mutter noch lebend war notwendig, um zu sehen, ob die Frage überhaupt beachtet wurde. Es stellte sich übrigens heraus, daß diese Fragestellung doch nicht erschöpfend war. In 3000 Fällen blieb die Angabe aus, und zwar bei adoptierten oder in Pflege genommenen Kindern, bei denen gar nicht bekannt war, ob die Eltern noch lebten.

Zweckmäßig ist es, nach Hauptkategorien zu fragen, wenn sie auch nicht erschöpfend sind, dann aber den Rest des Begriffskreises durch eine weitere Frage ausfüllen zu lassen. Z. B. lautete die Frage nach der Konfession 1920 in der Schweiz: ,,Protestantisch, römisch-katholisch, christkatholisch (altkatholisch), israelitisch, wenn andere Konfession, welche?"

Es war übrigens beabsichtigt, durch den letzten Teil dieser Frage nicht nur die andern Konfessionen, sondern auch Angaben über die Sekten zu erhalten. Da aber z. B. die Methodisten sich vielfach ganz richtig als Protestanten bezeichneten, ergaben sich nur eine geringe Zahl von Angaben ,,Methodisten". Die protestantischen Sekten zeigten also ein höchst lückenhaftes Bild. — Der Ausdruck ,,christkatholisch" und ,,altkatholisch" wurde sehr häufig mißverstanden. Viele Römisch-Katholische bezeichneten sich als christkatholisch, mit der Begründung, sie seien katholische Christen oder sie seien alte Katholiken. Bei den Vorbereitungen der 1930er-Zählung wurden daher Versuche gemacht, die Frage zu verbessern. Einer der Vorschläge lautete: ,,Protestantisch, römisch-katholisch, israelitisch, andere christliche Religionen". Das hätte zwar die Angehörigen der römisch-katholischen Konfession zur richtigen Beantwortung veranlaßt, aber den Anschein erweckt, als würde man die israelitische Konfession zu den christlichen Religionen zählen, und zur Folge gehabt, daß man die nichtchristlichen Konfessionen überhaupt nicht erhalten hätte. — Schließlich entschied man sich zur alten Fragestellung, die aber selbstverständlich neuerlich ihre Unzweckmäßigkeit erwies.

Viel ist über die technische Frage gestritten worden, ob die Listenform der Fragen dem Zählblattsystem vorzuziehen sei. In der Schweiz ist bei den Volkszählungen für jede Person ein einzelnes Zählblättchen auszufüllen, wodurch manche Fragen, die auf der Liste für Mitglieder einer und derselben Familie nur einmal anzugeben sind, nämlich Wohnort, Nummer der Haushaltung, Bürgerort usw., auf jedem Zählblatt wiederholt werden müssen. Gibt man für jede Haushaltung dagegen nur ein einziges Formular aus, eine sogenannte Haushaltungsliste, so läßt sich die Gesamtzahl der Personen, die zum Haushalt gehören, leichter übersehen, anderseits ist das Formular wegen seiner Größe weniger leicht zu handhaben. Die Erfahrung hat gelehrt, daß man auf beiden Wegen zum Ziel kommt, nur muß man beim Einzelblättchen, die Kontrolle betreffend die Vollständigkeit verschärfen, hinsichtlich der Anzahl der Blättchen als auch hinsichtlich deren Lücken, die hier nicht so in die Augen fallen wie bei der Liste. Im allgemeinen finden sich die Leute in den listenförmigen Formularen mit Tabellenköpfen lange nicht so leicht zurecht als bei textförmiger Anordnung der Fragen auf den Zählblättchen, die einfach untereinanderstehen sollen und mit deutlichen großen Nummern versehen werden.

Was außerhalb der Umrahmung oder auf der Rückseite des Fragebogens steht, wird in der Regel nicht beachtet, ebenso Fragen, die am Fuße des Bogens stehen. Bei der Betriebszählung von 1929 mußten die nichterwerbsfähigen Kinder in ihrer Gesamtheit am Fuße der Haushaltungsliste vermerkt, statt wie anfänglich vorgesehen unter den Haushaltungsangehörigen einzeln aufgeführt werden. Die Folge war, daß diese Frage vielfach überhaupt übersehen wurde, so daß der ursprüngliche Plan, mit der Betriebszählung eine Sommerzählung der Bevölkerung zu verbinden, ins Wasser fiel.

Die Regel, gegenseitig sich ausschließende und den Begriffskreis völlig erschöpfende Fragen zu stellen, ist namentlich auch bei jenen Fragen wichtig, die mit Zahlen beantwortet werden müssen, z. B. bei einer landwirtschaftlichen Betriebszählung die Frage nach dem gepachteten Areal. Hier sollten die Angaben stets durch Erfragen des restlichen Areals des Betriebes ergänzt werden, wodurch das Gesamtareal wieder festgestellt wird, und zwar müssen die Angaben so untereinanderstehen, daß die Addition leicht vorgenommen werden kann. Dadurch wird der Beantwortende zur Kontrolle seiner eigenen Angaben angehalten.

Sehr zweckmäßig ist die Aufnahme von Kontrollfragen, die Anhaltspunkte über die Richtigkeit gewähren.

Geschieht die Einsammlung durch Drittpersonen, gehen also die Bogen nicht direkt an die statistische Stelle, die sie bearbeiten soll, so müssen den einzelnen Fragebogen B e g l e i t p a p i e r e beigegeben werden, in die jeder einzelne Bogen möglichst mit den wichtigsten Einzelangaben (bei einer Volkszählung vor allem Altersjahr und Beruf) in geordneter Reihenfolge einzutragen ist. Nur dadurch können vom Einsammelnden Lücken entdeckt werden. Auch gelangt die Sammelstelle zum Bewußtsein der Verantwortung für ihre Tätigkeit, wenn sie solche Begleitpapiere unterschreibt und deren Summen ihrerseits wieder addiert. Endlich erhält man auf diese Weise sehr rasch das Gesamtresultat, das nur aus den Summen der Begleitpapiere aufzuaddieren ist.

Proben aufs Exempel. Ist man über die Zweckmäßigkeit oder Verständlichkeit eines Fragebogens nicht im klaren, so lege man ihn zum Ausfüllen einem kleinen Kreis von Personen vor und lasse den Bogen ausfüllen. Man wird sich dadurch vor vielen Enttäuschungen bewahren.

Sehr zweckmäßig ist auch vor der Erhebung die Aufstellung von Verarbeitungstabellen. Vielfach wird man finden, daß sich manche der aufgenommenen Fragen für eine statistische Bearbeitung gar nicht eignen. Durch die Frage nach der praktischen Ausbeutung lassen sich auch viele unverständige Begehren nach Erweiterung des Umfanges der Erhebungspapiere sehr einfach abweisen.

Im übrigen kann man jedem, der einen statistischen Fragebogen aufstellen will, nicht genug empfehlen, die bei größeren Erhebungen verwendeten und meist in den Ergebnissen abgedruckten Fragebogen als praktische Beispiele, die sich bewährt haben, eingehend zu studieren.

VI. Das Aufbereiten der Zahlen

1. Zusammenziehen

Private Statistik. Die statistischen Lehrbücher scheinen anzunehmen, daß jeder, der sie in die Hand nimmt, einmal an leitender Stelle eine amtliche Erhebung mit Millionen von Fragebogen auszubeuten hat; denn sie beschreiben die elektrische Auszählung, die nur für Riesenaufnahmen mit Millionen von Fragebogen rentabel ist; sie schreiben also für höchstens ein Dutzend Menschen — diese aber haben das Maschinensystem zu einer so extremen Spezialität mit raffinierten Tricks ausgebildet, daß sie mit den sehr summarischen und meist veralteten Angaben der Lehrbücher nichts anfangen können.

Immer häufiger kommen aber heutzutage kleine Statistiken zustande, Umfragen, die Studenten oder statistisch interessierte Laien unternehmen und dann nicht um die Welt wissen, wie sie ihr bescheidenes Urmaterial von einigen hundert oder tausend Fragebogen zweckmäßig zusammenziehen sollen. Für sie sind die folgenden Hinweise bestimmt.

Vorarbeiten. Nehmen wir als einfaches Beispiel an, es sei eine kleine Lohnerhebung durchzuführen, die Fragebogen seien an die verschiedenen Unternehmer nach alphabetischen Adressenlisten ausgesandt worden, die fortlaufend numeriert sind. Dieselbe Nummer sollte auch der Fragebogen aufweisen, der an die betreffende Adresse versandt wurde. Legt man die einlangenden Bogen nach Nummern aus (am besten zuerst nach den Tausendern, dann in jedem Tausenderhaufen nach Hundertern, in jedem Hunderterhaufen nach Zehnern und in jedem Zehnerhaufen nach Einern, weil man dadurch nie mehr als zehn Haufen vor sich auf dem Tisch liegen hat, die man sitzend leicht beherrscht), so erhält man sofort eine Übersicht, welche Nummern noch ausstehen. Das ganze Material ist überdies auf einfachste Art von der Welt alphabetisch geordnet, während sonst eine solche Ordnung sehr viel Zeit beansprucht. Einige Fragebogen werden ohne Unterschrift oder unvollständig ausgefüllt einlangen. An Hand der Nummer des Bogens läßt sich sofort feststellen, von wem er stammt. Sind die Bogen durch Rückfragen ergänzt, soweit dies möglich ist, so lege man die unvollständig ausgefüllten Bogen als unbrauchbar beiseite. Es schadet gewöhnlich dem Wert der Erhebung wenig, wenn nur 80 oder 90 Prozent der Bogen brauchbar sind. Sogar mit weniger, wenn die Auslese zufällig und nicht nach einer besonderen Richtung erfolgt ist (z. B. nur die niedersten Lohnkategorien einlangen), lassen sich durchaus brauchbare Statistiken aufstellen. Mit den Vorarbeiten kann man bereits beginnen, bevor die Nachzügler einlangen; diese werden auf einer besonderen Nachzüglertabelle, die man als Plustabelle bezeichnet, aufnotiert und für sich summiert, während eine Minustabelle, die für evtl. später noch abzuziehende unbrauchbare Bogen bereitgestellt wird, ebenfalls anzulegen ist.

Auswertungsplan in großen Zügen. Über einige grundlegende Fragen der Aufarbeitung wird man sich von vornherein klar sein müssen. Da bei vielen Erhebungen das Material meist bereits geographisch geordnet vorliegt, bedeutet es eine sehr große Arbeitsersparnis, wenn man sich diese Ordnung zunutze macht und zunächst jene Tabellen bearbeitet, die für die kleinsten geographischen Einheiten erstellt werden müssen — bei der Volkszählung für die Gemeinden, in größeren Städten für die Wohnquartiere. Dann erst erfolgt der Zusammenzug für die größern geographischen Einheiten, für Verwaltungsbezirke und Landesteile.

Zahlreiche Ausscheidungsarbeiten, d. h. Wiederholungen der Auszählung nach erweiterten Gesichtspunkten, können vermieden werden, wenn man sich von vornherein über die Extreme der Aufarbeitung, wie weit man bestenfalls gehen will, ein klares Bild macht, z. B. wie weit die Altersgliederung der Masse nach Gemeinden oder Bezirken durchzuführen ist, ob hier Fünf- oder Zehnjahresklassen genügen oder, mit Rücksicht auf die Sozialgesetzgebung, eine Aufteilung der Klasse fünfzehn bis zwanzig Jahre in noch kleinere Intervalle 15- bis 18jährig, 19- bis 20jährig zweckmäßig ist, ob andere Klasseneinteilungen mit Rücksicht auf frühere Erhebungen nötig sind.

Vor allen Dingen notwendig ist die Feststellung der beabsichtigten Gliederung des Materials nicht nur in geographischer Hinsicht, sondern auch nach sachlichen Gesichtspunkten. Vor Beginn der Aufarbeitung muß man wissen, ob und wie weit durch ein festes Begriffssystem Ordnung in die tausenderlei verschiedenen Benennungen, welche das Publikum verwendet, gebracht werden soll. Z. B. ist bei einer Berufszählung ein Verzeichnis der Berufe aufzustellen, die bei der Aufarbeitung berücksichtigt werden müssen. Die rund 20 000 Berufsbenennungen, die in der Schweiz vorkommen, sind durch ein solches systematisches Verzeichnis auf zirka 300 Berufsarten reduziert worden. Nach dieser Übersicht über die Klassifikation sollte eine Aufstellung der zu druckenden Tabellen und daran anschließend der etwa vorher notwendigen Zwischentabellen (Aufarbeitungs- und Manuskripttabellen) gemacht werden, die dem weiteren Gang der Arbeiten als Leitstern dient. Möglichst sollten unter Vermeidung von Zwischentabellen druckreife Tabellen angefertigt werden. Man achte also von Anfang an auf die Zahl der Spalten, ob sie noch auf den Satzspiegel gehen.

Anhäufen oder Aufteilen? Eine der wichtigsten Fragen, die man sich zu Anfang stellen muß, ist die, ob das statistische Urmaterial lediglich zu einer Summe (mit Unterteilungen und Zwischentotalen natürlich) zusammenzustellen, also anzuhäufen ist; oder ob es nach verschiedenen, wechselnden Gesichtspunkten verarbeitet, also aufgeteilt werden soll.

Will man bei unserer Lohnerhebung nur wissen, wie viele Arbeiter in einem bestimmten Industriezweig eine bestimmte Lohnhöhe erreichen oder wieviel sie im ganzen verdienen, so braucht man die

Antwortbogen bloß aufzuhäufen: d. h. man ordnet sie nach dem Geschlecht, nach Industriezweigen und innerhalb der Industriezweige nach Lohnklassen. Dann zählt man die Fälle in jeder Klasse und in jedem Industriezweig ab (nach dem Geschlecht der Arbeiter gesondert) und addiert die Lohnbeträge. Das ist die Bearbeitung nach dem Häufungsprinzip.

Begnügt man sich damit jedoch nicht, sondern will z. B. auch noch nach dem Alter, nach dem Zivilstand usw. die Lohnangaben ordnend ermitteln, so wäre es theoretisch möglich, jeweils jeden der Haufen, die man nach dem oben beschriebenen Aufteilen industrieweise und nach Lohnhöhe erhalten hat, auch nach Alter und jede Altersklasse nach Zivilstand auszuscheiden. Man wird aber sofort sehen, daß dadurch die Fragebogen unendlich verzettelt werden und ganz kleine Haufen entstehen. Jede Übersicht geht so verloren. Es wird also richtiger sein, alle Bogen der männlichen Arbeiter neuerlich zusammenzuwerfen und nach Altersklassen und Zivilstand in wenige große Gruppen neuerlich aufzuteilen. Für diese größeren Haufen lassen sich dann die wichtigeren Industriezweige auch noch herausschälen. Weitere Unterscheidungen, z. B. nach Kinderzahl, nach Arbeitszeit in der Woche usw., werden ebenfalls möglich, wenn wiederum alles Material zusammengefaßt und neuerlich nach den erwähnten Merkmalen aufgeteilt wird. Natürlich müssen die Gesamtzahlen bei den verschiedenen Aufteilungen immer wieder dieselben sein, die Fragebogenzahl sowohl wie die Lohnbeträge. Dies ist die Aufarbeitung nach dem Teilungsprinzip.

Signieren. Ungemein viel Zeit kann man sich bei beiden Methoden dadurch ersparen, daß man die Bogen vor der Bearbeitung nach Merkmalen (Industriezweigen, Altersklassen, Lohnklassen usw.) signiert, d. h. mit Nummern (die man am besten mit Farbstift am Rand vermerkt) nach einem Schlüssel, den man sich selbst anfertigt, versieht. Das Signieren hat den Vorteil, daß man beim Zusammenziehen, Klassieren oder Umordnen der Bogen nur mehr auf diese Nummer zu achten hat und nicht immer neu die Merkmale in recht verschiedenen Handschriften lesen und nach ihnen die Fragebogen einteilen muß. Besitzt man ein gedrucktes systematisches Industrieverzeichnis, so versieht man dieses mit fortlaufenden Nummern und schreibt nach diesem Schlüssel die noch ungeordneten Bogen einfach nach diesen Nummern an. Für den Zivilstand versieht man die Bogen der Ledigen mit 0, die der Verheirateten mit 1, die der Geschiedenen mit 2, der Verwitweten mit 3. Buchstaben zum Signieren sind weniger bequem. — Das Ordnen nach Nummern geht sehr rasch vor sich.

Die Gewinnung der Summen nach dem Häufungsprinzip. Handelt es sich, wie oben erwähnt, nur um einmalige Durcharbeitung des gesamten Urmaterials, also um ein Aufhäufen der Resultate, wobei natürlich beliebig viele Zwischenstationen, Zwischentotale, eingelegt werden können, so ist die weitaus praktischste Methode die nach dem Kontensystem: für jedes Merkmal, für jeden Betrag (z. B. Lohnbetrag) wird ein besonderes Konto angelegt. In der Buchhaltung hatte man die Geschäftsvorfälle ursprünglich einfach nach der Reihenfolge des Eintreffens in ein Journal eingetragen, also in eine Liste, woraus dann die einzelnen Konten herauszuziehen waren. Dann ging man dazu über, im sogenannten amerikanischen Journal für jede wichtige Kategorie der Vorfälle ein besonderes Konto einzurichten und diese Konten nebeneinander in Spalten anzuordnen. Genau so wird nun in einer Tabelle mit bis zu 40 Spalten Fall für Fall eingetragen, aber seine Merkmale und Beträge jeweils einem besonderen Konto, einer besonderen Spalte zugeteilt. Für jeden Fragebogen (Fall) wird eine Horizontale reserviert und mit der Ordnungsnummer des Fragebogens in der Textspalte gekennzeichnet. Dann folgt in unserem Beispiel in der ersten Spalte, die mit männlich überschrieben wird, für einen männlichen Arbeiter ein vertikaler Strich, in der zweiten mit weiblich überschriebenen ein horizontaler (denn leere Spalten sollte man stets als solche kennzeichnen); der Lohnbetrag wird in der dritten Spalte eingesetzt, es folgen die Altersklassen in den folgenden Spalten, der Zivilstand usw., alles streng nach der Reihenfolge, in der sich die Antworten auf dem Fragebogen finden, wenn man nicht viele Irrtümer riskieren will. So werden jeweils alle Bogen eines Industriezweiges in die Tabelle aufgetragen und durch Vertikaladdition in jeder Spalte das Zwischentotal jedes Industriezweiges gebildet und mit roter Tinte eingetragen. Diese roten Horizontalen werden ihrerseits auf einen Summenbogen, der möglichst gleich als Manuskriptbogen für den späteren Druck dient, übertragen und so alle Industriezweige vereinigt. Alle Angaben eines Fragebogens müssen so auf eine einzige Horizontale auseinandergezogen werden. Genügt eine Tabelle mit 40 Spalten nicht, so nimmt man eine zweite Tabelle mit neuerlicher Kennzeichnung des individuellen Fragebogens (mit der Ordnungsnummer in der Textspalte) zu Hilfe.

104

Selbst große Erhebungen lassen sich nach diesem System von Hand in kurzer Zeit sehr zweckmäßig bearbeiten[1]) (z. B. die Eidg. Fabrikstatistik von 1929, die in einem 250 Seiten umfassenden Großquartband sechs Monate nach Einlangen der Fragebogen erschien und nur durch vier Personen bearbeitet wurde).

Die Gewinnung der Summen nach dem Teilungsprinzip. Da nach diesem Prinzip immer wieder nach wechselnden Gesichtspunkten das Gesamtmaterial anders aufgeteilt werden muß, ist eine fortlaufende Eintragung immer wieder derselben Erhebungsbogen Zeitverschwendung. Es müssen vielmehr die immer neu entstehenden Gruppen a b g e z ä h l t und die Ergebnisse der Abzählung notiert werden. Am besten geschieht das, indem man die Fragebogen dazu direkt verwendet, wenn sie nicht zu umfangreich, aus zu dünnem Papier gefertigt oder etwa doppelseitig sind. Jeder Haufen Bogen wird durch Hin- und Herbiegen zwischen den Händen so behandelt, daß die Ränder der Bogen dachziegelförmig etwas übereinander vorstehen, dann werden mit dem Daumennagel die Ränder gefaßt, und zwar nach dem Rhythmus: 2, 3, Pause; 2, 3 zehn; 2, 3, Pause; 2, 3, zwanzig usw. Jeder so abgezählte Zehnerhaufe wird quer zum vorhergehenden gelegt, so daß man am Schluß nur mehr die Zehnerhaufen als solche abzählen muß, wozu die noch etwa übrig bleibenden einzelnen Fragebogen zugeschlagen werden. Das Ergebnis der Abzählung jeden Haufens wird in eine Tabelle[2]) mit genauer Kennzeichnung des in Frage kommenden Merkmals (Industriezweig, Geschlecht usw.) notiert. Von neuem werden die Fragebogen umsortiert und wieder abgezählt, bis alle erwünschten Kombinationen der Fragebogen erledigt sind.

Was aber geschieht mit den B e t r ä g e n (den Lohnbeträgen in unserem Beispiel)? Durch Abzählen der Fragebogen kann man ja ihre Summe nicht feststellen. Am besten geschieht der Zusammenzug, indem man Bogen für Bogen abhebt und den Betrag auf eine Additions-

---

[1]) Es wäre unrationell, aber es geschieht oft genug, daß einfache Häufungsarbeiten nach dem Teilungsprinzip unter Anfertigung von Lochkarten ausgeführt werden.

[2]) Man benütze, um sich das Linieren zu ersparen, Tabellen mit vorgedruckten Spalten und leerem Tabellenkopf, den man nach Bedarf ausfüllt. Das Format soll ein Dinformat sein, die Rückseite nie beschrieben werden. Jede Tabelle sollte man datieren und nicht mit Abkürzungen, sondern deutlich anschreiben, da man sonst bald nicht weiß, was die darauf befindlichen Zahlen bedeuten. Alle Tabellen, auch die kleinsten Zusammenstellungen, sollte man unbedingt aufbewahren.

maschine oder ein Rechenbrett herübernimmt. Sind jedoch sehr viele Beträge verschiedener Art auf einem Fragebogen vorhanden, so wird das dadurch notwendige oftmalige Umlegen der Bogen höchst zeitraubend. Dann muß man sich einer Additionsmaschine mit mehreren Zählwerken bedienen oder das Lochkartensystem verwenden (die Miete eines Maschinenaggregates von den drei einzigen praktisch bewährten Lochkartensystemen Hollerith, Powers, Samas kostet allerdings viel im Monat, wozu noch beträchtliche einmalige Aufstellungskosten kommen), oder man muß, was einfacher ist, zur Handbearbeitung mit Zählblättchen übergehen.

Das Zählblättchensystem ist dann zu empfehlen, wenn das Urmaterial in Form einer fortlaufenden Liste vorliegt und nicht in Form einzelner Fragebogen; oder wenn die Fragebogen unhandlich sind; oder wenn sich auf ihnen viele Beträge finden, die nach wechselnden Gesichtspunkten zusammenzuziehen sind. Kleine Blättchen von etwa 7 × 11 cm von dünnem Papier, die man mit angefeuchteten Fingern rasch abzählen kann, werden durch Übertragen der Originalangaben auf der Liste oder den Fragebogen angefertigt, eines für jede Erhebungseinheit (jeden Arbeiter in unserem Beispiel). Die Beträge werden an einer bestimmten Stelle an den Rand geschrieben, so daß die Blättchen, dachziegelförmig neben- oder untereinander gelegt, mit den Beträgen eine Reihe bilden, die leicht addiert werden kann. Zweckmäßig schneidet man die rechte obere Ecke schräg ab, dadurch sieht man sofort, ob ein Blättchen verkehrt liegt.

2. Tabellieren

Die Urform der Tabelle. In die einheitliche Uniform der Tabellen kleiden sich die verschiedensten statistischen Urteile. Über das Wesen der Tabelle herrscht daher in der statistischen Theorie große Verwirrung. Man hat sie als „Koordinatensystem" bezeichnet, als „Experiment", als „Ursachenforschung", als „Sammlung von Funktionen", als „Klassifikationsmittel".

Aus ihrer Entstehungsgeschichte geht ihre Urform, in der lediglich Aussagen übersichtlich zusammengestellt werden, deutlich hervor. Die Tabelle kam um das Ende des 18. Jahrhunderts auf und enthielt noch keine Zahlen. So hatte Ancherson allerlei Angaben über fünfzehn europäische Staaten im Jahre 1741 herausgegeben in Form von vergleichbaren Tabellen, in welchen er

z. B. Italien in einer Rubrik als Paradies Europas, in einer andern seine Religion als papistisch bezeichnete. Erst später versah man solche tabellarisch angelegten Vergleichslisten auch mit Zahlenangaben. So z. B. gab es tabellarische Angaben über die Provinzen Portugals mit Zahlen über ihre Einwohner, ohne daß es übrigens dem portugiesischen Autor eingefallen wäre, diese Zahlen zu addieren, um zur gesamten Einwohnerzahl Portugals zu gelangen. Der Fortschritt bestand nun darin, daß B ü s c h i n g eine solche Aufsummierung vornahm. Die Einführung solcher Tabellen veranlaßte bei den Anhängern der Statistik Achenwallscher Richtung im Jahr 1806 einen heftigen Gelehrtenstreit. Die Göttinger Schule warf den „Tabellenknechten" vor, daß sie in den Tabellen nur die trockenen Knochen, ohne sie „mit dem Fleisch der deskriptiven Realität zu bekleiden", dem Leser vorsetzten.

Noch heute macht man der Statistik vielfach den Vorwurf, sie bevorzuge Zahlendarstellungen, über die der Leser doch nur hinweggleite, statt die Ergebnisse in Worten niederzulegen. Der Vorwurf ist oft berechtigt. Oft übersieht man aber, daß die Konsumenten der Statistik manchmal gar keine Texte, sondern eben Zahlen vorgesetzt haben wollen. „Weiß man die Tatsachen, zieht man selber den Schluß", schrieb Galiani. „Meine liebste Lektüre sind Staatskalender. Sie sind Bücher voller Tatsachen und Wahrheiten. Alle Bücher dieser Art liebe ich. Der ganze Rest in Prosa scheint mir von Übel. Ich denke lieber selbst."

Z w e i A r t e n T a b e l l e n b e n ü t z e r. Ein Teil der Benützer eines ausführlichen statistischen Tabellenwerkes will in den Tabellen nichts finden als die Angaben für einen engbegrenzten Kreis, der ihn interessiert, z. B. die Daten über die Schuhmacherei oder über die wirtschaftlichen und sozialen Verhältnisse einer Gemeinde oder einer Talschaft. Für solche monographische Benützer kann man nicht genug ins Detail gehen. Sie hätten am liebsten eine besondere Sterbetafel für ihre Gemeinde, eine besondere Betriebs- und Berufszählung nur für die Schusterei.

Ihnen steht das Interesse jener Benützer gegenüber, die in großen Zügen über die statistischen Verhältnisse eines ganzen Landes unterrichtet sein wollen, denen jede eingehende Gliederung zu minutiös ist, die stets nur die Summen und womöglich bloß eine einzige Zahl vom Statistiker verlangen.

Dieser muß zwischen den beiden extremen Forderungen zu lavieren wissen. Er sollte das geographische und monographische Detail nicht vernachlässigen, selbst da, wo die Zahlen recht klein werden, denn man kann sie ja nach den verschiedensten Zwecken wieder zu größeren Einheiten zusammenfassen; anderseits soll er auch die Gesamtverhältnisse für soziale und wirtschaftliche Untersuchungen nicht aus dem Auge verlieren. Dabei hat er darauf zu achten, daß bei der Besprechung der Zusammenfassung zu Gruppen und Klassen die besondern Erscheinungen der Arten nicht untergehen. Ein kurzes Sachregister kann dem monographischen Benützer das Auffinden, da er in den Tabellen nur bestimmte, wenige Zahlen benötigt, oft überhaupt erst ermöglichen.

Stapeltabellen. Ursprünglich hatten die Tabellen die Form der Liste. Man stapelte, wie oben dargelegt ist, in ihnen allerlei Wissenswertes auf; zuletzt sogar Zahlen. Die Schweiz. Volkszählung von 1837 ist eine solche Liste, in der jede Person in einer horizontalen Zeile eingetragen ist, außer ihrem Namen auch ihr Beruf, ihre Konfession, ihr Alter. Die Anzahl der horizontalen Zeilen ergibt die Zahl der Personen einer Gemeinde. Davon kann durch Abzählen bestimmt werden, wie viele darunter Protestanten sind, wie viele Landwirte, Bäcker usw., wie viele Ehefrauen und Kinder. Von allen Einwohnern haben also soundso viele dieses oder jenes Merkmal (1. Form des statistischen Urteils; s. das II. Kap.).

Die Stapeltabellen, wie wir sie nennen wollen, sehen in ihrer einfachsten Form etwa folgendermaßen aus (Bruchstück, 1930):

Gemeinde	Wohn-bevöl-kerung	Ortsan-wesende Bevöl-kerung	Gemeinde	Wohn-bevöl-kerung	Ortsan-wesende Bevöl-kerung
			Luzern	79 650	80 176
			32. Adligenswil	666	569
Kt. Luzern	189 602	190 069	33. Buchrain	975	976
			34. Dierikon	359	361
Entlebuch	17 404	17 414	35. Ebikon	2 235	2 235
1. Doppleschwand ..	530	527	36. Gisikon	193	196
2. Entlebuch	2 833	2 823	37. Greppen	309	310
3. Escholzmatt	3 357	3 363	38. Honau	147	146
4. Flühli	1 375	1 382	39. Horw	2 712	2 703

Die Reihenfolge der Gemeinden ist ganz willkürlich. Sie erfolgt nach altem Herkommen oder alphabetisch oder nach der Größe. Wir können die Stapeltabellen bereichern, indem wir mehr Eigenschaften an die Einwohnerzahl der Gemeinden anhängen, z. B. die Zahl der

Betriebe, die Anzahl Hektar der bewirtschafteten Bodenfläche, die Höhe über dem Meer usw. Alle diese Merkmale stehen in keinerlei Zusammenhang zueinander. Man kann diese Tabellen nicht addieren. (Bestenfalls lassen sich solche Gemeindeübersichten zu Verwaltungsbezirken oder Landesübersichten zusammenfassen. Dann werden sie z. T. vertikal addierbar. Es hat aber natürlich keinen Sinn, z. B. die Höhe über dem Meer zu addieren.) Die eigentlichen Stapeltabellen sind weder quer noch längs addierbar, z. B.

	Bundes-bahnen 1932	Alle Schweizer Bahnen 1931
Baulänge (km)	2876	5836
Betriebslänge (km)	3030	5181
Davon: Doppelspur (km) . . .	1084	
Elektrisch betrieben (km)	1852	3457
Personal (in 1000)	32	47
Reisende (in Mill.)	117	430
Gütertonnen (in Mill.)	15	25

Gliederungstabellen. Die eben angeführten Stapeltabellen trifft man noch häufig namentlich in Schriften technischen oder geographischen Inhaltes an, aber in statistischen Werken werden sie seltener und machen mehr und mehr den Gliederungstabellen Platz. Bei diesen ist eine Gesamtheit aufgeteilt in Teilmassen nach der zweiten Form der statistischen Aussage: S ist zu soundso vielen. Teilen P und zu so vielen Teilen Q; z. B. von den Einwohnern der Gemeinde Aarberg sind 1549 Protestanten, 60 Katholiken und 17 Israeliten; 808 sind Berufstätige (davon 114 in der Landwirtschaft, 330 in Industrie und Gewerbe, 154 in Handel und Verkehr.

Neben solche einfachen Gliederungstabellen tritt die Doppelgliederungstabelle, die den Gesamtbestand nicht nur horizontal, sondern auch vertikal aufteilt, z. B.

Beruf	Selbständige	Unselbständige	Zusammen
Müller	165	289	454
Bäcker	1 156	1 524	2 680
Konditoren . . .	140	540	680
.	.	.	.
Berufstätige . .	74 299	239 008	313 307

Die Reihenfolge der Unterteilungen ist willkürlich sowohl in horizontaler wie vertikaler Richtung. Dennoch dürfen die

Unterteilungen nicht wahllos vorgenommen werden, sie müssen sich zur Totalsumme ergänzen. Die Größe der Unterteilungen ist aber freigestellt. Z. B. teilen die Betriebszählungen die Betriebe ein in solche mit einer, mit zwei, mit drei bis vier, fünf bis neun, zehn bis neunzehn usw. Personen.

Häufig sind Mischungen von Stapel- und Gliederungstabellen. Wie im oben angeführten Beispiel wird die Einwohnerzahl eines Kantons in die einzelnen Gemeinden zerlegt, und für diese erfolgen Angaben über Bodenfläche, Beruf usw.

Stufentabellen. Streng vorgeschrieben ist die Reihenfolge und Größe der Unterteilungen bei den Stufentabellen, wie ich sie nennen will. Die Aufgliederung erfolgt hier nach Stufen oder Größen, d. h. nach gleichen Abständen, z. B.

Altersgliederung im Bezirk Aarberg 1930

| Altersjahre | Männliches Geschlecht | | |
	Schweizerbürger	Ausländer	Zusammen
0—4 . . .	1 671	3	1 674
5—9 . . .	1 882	9	1 891
10—14 . . .	1 914	18	1 932
15—19 . . .	1 509	30	1 539
.	.	.	.
Im ganzen . .	18 435	167	18 602

Die Doppelstufentabelle ist nicht nur in einer Richtung, sondern in zwei Richtungen, waagrecht und senkrecht, durch gleich hohe Stufen bestimmt, z. B.

Alterskombination der Ehegatten, Schweiz 1930

| Alter der Frau | Alter des Mannes | | | | | | Total |
	20	21	22	23	24		
20	55	110	171	213	239	.	2 111
21	53	136	250	369	420	.	· 3 931
22	35	116	285	464	634	.	6 239
23	16	90	238	511	789	.	8 725
24	21	81	187	462	836	.	11 485
.	.	.	.	.	.	.	.
.	.	.	.	.	.	.	.
.	.	.	.	.	.	.	.
.	.	.	.	.	.	.	.
Total	292	784	1806	3328	5545	.	740 444

Die Stufentabelle besteht also, ebenso wie die Gliederungstabelle, aus statistischen Aussagen der Art: „S ist zu soundso vielen Teilen P und zu soundso viel Teilen Q." Nur sind die Klassen von gleicher Größe, und zwischen allen Subjektbegriffen besteht ein innerer Zusammenhang.

Ungemein oft trifft man nicht reine Stufentabellen an, sondern Mischungen etwa von Stapel- und Stufentabellen, so z. B. Tabellen über die Kleinhandelspreise verschiedener Artikel, die gewöhnlich in zeitlichen Reihen gegeben werden, oder Stufen- und Gliederungstabellen, wo eine Gliederung einer statistischen Masse, z. B. die Geburten in eheliche und uneheliche, für eine Reihe von Jahren, also in Jahresstufen, vorgeführt wird.

Solche Mischungen der Grundform der Tabellen sind nicht immer glücklich. Stufentabellen mit „offenen" Stufen im Anfang oder am Ende können statistisch nicht gut ausgewertet werden. Gliederungstabellen, die Spalten enthalten, welche die Überschrift tragen: „davon", „darunter", zerstören die Möglichkeit der Queraddition. Man ist gezwungen, sie durch Subtraktionen selbst zu ergänzen.

Die Entwicklung geht zur gleichmäßigen Anordnung des Tabellengitters, zu einer bienenwabenartigen Anordnung. Aber auch dann werden die Zellen sehr verschieden gefüllt, „besetzt" sein. Die Verteilung der Zahlen auf die einzelnen Zellen, die verschiedene Häufigkeit der Besetzung wird im folgenden Kapitel zu studieren sein.

Die Verwertungsmöglichkeiten der Tabellen sind ebenso verschieden wie ihre Natur. Man kann ihnen Einzelzahlen, Summen, Teilsummen oder Reihen entnehmen. Stapeltabellen dienen zum raschen Aufsuchen von einzelnen Zahlennotizen unter sehr vielen andern. Gliederungstabellen liefern nicht Einzelzahlen, sondern Zahlengruppen, sie geben einen viel tiefern Einblick in jede Materie. Sie zerstören den Schein der Gleichartigkeit einer großen statistischen Masse, sie durchfurchen dasselbe Beobachtungsfeld nach verschiedenen Richtungen. Sie geben Verhältnis- und Vergleichszahlen.

Stufentabellen endlich geben uns Reihen. Eine Reihe ist eine geordnete, nicht umstellbare Zahlenfolge, die Entwicklungen und gegenseitige Abhängigkeiten und manchmal statistische Gesetze aufzeigt.

Lexis hat die Reihen nach der Art der Schwankungen ihrer Einzelelemente eingeteilt in evolutorische (Beispiel: Entwicklung der Stahlproduktion) und undulatorische, unter ihnen periodische mit regelmäßigen Schwankungen; oszillatorische mit zusammenhanglos in einem gewissen Spielraum schwankenden Veränderungen. Unter ihnen sind die typischen Reihen solche, welche die Eigentümlichkeit zeigen, „daß ihre Einzelwerte ungenaue Darstellungen eines konstanten Grundwertes sind, der nur mit rein zufälligen Abweichungen zum Ausdruck kommt".

Wie legt man Tabellen an? Die Anfertigung von Stapeltabellen ist gänzlich der Willkür des Bearbeiters anheimgegeben. Bei Stufentabellen sind die Stufen meist schon gegeben. Viel schwieriger ist die Anlage guter Gliederungstabellen. Hauptgrundsatz dabei ist, daß sie einen klaren, einheitlich durchgeführten Subjektsbegriff und ebenfalls einen deutlichen Prädikatsbegriff aufweisen, mit einem Wort, daß sie lediglich einen Gesichtspunkt der Materie, die möglichst nur unter diesem weiter gegliedert wird, zum Ausdruck bringen. Gegen diesen Grundsatz wird sehr oft gesündigt, woraus dann eine Unzahl von schlechten Tabellen entstehen. Sammelsuriumtabellen, die einfach den vorhandenen Raum ausnützen und die verschiedensten Elemente in sich vereinigen. Aus Ersparnisgründen kommen oft solche Tabellen zustande und sind dann nicht zu verwerfen. So z. B. bringt die eidgenössische Volkszählung in der Haupttabelle, der Gemeindetabelle, neben der Einwohnerzahl ihre Aufgliederung sowohl nach Geschlecht, Heimat- und Geburtsortklassen als auch nach Konfession, Muttersprache, Erwerbsklassen, dazu kommen noch die Anzahl der bewohnten Häuser und der Haushaltungen.

Der Inhalt der Tabellen wird eben vielfach vom Format der Veröffentlichung abhängig, die Statistik wird zur Formatfrage. Zahlreiche interessante Aufgliederungen werden oft weggelassen, weil sie nicht mehr auf die Seite gehen.

In früheren statistischen Werken hat man sich um das Format oft gar nicht gekümmert und unbedenklich vielfach zusammengefaltete Blätter in die Tabellenwerke eingefügt. Solche Ziehharmonikatabellen erfordern Geduld beim Leser, der sie immer wieder ausbreiten und zusammenfalten muß, und Kosten für Buchbinderarbeit. Heute wird fast stets auf sie verzichtet. Aus diesem Grunde ist man gezwungen, bei größern Ausgliederungen zwei Doppelseiten für eine Tabelle in Anspruch zu nehmen, so z. B. bei der eidgenössischen Betriebszählung die Tabelle 1 nach Größenklassen. Es wäre natürlich möglich, in den einzelnen Betriebsgrößenklassen sich nur auf die Zahl der Betriebe auf einer Doppelseite zu beschränken, auf einer weitern

Doppelseite die Zahl der Personen und der PS anzugeben. Es ist aber wichtig, zu wissen, wieviel beispielsweise in der Größenklasse von 6 bis 10 Beschäftigten nicht nur Betriebe, sondern auch beschäftigte Personen und PS einer Betriebsart vorhanden sind. Man möchte das Verhältnis dieser drei Größen unmittelbar der Tabelle entnehmen. Deswegen sind solche Durchgangstabellen manchmal nicht zu vermeiden. Der gleiche Text erscheint dann auf der zweiten Doppelseite nochmals. Schlecht sind Tabellen, bei denen man zwanzig bis dreißig Seiten später erst die Fortsetzung des Textes findet, wie bei manchen Tabellen der eidgenössischen Volkszählung von 1910.

Was kommt in den Kopf? Was in die Textspalte? Die Antwort lautet: In den Kopf das Einfache und wenig Umfangreiche. Da auf eine Seite des Normalformates A 4 (Quart) ungefähr 60 horizontale Druckzeilen Petit gehen, dagegen bloß ungefähr 15 Vertikalkolonnen mit 3- bis 4 stelligen Zahlen Platz haben (auf einer Doppelseite im Maximum 35 Vertikalkolonnen neben einer Textspalte von der Breite 5 cm), ist es zweckmäßig, jene Materien in die Textspalte zu nehmen, die mehr Umfang besitzen, z. B. bei der Berufszählung die Berufsarten, deren es im ganzen mehrere hundert gibt, die sich also auf die Textspalte von mehreren Doppelseiten verteilen, während im Kopf die Stellung im Beruf (die nur etwa 6—10 Kategorien umfaßt): die Gliederung nach Selbständigen, Angestellten und Arbeitern mit ihren verschiedenen Unterarten und nach Geschlecht gegeben wird.

Ein weiterer Gesichtspunkt für die Frage, was in den Kopf einer Tabelle gehört, ist auch die Notwendigkeit, dort möglichst kurze und knappe Angaben anzubringen, da der Kopf sonst zu umfangreich, zu schwer wird und zuviel Raum beansprucht. (Es ist übrigens eine Unsitte mancher Drucker, bei etwas umfangreichem Text für den Kopf, den Text vertikal zu stellen, so daß er nur lesbar ist, wenn der Benützer die Tabellen beständig dreht.) Am schönsten sehen Tabellen aus, die im Kopf nur Zahlen, etwa Jahreszahlen, Größenklassen u. dgl., enthalten. Das Internationale Statistische Jahrbuch, das englischen und französischen Text vereinigen muß, macht trotzdem deswegen einen so guten und nicht überladenen Eindruck, weil im Kopf fast nur Jahreszahlen stehen, in der Textspalte häufig nur Ländernamen, was alles eine Übersetzung nicht erfordert.

Wo ein umfangreich gegliederter Subjektbegriff sich mit nur bis drei oder vier Prädikatsbegriffen verbindet, wie häufig bei Stapeltabellen, hilft man sich dadurch, daß man die Tabelle zweispaltig macht, d. h. zwei Textspalten mit je zwei bis vier Zahlenkolonnen auf einer Seite unterbringt. Die Drucker haben die begreifliche Tendenz, weil sie nach Bogen bezahlt werden, auf einer Seite möglichst wenig Tabellenmaterial abzusetzen, die Tabellen also recht locker zu gestalten. Der Statistiker dagegen wird darauf sehen, auf einer Seite möglichst viel Material übersichtlich unterzubringen. Mit einem einzigen Blick kann man aus einer Tabellenanordnung ersehen, ob sie von einem Fachmann und Praktiker oder von einem Laien in statistischen Dingen gemacht worden ist. Laienhafte Tabellen sind locker und ungleichmäßig und enthalten sehr häufig leere Spalten.

Wie füllt man etwa vorhandenen leeren Raum in seinen Tabellen aus? Durch Summenspalten; z. B. man wird nicht nur eine Gliederung nach männlich und weiblich geben, sondern auch die Summe dieser Kategorien beifügen. Man wird Kolonnen mit Prozentzahlen und Verhältniszahlen anfügen, eventuell Kolonnen mit historischen Vergleichszahlen, man wird weitere Untergliederungen vornehmen, und wenn ihre erschöpfende Wiedergabe den übrigbleibenden Raum überschreiten würde, sich damit behelfen, daß man sich auf den Hauptfall der Unterkategorien beschränkt und schreibt: „Darunter soundso viele". Ist der Raum nicht in der Vertikalen, sondern in der Horizontalen nicht ausgenützt, so wird der Statistiker Zwischenzeilen in kleinerer Schrift (Nonpareille Kursiv) einfügen, z. B. bei der Altersgliederung der beruflich tätigen Bevölkerung angeben, wie viele von einer bestimmten Berufsart verheiratet sind, wie viele Ausländer, wie viele Fabrikarbeiter, Selbständige vorliegen. Handelt es sich am Schluß einer umfangreichen Durchgangstabelle um eine vorhandene halbe leere Seite, so wird er zweckmäßig die Berufsklassen in einer Rekapitulation bringen oder eine Zusammenfassung nach einem andern Gesichtspunkt als dem sonst dargestellten, z. B. in einer Tabelle der Unternehmungen nach gewissen Klassen und Fabrikationszweigen am Schluß die Unternehmungen, die nur aus einem einzigen Betrieb, die aus mehreren Betrieben gleicher Art oder verschiedener Art bestehen, anfügen.

Ist dagegen eine Tabelle überladen, so daß sie nicht gut auf das vorgeschriebene Format zu bringen ist, so kann er sich durch Weglassen von Summenspalten helfen oder dadurch, daß er gewisse Größenklassen zusammenzieht oder daß er ganz bestimmte Kategorien, die eine gesonderte Darstellung ermöglichen und interessant erscheinen lassen, heraushebt und in einer besondern Tabelle bringt, beispielsweise in einer Berufsstatistik die gewerblichen und kaufmännischen Lehrlinge oder die mithelfenden Familienmitglieder, nach Geschlecht gegliedert, besonders darstellt.

Das Unterbrechen einer Tabelle mitten auf der Seite, wenn etwa eine geographische Darstellung zu Ende geht, ohne Wiederholen des Kopfes nur durch einen breiten leeren Balken (mit Anführen der neuen geographischen Einheit) ist sehr gut möglich und kann oft Platz ersparen. Ebenso kann man sich dadurch helfen, daß man auf der rechten Seite einer doppelseitigen Tabelle die Textspalte, z. B. der Berufe, nur durch die Berufsnamen ersetzt, während es im allgemeinen sehr bequem ist, wenn sich die Textspalte auf der rechten Seite einer Doppeltabelle wiederholt. Übrigens sollte der Setzer durch etwas lockere Anordnung dafür sorgen, daß die Tabellen den Satzspiegel füllen. Der Leser ist nicht empfindlich für ein Ausspreizen der Zeilen. Er mißt ihren Abstand nicht nach.

Im allgemeinen sollte der Grundsatz zum Durchbruch kommen, daß nebeneinander jene Spalten zu stehen haben, die inhaltlich zusammengehören und die miteinander verglichen werden sollen. Das Überspringen von Spalten zum Zwecke des Vergleichs der vertikalen Spalten kostet sehr viel Mühe, namentlich dann, wenn die Vertikalspalten gleichen Inhalts nicht durch besondere, halbfette Linien oder Doppellinien deutlich abgegrenzt werden, oder wenn die zu vergleichenden Kolonnen nicht in einem abweichenden Schriftcharakter (z. B. Kursiv für die Prozentzahlen) abgesetzt sind.

Die folgenden

„Richtlinien auf dem Gebiete statistischer Darstellung"

sind vom Verband Schweizerischer Statistischer Ämter 1947 herausgegeben worden. Sie enthalten auch Regeln über das Runden von Zahlen in den Tabellen und Beispiele, die hier weggelassen wurden.

I. Begriffe

Eine statistische Tabelle besteht aus Kopf, Vorspalte, Spalten, Zeilen und Tabellenfächern.

Kopf heißt der Raum, der die Bezeichnung des Inhaltes der Spalten enthält.

Vorspalte heißt der Raum, der die Bezeichnung des Inhaltes der Zeilen enthält.

Spalte heißt der Raum, der eine senkrechte Zahlenreihe enthält.
Zeile heißt der Raum, der eine waagrechte Zahlenreihe enthält.
Tabellenfach heißt der Raum, der für die einzelne Zahl bestimmt ist.

II. Gestaltung der Tabellen

1. Allgemeines
    a) Jede Tabelle soll für sich verständlich sein, ohne daß der Text heran-
    gezogen werden muß, in den sie allenfalls eingebaut ist.
    b) Für statistische Veröffentlichungen sind die Normalformate zweck-
    mäßig und zu empfehlen.
    c) Gefaltete sowie liegende Tabellen und gestürzte Tabellenköpfe sind zu
    vermeiden; wo dies nicht möglich ist, soll ihre Anordnung so erfolgen,
    daß die Tabelle beim Lesen im Sinne des Uhrzeigers zu drehen ist.

2. Stoffgliederung, Anordnung von Reihen, Gruppen-
bildung
    a) Zeitliche Reihen (Jahre, Monate, Stunden) sollen in der Regel, mit dem
    ältesten Zeitpunkt beginnend, in der gewohnten Leserichtung von oben
    nach unten oder von links nach rechts angeordnet werden.
    b) Bei längeren Reihen sollen Gruppen von 5 oder 10 Zeilen gebildet
    werden, sofern nicht sachliche Gründe eine andere Gruppierung nahe-
    legen.
    c) Klassen, Gruppen oder Zeiträume sind, wenn irgend möglich, mit dem
    Grenzwert 1 beginnend und dem Grenzwert 5 oder 0 endigend, zu
    bilden, z. B. 1—5, 6—10, 11—20, 1001—1100 und 1901—1910. Die
    Grenzwerte gelten als eingeschlossen.
    d) Für die Abgrenzung von Altersklassen sind die vollendeten Alters-
    jahre und nicht die laufenden Lebensjahre zu wählen. Die Zusammen-
    fassung in Altersklassen oder in Gruppen von Altersklassen soll sich
    im allgemeinen nach dem Zweck der Darstellung richten; doch bildet
    die Gliederung in 5jährige Altersklassen die Regel, also: unter 1 Jahr
    (nicht 0—1), 1—4, 5—9, 10—14, 15—19, ... 75—79, 80 und mehr.

3. Bezeichnung von Zeiträumen
    a) Zeiträume, die mehrere aufeinanderfolgende gleichartige Zeiteinheiten
    umfassen, werden durch Anfangs- und Endzeitpunkt, die durch einen
    Bindestrich (—) zu verbinden sind, gekennzeichnet.
    b) Handelt es sich um Durchschnittswerte, so sind die beiden Zeitpunkte
    durch einen Schrägstrich (/) zu trennen.
    c) Wird ein Zeitraum mit Jahreszahlen bezeichnet, so kann beim Endzeit-
    punkt im allgemeinen die Jahrhundertzahl weggelassen werden, z. B.
    1896/00, 1901—10.

4. Titel, Numerierung und Wiederholung
    a) Jede Tabelle soll einen Titel haben. Bei Veröffentlichungen, die eine
    größere Anzahl von Tabellen enthalten, empfiehlt es sich, die einzelnen
    Tabellen zu numerieren.
    b) Im allgemeinen soll im Tabellentitel die Aufeinanderfolge der Sach-
    kategorien mit jener von Vorspalte und Tabellenkopf übereinstimmen.
    Der Titel soll die Zeit, auf den sich der Inhalt der Tabelle bezieht,
    angeben.

c) Hat eine Tabelle eine größere Zahl von Spalten, so empfiehlt es sich, diese zu numerieren.

d) Bei doppelseitigen Tabellen soll der Text der Vorspalte auf der zweiten Seite am rechten Rand wiederholt werden. Wo dies nicht möglich ist, sollen die einzelnen Tabellenzeilen bezeichnet und die Bezeichnungen am rechten Rand wiederholt werden.

e) Bei mehrseitigen Tabellen ist der Titel auf jeder Seite oder Doppelseite anzubringen.

f) Wenn in einer Tabelle senkrecht und waagrecht summiert wird, so ist die Summe der senkrechten Addition in der Vorspalte anders zu bezeichnen als die Summe der waagrechten Addition im Kopf, z. B. die eine mit „Total" oder „Insgesamt" und die andere mit „Zusammen".

g) Fußnoten zu Tabellen sollen so angebracht werden, daß ein Umblättern beim Lesen vermieden werden kann.

III. Ausfüllen der Tabellen

1. Allgemeines

a) Der Kopf der Vorspalte soll ausgefüllt sein. In jedem Tabellenfach soll eine Zahl oder ein Zeichen stehen.

b) Absolute Zahlen und Verhältniszahlen sind in der Regel in besonderen Teilen der Tabelle aufzuführen.

c) In kleinen und mittelgroßen Tabellen mit Summenangaben sind die Endsummen in der Regel zu äußerst rechts und zu unterst, in mehrseitigen statistischen Zusammenstellungen hingegen außen links und oben einzutragen.

d) Werden außer dem Gesamttotal Teilergebnisse aufgeführt, so soll deren Summe das Gesamttotal ergeben; wo dies nicht der Fall ist, ist der Grund anzugeben.

2. Verwendung von Zeichen

Es ist zu setzen:

a) Eine N u l l (0, 0,0 usw.) für eine Größe, die kleiner ist als die Hälfte der verwendeten Zähleinheit;
ein S t r i c h (—), wenn nichts vorkommt (kein Fall, kein Betrag usw.);
ein S t e r n (*), wenn die Zahl nicht bekannt oder nicht erhoben worden ist;
Ein P u n k t (.), wenn eine Eintragung aus logischen Gründen nicht möglich ist.

b) Eine hochgestellte kleine Zahl (^{1}), ^{2}) usw.) dient als Hinweis auf eine Fußnote.

c) In statistischen Publikationen sollen im Anschluß an das Inhaltsverzeichnis die verwendeten Zeichen und Abkürzungen erklärt werden.

3. Differenzangaben

a) Für Angaben, welche eine Differenz bedeuten, sind die Bezeichnungen so zu wählen, daß Überschüsse, Gewinne, Zunahmen usw. als positive Zahlen erscheinen; z. B. Geburtenüberschuß, Reingewinn, Gesamtzunahme.

b) In der Regel ist nur das Minuszeichen zu setzen.

3. Rechenhilfen, Kontrollmethoden

Einfache Behelfe. Was die meisten von der eigentlichen statistischen Tätigkeit abschreckt, ist die Notwendigkeit des Rechnens. Rechnen ermüdet, Rechnen ist eine mechanische, eine lästige Arbeit. Rechnen erfordert Zeit. Und die Zeit, die vergeht, bis man das Ergebnis in Händen hält, läßt viele auf dieses Ergebnis verzichten.

Die modernen Rechenbehelfe nehmen die Bürde des Rechnens fast völlig auf sich, und sie arbeiten mit einer wunderbaren Schnelligkeit. Nicht alle sind kostspielig und lärmend. Die schwierigsten Rechnungen lassen sich mit den bescheidensten Mitteln durchführen, man weiß das nur nicht. Ein russisches Rechenbrett für das Addieren, ein Rechenschieber für Multiplizieren, Dividieren und Potenzieren, eine der überaus handlichen fünfstelligen Logarithmentafeln, endlich die Pearsonschen Tafeln für Statistiker und Biologen bilden die bescheidenen und geräuschlosen Diener, die man zum Umgang mit Zahlen nötig hat und die in den meisten Fällen hierzu ausreichen.

Das Rechenbrett. Das heute noch in Rußland verbreitete Rechenbrett ist nichts anderes als der etwas veränderte abacus der Antike, der für die damaligen Gelehrten das war, was drei Jahrhunderte lang bis zur Konstruktion guter Vierspezies-Maschinen die Logarithmentafel gewesen ist, die den Rechenprozeß und damit die Leistungsfähigkeit der geistigen Arbeit vergoppelt hat, und was heute die Ausnützung der Lochkartenmaschine und die Elektronen-Rechenmaschine zu werden verspricht: ein wissenschaftliches Instrument.

Es sieht ähnlich aus wie der Zählrahmen für ABC-Schützen und besteht aus neun Reihen abgeplatteter Kugeln, die auf Drähten äußerst leicht hin- und hergeschoben werden können. Je zehn, durch zwei schwarze in der Mitte getrennt, befinden sich auf einem Draht. Geübte Rechner auf diesem einfachen und billigen Gerät schlagen geübte Rechner auf jeder großen, elektrisch betriebenen Additionsmaschine, auch was die Fehlerlosigkeit betrifft, wie ich persönlich bei Rußlandschweizern feststellen konnte. Man kann auf diesem Rechenbehelf bis auf 9 Milliarden addieren[1]) und ebenso leicht subtrahieren. Es handelt sich dabei um ein körperhaftes anschauliches Greifen der Beträge, so daß die Gefahr des Vertippens wie bei den Additionsmaschinen, wo jede Taste gleich aussieht bis auf die eingravierte Zahl, die der geübte Rechner nicht ansieht, ausgeschlossen ist. Jeder

---

[1]) Die unterste Zeile bedeutet die Einer, die zweite die Zehner usw.

Zwischenwert kann abgelesen werden. Die Addenden brauchen daher nicht untereinander zu stehen. Eine Hand bleibt frei zum Nachfahren mit dem Zeigefinger, so daß das häufige Übergehen eines Postens nicht vorkommt. Nullen sind nicht zu berücksichtigen. Nach eigenen Versuchen gewinnt man durch wenige Tage Übung die Fähigkeit, ohne Ermüdungserscheinungen wie beim Kopfrechnen ebenso rasch, wenn nicht rascher, und jedenfalls weit sicherer zu addieren und zu subtrahieren. Multiplizieren und Dividieren ist schwieriger zu erlernen. — Viel gebraucht, aber längst nicht so leistungsfähig sind die R e c h e n p l a t t e n, wobei durch Einstechen mit einem Metallstift und Herunterziehen eines Stäbchens die Additionen vorgenommen werden[1]).

Der l o g a r i t h m i s c h e S c h i e b e r. Der Rechenschieber ist ein großer Wohltäter der Menschheit. Es ist daher nicht erstaunlich, daß er den meisten fremd ist. Die Techniker brauchen ihn unausgesetzt, aber die unzähligen andern Menschen, die mit Zahlen zu tun haben, kennen ihn kaum dem Namen nach. Die Statistiker sind seinem Gebrauch vielfach durchaus abgeneigt, und doch hätten sie gerade am meisten Anlaß, sich seiner zu bedienen, weil er stets bei der Hand ist und unmittelbar das Berechnen von Verhältniszahlen und Prozentzahlen, die zum Deuten der absoluten Zahlen die erste Voraussetzung sind, in Bruchteilen von Minuten gestattet. Er ist unübertrefflich zum Berechnen dieser Zahlen. Kein anderes Hilfsmittel kann hier mit ihm konkurrieren. Er bietet sehr rasche Kontrollmöglichkeiten aller Multiplikationen und Divisionen. Er erzieht zum Werten und richtigen Einschätzen der Zahlen. Er nimmt keinen Platz weg wie eine Maschine. Er arbeitet geräuschlos, braucht keinen Strom. Er ist billig. Er kostet nur ein Hundertstel des Betrages der billigsten Rechenmaschine.

Was wird gegen ihn ausgesagt? Er sei nicht genau. — Aber Genauigkeit ist bei Berechnen von Prozentzahlen eher ein Laster als eine Tugend. Er gebe die Stellenzahl nicht an. — Aber sie läßt sich spielend leicht nach einfachen Regeln bestimmen. Sein Gebrauch erfordere Übung, sonst mache man Fehler. — Aber man glaube nicht, daß man mit Maschinen ohne Übung fehlerfrei rechnen kann. Die Fehler beim Rechenschieber kommen nur deshalb zustande, weil von Anfang an die richtige Anleitung oft fehlt. Man muß sich über seine Prinzipien erst klar sein, bevor man ihn gebraucht.

---

[1]) Die schreibenden Additionsmaschinen liefern Belege, aber ihr Nachlesen ermüdet und bietet keine Gewähr für die Richtigkeit.

Er besteht aus zwei logarithmisch geteilten Stäben, die aneinandergefügt werden, um zu multiplizieren. Was heißt das, logarithmisch geteilte Stäbe? Das Wort Logarithmen allein jagt mathematisch nichtgeschulten Leuten einen Schrecken ein. Doch ist ihr Prinzip überaus einfach.

Man ist übereingekommen, die Multiplikation von $2 \times 2 \times 2$ abgekürzt zu schreiben: 2^3; wird 2 viermal mit sich selbst multipliziert, so schreibt man abgekürzt 2^4. Will man 2^3 und 2^4 miteinander multiplizieren, so erhält man das Resultat höchst einfach, indem man die beiden hochgestellten Ziffern addiert: $2^4 \times 2^3 = 2^7$. Dadurch wird der mühsame Multiplikationsvorgang in einen Additionsvorgang überführt, und darin liegt der Vorteil der Logarithmen. Die gebräuchlichen Logarithmen sind Potenzen von 10; 10^2 ist 100, 10^3 ist 1000. Die hochgestellten Zahlen 2 und 3 sind die Logarithmen, die man einfach addieren muß, wenn man 100 mit 1000 multiplizieren will. Das Resultat ist 10^5 oder 100 000. Will man keine runden Zahlen multiplizieren, z. B. 572,4 mit 174,7, so sucht man den Logarithmus für 174,7 auf, der zwischen 2 und 3 liegt. Er ist, wie man jeder Logarithmentafel entnehmen kann, gleich ^{2,4229}. Die Zahl 572,4 können wir ebenfalls als Potenz von 10 ausdrücken und schreiben: $10^{2,7577}$. Um diese beiden Zahlen 174,7 mit 572,4 zu multiplizieren, brauchen wir also bloß die hochgestellten Zahlen, die Logarithmen, zu addieren, was 5 ergibt. Also ist 10^5 oder 100 000 das Ergebnis der obigen Multiplikation[1]).

Mit dem logarithmisch geteilten Schieber gestaltet sich das Arbeiten viel einfacher, da hier die Logarithmen der Zahlen nicht erst in einer Tafel aufgesucht werden müssen, sondern direkt ablesbar sind.

Die logarithmisch geteilten Stäbe werden zusammengefügt und die darauf bezeichneten Längen dadurch addiert. Es erscheint aber als Ergebnis ihr Produkt: Setzt man die logarithmische Länge der 2 über die der 3 auf, so erhält man auf der Skala das Produkt 6.

Man wähle, wenigstens zu Anfang, zum Üben einen N o r m a l - schieber von 25 cm Länge mit nur zwei einfachen Teilungen und

---

[1]) Es ist üblich und sehr praktisch, große Zahlen als Multiplikation von Potenzen von 10 zu schreiben, z. B. 3 186 000 000 wird geschrieben 3,186.10^9 (3,186 Md; die Amerikaner sagen billions für Milliarden). Die Multiplikation oder Division mit großen Zahlen gestaltet sich dann äußerst einfach. Z. B. für obige Zahl dividiert durch 2000 (oder 2.10^3) ergibt 3,186 : 2, mal 10^{9-3}.

ohne Marken. Wenn man auf diesem das Ablesen nur während einer halben Stunde systematisch übt, wird man bereits sicher damit rechnen, obwohl alle möglichen Raffinements: größere Genauigkeit durch Ausmultiplizieren der letzten Stellen im Kopf usw. möglich sind und an den Technischen Hochschulen gelehrt werden.

Alle Aufgaben löse man zunächst mit e i n f a c h e n   g a n z e n   Z a h l e n, z. B. 2 × 3; 9 : 3, da hierbei die Richtigkeit der Ablesungen ohne weiteres kontrolliert werden kann. Dann erst gehe man zu ähnlichen Rechnungen mit Werten nach dem Komma über, wie 2,1 × 3,3 und 2,15 × 3,37. Die größten Schwierigkeiten machen im Anfang die Zwischenteilungen, die zwischen 1 und 2 eine andere Breite haben als zwischen 8 und 9.

Das Ergebnis von 6 × 7 fällt beim Normalschieber aus der unteren Teilung heraus, beim japanischen Bambusrechenschieber Hemmi, der auch sonst viele Vorteile hat, erscheint es auf der oberen Skala. – Die sogenannten Präzisionsschieber haben eine doppelt so umfangreiche Teilung wie die gewöhnlichen Schieber, ohne die doppelte Länge aufzuweisen. Das Ablesen ist aber schwieriger, sie sind deshalb erst bei größerer Übung zu empfehlen.

Eine P r o z e n t z a h l erhält man, indem man die kleinere Zahl durch die größere dividiert, d. h. die kleinere auf dem Stab aufsucht, die größere auf der Zunge darunter schiebt und bei 1 oder 10 der Zunge das Ergebnis auf dem Stab abliest. Eine Z u n a h m e   i n   P r o z e n t e n wird berechnet, indem man die größere Zahl auf dem Stab aufsucht, die kleinere auf der Zunge darunter einstellt und bei 1 der Zunge das Ergebnis auf dem Stab abliest, wobei noch 100 abzuziehen ist.

G l i e d e r u n g s z a h l e n, eine Verteilungstafel, kann man dadurch erhalten, daß man nur einmal auf die G e s a m t z a h l einstellt und dann alle gewünschten Teilzahlen ohne weitere Verschiebungen herunterliest: Unter der Zahl 10 des Stabes wird die G e s a m t - z a h l auf der Zunge eingestellt, dann jede einzelne Gliederungszahl auf der Zunge aufgesucht und darunter an der Stabeinteilung als Prozentzahl abgelesen.

Das Q u a d r a t einer Zahl wird gefunden, indem man den Haarstrich des Läufers auf die Zahl, die man quadrieren will, auf die untere Skala des Stabes einstellt und auf der oberen Skala des Stabes abliest. Beim Qudratwurzelziehen verfährt man umgekehrt (16 z. B. muß man auf der r e c h t e n oberen Skala einstellen, 1.6 auf der linken).

Die Rechenwalze. Das Bedürfnis nach noch weitergehender Genauigkeit hat zur Anfertigung von Walzen geführt, auf denen die logarithmische Teilung angebracht ist. Diese Walzen sind außerordentlich bequem für Promilleberechnungen, bei denen man drei Zahlen sicher und eine für das Aufrunden einigermaßen genau erhalten muß. Die Skala von 6 m Länge, die auf einer kleinen, sehr handlichen Walze untergebracht ist, gibt dreistellige Zahlen absolut sicher an. Eine Walze mit 25 m Skalenlänge, die 58 cm lang und 16 cm dick ist, ermöglicht eine Genauigkeit von vier Stellen auch bei den Neunerziffern (also 9,111). Es gibt noch größere Walzen, mit denen man die Genauigkeit fünfstelliger Logarithmentafeln erreichen kann. Doch sind sie unbequem zu bedienen, weil sie zuviel verwirrende Unterteilungen und eine nicht sehr klare Bezifferung aufweisen. Die niedern Werte zwischen 1 und 3 sind dermaßen auseinandergezogen, daß das Aufsuchen und Ablesen erschwert ist. Der große Vorteil der Walze besteht darin, daß sie nicht einen Läufer, sondern eine gitterartige Hülse besitzt, die das genaue Einstellen zweier Zahlen übereinander außerordentlich erleichtert. (Die kleinen, auf der Hülse aufgesetzten Zelluloidläufer verschieben sich leicht und sind nicht sehr praktisch.) Wegen des Wegfalls des Läufers ist das Arbeiten mit der Walze ein etwas andersartiges als mit dem Schieber. Als Regel gilt, daß stets mit der Zahl 10 auf der Walze operiert wird. Beim Multiplizieren stelle man jenen Faktor, der gerade auf der Hülse in der Nähe zu finden ist, über die Zahl 10 der Walze. Man suche hierauf auf der Walze den andern Faktor und lese auf der Hülse das Produkt ab. Beim Dividieren stelle man z. B. für die Division 60 : 12 die Zahl 12 der Hülse auf die Zahl 10 der Walze, suche auf der Hülse die Zahl 60 auf und lese auf der Walze das Ergebnis (5) ab. Bei Berechnung von Gliederungszahlen stelle man die größere Zahl, die gleich 1000 zu setzen ist, auf der Hülse über die Zahl 10 der Walze und suche auf der Hülse die Zahlen auf, für die man die Promillezahlen sucht und die man auf der Walze ohne eine einzige weitere Verschiebung ablesen kann.

Tafeln. Von den unzähligen existierenden Tafeln kommen für den praktischen Statistiker nur wenige in Betracht. Multiplikationstafeln benützt er selten[1]), dagegen sind die Tafeln der Potenzen zum Messen der Reihen sehr bequem (s. folgendes Kapitel). Un-

---

[1]) Neuerdings gibt es solche, die in Kartothekform angeordnet sind und sich besonders für gleichartige Rechnungen sehr bewähren.

entbehrlich zum Berechnen von geometrischen Mitteln, zum Ausrechnen von Formeln, zum Potenzieren und Wurzelziehen, soweit dies nicht der Rechenschieber mit genügender Genauigkeit besorgt, zur Berechnung von binomialen Verteilungen usw. sind die Tafeln der Briggschen Logarithmen (es genügen für die meisten Zwecke die handlichen fünfstelligen vollkommen).

Genaue Anleitungen zum Benützen der Logarithmentafeln sind ihnen stets beigegeben. Es ist sehr zweckmäßig, einige der angeführten Beispiele gleich mitzurechnen, dann ist man imstande, diese praktischen Tafeln sofort zu verwenden.

Die Sammlung der Pearsonschen „Tafeln für Statistiker und Biologen" in zwei Bänden, von denen der erste, billigere, für die meisten Zwecke genügen wird, ist in überaus vielseitiger Weise verwendbar, wie die wertvolle Sammlung von Beispielen, die den Tafeln vorausgehen, beweist. Viele „Rezepte" zu ihrer weiteren Anwendung enthält das Buch von Fisher „Statistical Methods", das als Anhang übrigens wertvolle Tafeln abdruckt. Einige Anwendungen dieser Tafeln werden im folgenden Abschnitt erläutert.

Das Herstellen von g r a p h i s c h e n T a f e l n, die man sich meist selbst anfertigt, ist zu einem besonderen Zweig ausgebildet worden (s. Pirani: Graphische Darstellungen in Wissenschaft und Technik, Sammlung Göschen) und wird steigende Bedeutung auch für die Statistik gewinnen.

D a s V e r m e i d e n v o n F e h l e r n. Das Publikum hält die Statistiker für vollkommen. Es kann nicht begreifen, daß ihnen Fehler unterlaufen. Dabei ist nichts selbstverständlicher, als daß in einem größern Tabellenwerk Fehler vorkommen. Es kann die Walze der Druckmaschine eine einzelne Zahl, die sich während des Druckes gelockert hat, herausheben und fallen lassen, ohne daß der Drucker dies bemerkt, weil er während des Druckganges die Zahlen naturgemäß nicht neu durchsehen kann. Im gewöhnlichen Satzbild würde es ihm auffallen, wenn einzelne Buchstaben fehlen. In einer Tabelle kann er das gar nicht bemerken. Weitaus die größere Zahl von Fehlern in statistischen Werken sind allerdings keine Druck- und wohl auch keine Satzfehler, sondern solche, die sich schon im Manuskript finden. Die schweizerische Volkszählung von 1920 enthielt auf 3200 Seiten im ganzen ungefähr 5 Millionen Zahlen. Es müßte merkwürdig zugehen, wenn bei der Zusammentragung eines so riesigen Materials nicht Fehler passieren würden.

Immerhin sollte jeder, der mit Zahlen zu tun hat, sich zur strengsten Regel machen, alles, was möglich ist, vorzukehren, um Fehler zu vermeiden. Das Bedenkliche ist, daß viele Fehler die Neigung haben, gerade dort zu erscheinen, wo sie am gefährlichsten sind, nicht in den Einerstellen, sondern in den Tausender- und Hunderttausenderstellen.

Veranlassungen der Fehler. Die Gründe für die Entstehung statistischer Fehler können sehr mannigfaltiger Art sein. Von den Erhebungsfehlern soll nicht gesprochen werden. Eine der Hauptursachen bildet die unlogische Art der deutschen Sprache, die Zahlen bisweilen umzudrehen, z. B. nicht neunzigzwei zu sagen, sondern zweiundneunzig. Fast alle Fehler in Tabellenwerken gehen auf diese unbewußte Umstellungsneigung zurück. Man kann diesem unglückseligen Sprachgebrauch nicht anders begegnen als dadurch, daß man sich beim Abschreiben von Ziffern zur Regel macht, die Zahlen hintereinander zu lesen, so wie sie niedergeschrieben werden, z. B. 43 026 nicht dreiundvierzigtausend und sechsundzwanzig, sondern: vier drei — Pause, null zwei sechs. Mit einem Punkt sollten die Tausender und die Hunderter stets voneinander unterschieden werden [1]).

Eine zweite ständige Fehlerquelle sind Änderungen der Reihenfolge oder Umstellungen bei der Abschrift von Tabellen oder von Zählkarten. Alle Aufarbeitungstabellen und möglichst auch die Drucktabellen sollten so angelegt werden, daß die Eintragungen genau in derselben Reihenfolge, wie sie auf dem abzuschreibenden Schriftstück abgelesen werden, gemacht werden müssen.

Häufig entstehen auch Fehler durch Eintragen in falsche Vertikalkolonnen oder falsche Horizontalen, namentlich dann, wenn die Arbeitstabellen sehr umfangreich sind und daher die Eintragungen in weiter Entfernung vom Auge erfolgen müssen. Sehr zweckmäßig ist auf den Aufarbeitungstabellen ein weiter Abstand nach jeder fünften Horizontalzeile und eine kräftigere Vertikallinie nach jeder fünften Kolonne, wenn nicht ohnedies durch irgendwelche

---

[1]) Im Druck wird der Punkt in deutschen Werken meist durch einen größeren Abstand, in englischen durch ein Komma oder Apostroph ersetzt. In englischen Büchern wird die Dezimalstelle nicht durch ein Komma, sondern durch einen Punkt abgetrennt. Nullen vor dem Punkt werden weggelassen. z. B. 0,73 wird geschrieben .73.

sachliche Einteilung der Kolonnen ein verschiedenartiges Gruppierungsbild entstanden ist, an das sich der Arbeitende in der Regel sehr rasch gewöhnt.

Natürlich ist eine u n d e u t l i c h e H a n d s c h r i f t Anlaß zu manchen Fehlern, namentlich aber die verhängnisvolle Neigung, unrichtige Eintragungen auszuradieren, damit die Tabellen schön ausschauen, oder mit dicker Schrift eine neue Zahl über eine alte zu setzen. Manchmal verursacht die Verwendung einer eingedickten roten oder schwarzen Tinte oder saugendes Papier, wenn die darauf geschriebenen Ziffern mit feuchter Hand berührt werden, solche Unklarheiten. Endlich sind hastige und wiederholte Korrekturen auf Druckbogen oft der Anlaß, daß sich sehr ärgerliche Fehler im letzten Augenblick in ein statistisches Druckwerk einschmuggeln. Beim Setzen mit Zeilengußsetzmaschine wird bei jeder Korrektur ein Teil der ganzen Zeile neu gesetzt, dadurch entstehen oft neue Fehler beim Berichtigen der alten, werden aber übersehen, weil nur die Durchführung der Korrektur geprüft wird.

V o r b e u g e n i s t l e i c h t e r a l s H e i l e n. Um den eben erwähnten Gefahren auszuweichen, sollte man darauf schauen, daß beim Eintragen und Kontrollieren mit einem Lineal gearbeitet wird, um nicht in eine falsche Horizontale zu geraten, ferner daß bei Additionen und auch beim Abschreiben alle diejenigen Linien, die nicht bearbeitet werden, mit weißem Papier oder besser noch mit farbigen Pappstreifen bedeckt werden. Sehr gut eignen sich auch durchsichtige Zelluloidstreifen zu diesem Zweck. Eiserne Lineale werden auch dazu verwendet, sie haben den Vorteil, die Blätter am Rutschen zu verhindern. Auch ist es oft praktisch, aus Kartonstreifen Einkerbungen auszuschneiden, die den Abstand jener Spalten haben, welche in irgendeine Beziehung zueinander gesetzt werden müssen, z. B. wenn man die weiblichen Selbständigen, Angestellten und Arbeiter aus einer Tabelle mit den Angaben für jedes der beiden Geschlechter zu der Gesamtheit der weiblichen Beschäftigten zusammenziehen will.

Ungemein wichtig ist, daß auf jeder Tabelle rechts oben ein Vordruck sich findet, in den der Bearbeiter sowie der Kontrolleur sich einzutragen hat und eventuell auch das Datum der Bearbeitung sowie das der Kontrolle verzeichnet wird. Diese kleine Vorschrift schärft das Verantwortungsgefühl des Bearbeiters und des Kontrollierenden außerordentlich. Unbedingt sollte man auch Quer- und

Längsadditionen der einzelnen Tabellen vornehmen lassen, die ein vorzügliches Kontrollmittel der Richtigkeit der Eintragungen bilden.

Kontrollsysteme. Eine stichprobenweise Kontrolle nützt gar nichts, weil es ein merkwürdiger Zufall sein müßte, wenn sie gerade einmal auf einen Fehler treffen würde. Denn die weitaus größte Zahl der Eintragungen wird in der Regel richtig sein. Aus diesem Grunde pflegt man das Material, das zu übertragen ist — sei es von der Originalzählkarte auf eine Lochkarte, sei es von einer Liste auf ein Zählblättchen, sei es von einer Aufarbeitungstabelle auf eine Konzentrationstabelle oder vom Manuskript auf die Drucktabelle (Bürstenabzug) —, zu l e s e n, d. h. man vergleicht die Eintragungen. Hierbei kann man die Erfahrung machen, daß sehr viele von den statistischen Hilfskräften bei dieser ungemein eintönigen und eine konzentrierte Aufmerksamkeit erfordernden Arbeit ermüden und versagen. Wenn zwei zusammen diese Arbeit vornehmen, wird sie gewöhnlich zuverlässiger ausgeführt. Man darf sich jedoch nicht darüber täuschen, daß dies ein verschwenderisches Verfahren ist, weil es zwei Personen beschäftigt. Diese behaupten allerdings, es gehe rascher, als wenn jede für sich allein kontrolliert. Dabei übersehen sie, daß sie natürlich zu zweit wohl etwas mehr, aber nicht mehr als das Doppelte von dem fertigbringen, was jeder für sich allein leisten würde. Wenn irgend tunlich, sollte man dieses einfache „Lesen" durch ein besseres Kontrollsystem ersetzen, wie es z. B. überall dort möglich ist, wo dieselbe Aufsummierungsarbeit in anderer Weise und in anderer Form nochmals erfolgt, so daß man dann gruppenweise oder für das Total die Gesamtzahl bloß nebeneinanderzuhalten hat. Wo aber das Lesen nicht zu umgehen ist, da sollte man einzelne Stunden- oder Tagesleistungen unbedingt von Zeit zu Zeit durch ganz zuverlässige Kräfte nochmals nachprüfen lassen, um festzustellen, ob überhaupt eine Kontrolle, ein Nachlesen erfolgt ist oder nicht. Erst wenn das Personal, das mit dem Lesen beschäftigt ist, dies weiß, wird es seiner Tätigkeit etwas mehr Aufmerksamkeit zuwenden.

Besonders schwierig und ermüdend ist das Ablesen von Lochungen auf Hollerith- oder Powerskarten zum Zwecke des Vergleichs mit der Originaleintragung. Hierbei muß das Auge für jede einzelne Zahl einen Weg von 8 cm in vertikaler Richtung durchlaufen. Hier hat eine neue Maschine sehr praktisch eingegriffen, die automatisch die Lochungen der Hollerithkarte in Schreibmaschinenschrift auf ihren obern Rand abdruckt. Neuerdings werden Hollerithkarten verwendet, die bereits den Zähler bei der Aufnahme der Daten für die Lochung signiert, und zwar mit einem dicken Bleistiftstrich an der vorgesehenen Stelle, wodurch ein elektrischer Kontakt ausgelöst wird, wenn die Karte die Maschine passiert. Dabei werden Lochkarten ohne weitere menschliche Arbeit angefertigt.

Eines der Hauptprinzipien bei allen Kontrollen ist, möglichst die Zwischenglieder, Zwischentabellen u. dgl. auszuschalten und das Anfangs- direkt mit dem Endprodukt zu vergleichen, ferner sorgfältig auf die Übereinstimmung der Hauptsummen und der Untersummen zu achten. Endlich sollte man sich daran gewöhnen, die wichtigsten Zahlen überschlagsweise, nur in Tausendern oder in Millionen, im Kopf zusammenzurechnen und miteinander zu vergleichen.

Die Jagd auf Fehler. Am ergiebigsten ist sie bei sorgfältigem Vergleich mit den Ergebnissen früherer Erhebungen ähnlicher Art. Z. B. bei Volkszählungen der Vergleich der Einwohnerzahlen mit jenen der letzten Erhebung. Sie sollte sich jedoch nicht nur auf Gruppentotale, etwa die Summen der Bezirke oder der Kantone, erstrecken, sondern unbedingt auch auf die Einzelangaben, die Gemeinde-Einwohnerzahlen, zurückgreifen. Auf diese Art wurden bei den schweizerischen Volkszählungen höchst störende Umstellungen von Gemeinderesultaten im letzten Augenblick entdeckt, obwohl die geprüften Summen keinerlei Unstimmigkeiten aufwiesen.

Alle bedeutenderen Abweichungen, alle starken Zunahmen oder Abnahmen bei einem solchen historischen Vergleich sind an sich natürlich noch nicht verdächtig. Doch müßten sie plausibel sein. Dadurch werden freilich nur die Fehler, die von der bisherigen Statistik stark abweichen, entdeckt. Bleiben die Fehler aber klein, innerhalb des Wahrscheinlichen, so entgehen sie dieser Kontrolle. – Gerade die sich gegenseitig aufhebenden Fehler sind die gefährlichsten, weil sie sich am schlechtesten entdecken lassen.

Bei einem umfangreichen Tabellenwerk, das eine Reihe von Gliederungs- und Stapeltabellen enthält, ist die Kontrolle deswegen verhältnismäßig vereinfacht, weil jede Tabelle in ihrer Hauptsumme zu der „heiligen Zahl" zur Totalzahl führen muß, z. B. bei einer Volkszählung zu der durch Bundesbeschluß festgelegten Wohnbevölkerungszahl der Schweiz. Diese Zahl setzt sich aus den ebenfalls sanktionierten Totalzahlen jeder einzelnen Gemeinde zusammen. Die Kontrolle z. B. bei der Bearbeitung der Lochkarten besteht nun darin, daß zunächst die Karten der Gemeinden nach Geschlecht zerlegt und die so erhaltene Summe der beiden Geschlechter mit der sanktionierten Gemeindezahl verglichen wird, bevor jede weitere Ausgliederung beginnt.

Trotz dieser sehr einfachen Regel macht man immer wieder bei der Veröffentlichung der Tabellen die unliebsame Entdeckung, daß die Summenzahlen der verschiedenen Texttabellen und andern Tabellen kleine Differenzen aufweisen, die von gelegentlichen Berichtigungen oder von Auslassungen herrühren. Der Leiter einer statistischen Arbeit sollte sich nicht entgehen lassen, persönlich diese Summen im Text und in den gedruckten Haupttabellen auf ihre Übereinstimmung hin zu prüfen. Diese kleine Arbeit lohnt sich reichlich.

Eine kritische Einstellung gegen das eigene statistische Werk ist unbedingt nötig, wenn es nicht mit groben Fehlern behaftet die Presse verlassen soll. Besonders ist auch auf die richtige Legende bei graphischen Darstellungen zu achten, die vom Setzer und Zeichner nur zu leicht vertauscht wird.

Man findet den Ort des einzelnen Fehlers am leichtesten, indem man zunächst einmal die Differenz gegenüber anderen Zusammenstellungen feststellt. Handelt es sich um einen Fehler in der Tausenderspalte, so ist es zwecklos, die Additionen bei den Einer-, Zehner- und Hunderterspalten nachzuprüfen. Durch Einengen des Feldes wie bei einer Treibjagd kommt man in der Regel sehr rasch auf die fehlerhafte Stelle, indem man bei den Untergruppen oder bei den Übertragungssummen zunächst die Richtigkeit festzustellen trachtet.

Gewöhnlich finden sich die Fehler in einer schwach besetzten Partie der Tabellen, weil hier am häufigsten Verschiebungen in andere Kolonnen vorkommen. Auch sind die Stellen mit Korrekturen verdächtig. Man verbiete aufs bestimmteste das Ausradieren oder unkenntliche Korrigieren durch Übermalen. Die ursprüngliche, gestrichene Zahl muß stets lesbar bleiben. Alle Zwischentabellen und Hilfsblätter mit Rechnungen sind sorgfältig aufzubewahren und ihre Zugehörigkeit mit Datum, Bearbeiter und Tabellentitel deutlich zu bezeichnen. Nachträgliche Korrekturen, sogenanntes Frisieren der Tabellen, Beseitigen unwahrscheinlicher Einzelfälle führt leicht zu Unstimmigkeiten in andern Tabellen und zu jenen ärgerlichen Differenzen, deren Klärung oft so viel Zeit erfordert.

VII. Das Messen der Zahlen

1. Das Messen von Einzelzahlen und von Zahlenunterschieden

Verdrießliches und vergnügliches Rechnen. Der Inhalt des hier beginnenden Kapitels ist notwendig verdrießlicher Art. Es strotzt von Zahlen. Wer sich die Methode des Messens der Zahlen zu eigen machen will, muß selbst den Bleistift zur Hand nehmen und zumindest die wenigen Hauptbeispiele selber nachrechnen — sonst wird er sie sich nie einprägen und die Methode nie anwenden können, weil mit ihren Besonderheiten nur das eigene Rechnen vertraut macht. Vor dem Rechnen aber haben viele eine unüberwindliche Scheu. Das kommt davon her, daß sie die Hilfsmittel nicht kennen oder nicht anwenden, die das Rechnen zu einer spielend leichten Arbeit machen. Im Rechenschieber besitzen wir ein handliches, überaus vielseitiges Instrument, mit dem man z. B. Prozentzahlen rascher berechnen kann, als sich die Ergebnisse aufschreiben lassen. Multiplizieren, Potenzieren und Wurzelziehen kann man mit ihm mit der gleichen Leichtigkeit und in den meisten Fällen mit völlig ausreichender Genauigkeit. Wer noch die „Tables for statisticians" von Karl Pearson (herausgegeben vom University College, London), zumindest den billigen ersten Band und eine 5 stellige Logarithmentafel sein eigen nennt, ist vollständig ausgerüstet, um Verhältniszahlen zu berechnen und statistische Zahlenreihen auf ihre Zufallsnatur zu überprüfen.

Unter den zahllosen Methoden wurden hier die einfachsten ausgesucht. Sie erfordern bei Reihen von normalem Umfang nicht länger als etwa eine Viertelstunde Arbeit. Ihre Anwendung auf seinem besondern Interessengebiet wird dem Leser nur Vergnügen bereiten.

Warum Zahlen messen? Sind sie nicht schon selber Größen? Und Größen sind ja bereits in einer Einheit ausgedrückt. Dennoch ist das Messen von statistischen Größen eine ständige und sehr geläufige Tätigkeit nicht nur des Statistikers, sondern namentlich auch des Benützers von statistischen Daten.

Messen heißt Vergleichen. Das Ergebnis des Messens ist stets eine Verhältniszahl. Wer eine Strecke mit dem Metermaß mißt, denkt zwar nicht daran, daß er eine Verhältniszahl ermittelt. Er stellt nur fest, wie oft seine Einheit, das Meter, in der zu messenden Strecke enthalten ist. Aber auch dies ist ein Vergleichen. Der

Schneider, der den Umfang seines Kunden mißt, vergleicht ihn mit dem Umfang der Erde; er hat einen Meter zur Hand, den zehnmillionsten Teil des Erdquadranten. Es genügt also zum Messen nicht nur das Feststellen eines Verhältnisses; nötig ist auch das Reduzieren der Verhältniszahl auf eine verbreitete Einheit. Wer die Geschwindigkeit eines Eisenbahnzuges feststellen will und z. B. ermittelt hat, daß er in 25 Sekunden eine Strecke von 250 m zurückgelegt hat, wird dieses Verhältnis $\frac{250 \text{ m}}{25 \text{ sec}}$ der Bequemlichkeit halber auf Einheiten reduzieren und sagen, der Eisenbahnzug habe eine Geschwindigkeit von 10 m in der Sekunde gehabt.

Ähnlich geht der Statistiker vor, für den das Feststellen von Häufigkeiten zum täglichen Brot gehört. Wenn er ermittelt hat, daß in der Schweiz 2260 Blinde vorhanden sind, so wird er sich mit dieser Zahl nicht begnügen. Er setzt sie ins Verhältnis zur Gesamteinwohnerzahl und sagt: 2260 Schweizer (von 4 Millionen) sind blind. Aber auch dieses Verhältnis $\frac{2260}{4 \text{ Mill.}}$ pflegt er auf eine E i n h e i t zurückzuführen und zu sagen: 5,7 Blinde kommen auf 10 000 Einwohner. Seine Maßeinheit ist also wiederum eine Zahl, und zwar 10 in der vierten Potenz.

Der Vorteil dieser Reduktion auf einen einheitlichen Maßstab liegt auf der Hand. Vergleichen können wir nur u n t e r s o n s t g l e i c h e n U m s t ä n d e n. Nun ist aber klar, daß die Zahl der Blinden in Ländern mit größerer Bevölkerung als der Schweiz unter sonst gleichen Umständen größer sein wird. Solche Prozentzahlen oder Promillezahlen müssen freilich den Vorteil der Vergleichbarkeit durch den Nachteil der Relativität erkaufen. Der Relativzahl der Blinden ist nicht mehr anzusehen, wie sie entstand, wie groß die absolute Zahl der Blinden ist. Es ist daher zweckmäßig, bei jeder Prozentzahl den Bruch, der zu ihrer Berechnung geführt hat, sich möglichst vor Augen zu halten. Wie große Fehler durch alleiniges Betrachten von relativen Zahlen oder aber absoluten Zahlen, die man nicht ins Verhältnis zu der Masse setzt, von dem sie ein Teil sind, begangen werden, ist im I. Kapitel dargelegt worden.

A u s s c h a l t e n u n b e t e i l i g t e r M a s s e n. Eine sehr wichtige Regel für das Messen von Einzelzahlen ist ihr Beziehen nur auf jene Gesamtzahl, die ihr tatsächlich entspricht. In einer 1938 veröffentlichten Fremdenstatistik war zu lesen, daß in Interlaken auf

1000 Einwohner 12 000 Fremde entfallen. Es wäre aber nun durchaus falsch, anzunehmen, daß von je 13 Menschen, die in Interlaken anzutreffen sind, 12 Fremde seien. Die Fremden halten sich durchschnittlich nur 3—4 Tage in Interlaken auf, die Einwohner von Interlaken aber 365 Tage im Jahr. Das Verhältnis der Wohnbevölkerung zu den Fremden ist daher richtiger 1000 : 120, wenn im Jahr auf 1000 Einwohner 12 000 Fremde, die nur $^1/_{100}$ des Jahres da sind, ankommen. Ein sehr viel größerer Anteil der Fremden an der Gesamtzahl der Bevölkerung, trotz weit kleinerer Besucherzahl im Jahr, ist in Lungenkurorten festzustellen, wo die Aufenthaltsdauer meist mehrere Monate beträgt.

Ein weiteres Beispiel: Wer die Zahl der Geburten einfach auf die gesamte Bevölkerung bezieht, trägt der verschiedenen Alterszusammensetzung der Bevölkerung und dem verschiedenen Frauenanteil in verschiedenen Ländern nicht Rechnung. Man ist deswegen dazu übergegangen, diese Zahl mit der Zahl der verheirateten Frauen im gebärfähigen Alter (zwischen 15 und 50 Jahren) in Beziehung zu setzen. Aber auch die verschieden große Zahl von Frauen in diesem Altersintervall zwischen 15 und 50 kann zu einer falschen Bemessung der Fruchtbarkeit führen, so daß man den Vergleichen ebenso wie bei der Mortalitätsstatistik eine Standardbevölkerung, d. h. eine fiktive Bevölkerung mit gleichartiger Altersverteilung, zugrunde gelegt hat. Es entfällt weitaus die größte Zahl der Geburten auf die jüngeren Ehefrauen.

Die Forderung von Žižek nach Ausschaltung unbeteiligter Teilmassen kann dem Praktiker nicht warm genug zur Beachtung empfohlen werden. Am sorgfältigsten wird sie in der Statistik bei der Berechnung von Sterbewahrscheinlichkeiten berücksichtigt. Hier wird festgestellt, wie viele Männer einer bestimmten Berufs- oder sozialen Klasse und eines bestimmten Familienstandes sowie eines bestimmten Altersjahres im Laufe dieses Altersjahres sterben, verglichen mit der Gesamtzahl der beobachteten Personen gleicher Art und gleichen Alters. In der Versicherungswissenschaft geht man immer weiter in der Differenzierung, man ist immer mehr bestrebt, unbeteiligte Teilmassen durch eine umfangreichere Klassifikation auszuschalten. Früher unterschied man in der Brandversicherung nur zwischen Holz- und Steinhäusern. Heute unterscheiden amerikanische Gesellschaften 2000 verschiedene Arten von Gebäuden; die Häuser gleicher Art bilden zusammen eine Risikogemeinschaft, von der ermittelt wird, wie häufig

9*

Brandfälle in ihr vorkommen. Diese Tendenz hat ihre Gefahren, weil sie schließlich zu ganz kleinen Einheiten gelangt, in denen sich der Zufall stark störend bemerkbar macht. Die Forderung der Ausschaltung a l l e r unbeteiligten Teilmassen ist also letzten Endes unerfüllbar, ein unerreichbares Ideal.

D a s   M e s s e n   d e s   U n t e r s c h i e d e s   v o n   2   E i n z e l z a h l e n. In der Regel sind die zu vergleichenden Zahlen gleicher Natur und beziehen sich nur auf einen verschiedenen Zeitpunkt oder verschiedenen Ort. Niemandem wird es einfallen, etwa die Zahl der PS eines Industriezweiges in einem bestimmten Jahr mit der Zahl der beschäftigten Personen eines andern Industriezweiges in einem andern Jahr zu vergleichen und die Differenz zwischen beiden Zahlen zu berechnen. Was jedoch häufig vorkommt, ist, daß zwei nur s c h e i n b a r   g l e i c h a r t i g e Zahlen aneinander gemessen werden. Die Erhebungsmethode hat sich vielleicht geändert, der Kreis der beobachteten Fälle ist größer oder kleiner geworden. Oder man versteht heute etwas anderes unter einem bestimmten statistischen Begriff wie „Arbeitslosigkeit", „Betrieb", als vielleicht vor zehn Jahren. Oder die Technik der Feststellung ist feiner geworden; z. B. werden heute mehr Todesfälle durch Krebs festgestellt, allein schon deswegen, weil man diese Krankheit besser diagnostizieren kann als früher. Immerhin hat sich bei Autopsien gezeigt, daß sogar bei 20 Prozent der in Krankenhäusern festgestellten Todesfälle Krebs nicht als Todesursache erkannt worden war, woraus R o e s l e zum Schluß kommt, man dürfe über Zu- oder Abnahme des Krebses noch gar nichts aussagen. Der Statistiker sollte stets, bevor er Zahlenunterschiede berechnet, mit einem kurzen Seitenblick die Frage streifen, ob solche prinzipiellen Veränderungen in seinem Material aufgetreten sind.

Zwei Methoden des Vergleichs zweier verschieden großer Zahlen sind gebräuchlich: man s u b t r a h i e r t die eine von der andern, oder man d i v i d i e r t die eine durch die andere.

Die einfachste Art des Messens von Zahlenunterschieden ist das Bilden ihrer D i f f e r e n z. Die so gewonnene Zahl allein sagt aber, wie jede Einzelzahl, wenig, solange wir sie nicht in ein V e r h ä l t n i s zu den Zahlen, aus denen sie gewonnen wurde, oder zu andern Zahlen setzen. Die Getreideernte Italiens z. B. sei vom normalen Stand von 70 Millionen q auf 60 Millionen q gefallen. Die Differenz von 10 Millionen q ist zwar an sich bedeutsam, indem sie uns zeigt, wieviel Italien mehr importieren muß, um seine Bevölkerung zu ernähren. Wichtiger ist aber das Beziehen des Ernteausfalles auf den Bedarf, was durch einen Bruch ($^{10}/_{70}$) oder aber in Prozent (14,3) ausgedrückt wird. Man sagt wohl auch, die Ernte sei auf 86 Prozent des Bedarfs gesunken.

Immerhin muß doch hervorgehoben werden, daß die Bedeutung a b s o l u t e r   D i f f e r e n z e n vom Statistiker sehr häufig unterschätzt wird. In tausend Fragen des täglichen Lebens kommt es weniger auf die relativen Differenzen, sondern darauf an, um wieviel absolut eine Zahl im Laufe einer gewissen Periode angewachsen oder gesunken ist. Der Praktiker unterliegt hierbei kaum großen Täuschungen, weil ihm die Grundzahl, aus der er die Differenz berechnet, stets vor Augen steht und er ganz instinktiv die relative Veränderung abzuschätzen pflegt. Der Theoretiker begeht viel häufiger den Fehler, sich durch Berechnen der prozentualen Zu- oder Abnahme zu falschen Schlüssen verleiten zu lassen. Er sollte also auch hier die Regel befolgen, sich den Bruch, der zur Prozentberechnung der Zu- oder Abnahme führte, stets vor Augen zu halten.

D a s   B e r e c h n e n   v o n   P r o z e n t z a h l e n. Die Berechnung von Zahlenunterschieden in Prozenten ist so verbreitet, daß man meinen könnte, man brauche sie nicht zu erläutern. Und doch sind Fehler hierbei keineswegs ungewöhnlich. Wie erfolgt die richtige Berechnung? Man setzt die eine Größe gleich 100 und stellt fest, daß die andere z. B. auf 125 gestiegen oder auf 75 gefallen ist; 25 Prozent ist die Zunahme oder Abnahme. Oder aber man nennt die Zahl 125 oder 75 die I n d e x z a h l, die um 25 „Punkte" gegenüber dem Ausgangswert 100 gestiegen oder gefallen ist. Es kommt aber oft vor, daß die falsche Zahl gleich 100 gesetzt wird, wie in den Beispielen des folgenden Absatzes. Am sichersten ist es, in Gedanken eine Proportion folgender Art aufzustellen: $a : b = 100 : x$ und daraus abzuleiten: $a \cdot x = 100 \cdot b$ oder $x = \dfrac{100\,b}{a}$.

Wenn wir in einem Aufsatz lesen, der Betrieb mit Spiritus koste 12 Pfennig für die PS-Stunde, der Benzinbetrieb nur 8 Pfennig für die PS-Stunde, „letzterer sei also 50 Prozent billiger", so ist das falsch. Der Benzinbetrieb ist $33\frac{1}{3}$ Prozent billiger oder der Spiritusbetrieb 50 Prozent teurer; diese beiden Zahlen sagen das gleiche aus. Einmal bezieht man die Prozentberechnung auf 12 Pfennig, einmal auf 8 Pfennig als 100 Prozent. Braucht man 100 PS und hat die zu verwendende Maschine einen Wirkungsgrad von 60 Prozent, gehen also 40 Prozent verloren, hat man der Maschine nicht 100 + 40, sondern $\frac{100}{0,6} = 166,7$ PS Wirkungsgrad zu geben. Den Verlust gibt man nämlich in Prozent der e i n g e f ü h r t e n, nicht der herausgehenden Energie an. — Ist für einen Kessel 70 Prozent Wirkungsgrad mit einem Spielraum (Toleranz) von 5 Prozent gegeben, so gilt die Zusage als erfüllt, wenn der gemessene Wirkungsgrad 5 Prozent von 70 hinter dem angegebenen zurückbleibt, also bei 66,5 Prozent gemessenem Wirkungsgrad. Dieser darf nicht etwa nur 70 — 5 = 65 Prozent sein.

Es ist auch falsch, z. B. zu sagen, da auf 3000 praktizierende Ärzte 300 entfallen, die nicht mehr praktizieren, sind das 10 Prozent. Vielmehr muß man rechnen: Von 3300 Ärzten im ganzen gibt es 300 oder 9 Prozent, die sich zur Ruhe gesetzt haben.

Z u n a h m e n i n P r o z e n t e n werden in der Regel berechnet, indem man zuerst durch Subtraktion die Differenz feststellt, z. B. die Erzeugung ist von 300 auf 400 gestiegen. Die Differenz ist 100. Diese wird durch die Zahl 300 dividiert $\left(\frac{100}{300} = 0,33\right)$ und das Ergebnis mit 100 multipliziert (33 Prozent). Einfacher ist folgender Weg: Man dividiere die größere Zahl (400) durch die kleinere (300), ergibt 1,33, multipliziere mit 100 und ziehe 100 ab, Ergebnis: Zunahme 33 Prozent. So erspart man sich die Subtraktion. Auf dem Rechenschieber genügt eine einzige Einstellung, und man kann das Ergebnis sofort ablesen.

Entsprechend gehe man bei Berechnung einer prozentualen A b - n a h m e vor, indem man die kleinere Zahl durch die größere dividiert, das Ergebnis mit 100 multipliziert und von 100 abzieht (z. B. die Erzeugung war 160 und ist auf 96 gefallen. Man bilde nicht erst die Differenz (64) und stelle fest, wie groß ist 64 von 160 in Prozenten, sondern man rechne: $\frac{96}{160} = 0,6$; $100 \times 0,6 = 60$; $100 - 60 = 40$ (Abnahme 40 Prozent).

Die Statistiker haben die Regel aufgestellt, man dürfe P r o - z e n t z a h l e n n i c h t a d d i e r e n. In dieser weitgehenden Formulierung ist der Satz nicht richtig. Prozentzahlen, die auf Grund derselben Gesamtmasse berechnet wurden, dürfen selbstverständlich addiert werden. Man darf natürlich sagen, von der schweizerischen Wohnbevölkerung sind 57 Prozent Protestanten und 41 Prozent Katholiken, also im ganzen 98 Prozent christlicher Konfession. Dagegen darf man nicht sagen, jemand besitze für 100 000 Franken Wertpapiere mit 4 Prozent Ertrag, für 10 000 mit 15 Prozent Ertrag, also 110 000 nominale zu 15 + 4 = 19 Prozent Ertrag. Auch das wäre falsch, das Mittel aus beiden Prozentzahlen zu ziehen und den Ertrag mit 9½ Prozent zu berechnen. Vielmehr muß man das g e - w o g e n e arithmetische Mittel anwenden und rechnen: 100 000 geben 4 Prozent oder 4000 Fr. Ertrag, 10 000 geben 15 Prozent oder 1500 Fr. Ertrag, zusammen 5 500 Fr. Ertrag von 110 000 Fr. Papieren, macht 5 Prozent Ertrag.

Das Messen von Unterschieden von Meßziffern führt oft zu großen Unklarheiten. So z. B. wenn wir in einem Börsenbericht der „Neuen Freien Presse" lesen: „Der Gesamtrückgang ist seit Monatsbeginn von 25 auf 50 Prozent gestiegen, hat also um 100 Prozent zugenommen; das ist gegenüber dem Vorjahr eine 700-prozentige Vermehrung." Hier wird der unaufmerksame Leser den Eindruck einer außerordentlich großen Hausse bekommen, während von einer prozentualen Zunahme der Baisse gesprochen wird.

Prozentzahlen oder Promillezahlen sollte man dann nicht anwenden, wenn die absoluten Zahlen, die ihnen zugrunde liegen, sehr klein sind. Wenn von 20 Personen 10 an Grippe erkranken, sollte man nicht sagen: 500 ⁰/₀₀ sind erkrankt. Manchmal geschieht derartiges aus Gründen der Übereinstimmung mit andern Zahlen. So z. B. wurde im australischen Zensus die Zahl der Sterbefälle in den Jahren 1907—1915 auf je eine Million Personen jedes Altersjahres berechnet. In der Tabelle findet man, daß nicht weniger als 80 801 Personen im Alter von 100 und mehr Jahren eines gewaltsamen Todes gestorben waren, wohlverstanden: auf eine Million Hundertjähriger berechnet. In Wahrheit waren sieben Hundertjährige eines gewaltsamen Todes in den 9 Jahren gestorben. In solchen Fällen ist es weit zweckmäßiger, in den Tabellen einen Punkt statt der absurden Verhältniszahl einzusetzen.

Wenig empfehlenswert ist das Anhängen von Dezimalstellen an Prozent- und Promillezahlen. Der Zweck der Prozentberechnungen ist ja das Reduzieren auf eine kleine Einheit. An diese Einheit noch eine bis sechs Dezimalstellen anzuhängen, ist ein Mißbrauch, dem durch automatisch arbeitende Rechenmaschinen Vorschub geleistet wird. Höchstens kann man eine einzige Dezimalstelle in kleiner Schrift anhängen. In der schweizerischen Betriebszählung von 1905 wurde die Gesamtheit der in der Schweiz vorhandenen Pferdekräfte mit zwei Dezimalstellen, mit 540 960,88 PS angegeben, eine erstaunlich genaue Zahl in der Tat! Dabei wurde aber übersehen, daß davon 236 212 PS irrtümlich zweimal gezählt worden waren, beim Verbraucher der Energie sowohl als beim Erzeuger in den Elektrizitätswerken. Ein schlagenderer Beweis für unangebrachte Genauigkeit läßt sich kaum beibringen[1]).

Das Messen der Zahlenunterschiede durch Division. In der Bevölkerungsstatistik ist es üblich, die Unterschiede zwischen zwei Zahlen nicht durch Subtraktion, sondern durch Division zu gewinnen. Bevölkerungsveränderungen durch Geburten und Sterbefälle gehen nach der geometrischen Progression (Zinseszinsformel) vor sich, aber nicht nach einfacher arithmetischer Progression. (Diese anzuwenden ist angezeigt, wenn die Bevölkerung sich nur schwach verändert.) Die Bevölkerungszahl vom Anfang eines Zeitraumes (A) wird in die Bevölkerungszahl vom Ende (B) dividiert. Das Ergebnis $\frac{B}{A}$ gibt an, a u f welche Zahl sich in einem Zeitraum j e e i n e E i n h e i t durchschnittlich vermehrt oder vermindert hat. Z. B. betrug im Jahr 1880 die Bevölkerung des Kantons Bern 530 411, dagegen im Jahr 1888 536 679 Personen. Eine Einheit (Person) hat sich also auf 536 679 : 530 411 oder a u f 1,0118 oder u m 0,0118 (d. h. um 1,0118 — 1) vermehrt. Auf 1000 Personen ist daher ein Zuwachs um rund 12 Personen eingetreten.

Die Ergebnisse dieser Berechnung haben den Nachteil, daß man sie nicht mit andern, welche sich auf einen größeren oder kleineren Zeitraum beziehen, vergleichen kann. Deshalb pflegt man sie auf ein Jahr nach der Formel $\sqrt[n]{B/A}$ zu reduzieren, wobei n die Zahl der Jahre des fraglichen Zeitraumes bedeutet. Praktisch führt man die Rechnung folgendermaßen durch : $(\log B — \log A)/n = \log$ der Zahl, a u f welche sich je eine Person im Laufe eines Jahres durchschnittlich vermehrte oder verminderte. Für das eben erwähnte Beispiel ergibt sich die jährliche Vermehrung auf 1,0015 oder eine jährliche Vermehrung u m 0,0015.

Um diese Berechnungen zu erleichtern, haben D u r r e r und S t e i n e r in der Zeitschrift für Schweizerische Statistik 1912, S. 500, eine Tafel aufgestellt, in der nur mehr der Bruch $\frac{B}{A}$ zu berechnen ist.

---

[1]) Neuerdings ist A. Morgenstern in seinem lehrreichen Buch „On the Accuracy of Statistical Observations" 1950 gegen die vortäuschende statistische Genauigkeit zu Felde gezogen.

Dann kann die durchschnittliche jährliche Zunahme pro tausend auf der linken Seite der Tafel direkt abgelesen werden.

Dieselbe Methode ist bei der Volkszählung von 1910 durchwegs auch in der Berufsstatistik angewendet worden. Man kann annehmen, daß sich die Berufstätigen proportional der Bevölkerungszunahme vermehren, unter sonst gleichen Umständen natürlich. Die Unterschiede gegenüber der einfachen arithmetischen Progression sind bisweilen recht bedeutend. Z. B. betrug von 1900 bis 1910 die Zunahme der Berufstätigen im Verkehrswesen 1750 (als Differenz der beiden Zahlen 5509 und 3759). Die durchschnittliche jährliche Zunahme war, nach der Berechnung in geometrischer Progression, 39 Promille. Rechnet man dagegen einfach 1750 : 10 = 175 und bezieht diese 175 auf 3759, so erhält man eine Zunahme von 47 Promille im Jahr.

Das Messen von zahlreichen Zahlenunterschieden. Besondere Schwierigkeiten tauchen dann auf, wenn nicht nur zwei Zahlenunterschiede zu messen sind, sondern ganze Scharen von Zahlenunterschieden, die noch dazu nicht wesensgleich sind, auf einen einheitlichen Nenner gebracht werden sollen. Ein lehrreiches Beispiel bildet die Statistik der Aktienkurse. Die Tendenz auf den Aktienmärkten ist sehr häufig „uneinheitlich". Einige Papiere steigen im Vergleich zu einem bestimmten vorherigen Datum, einige fallen, andere bleiben stabil. Aber auch wenn die Bewegung einheitlich ist, so ist sie nicht einheitlich in ihrem Ausmaß. Es ergibt sich also die Aufgabe, das Ausmaß der allgemeinen Bewegungsrichtung festzustellen, wenn man über schlagwortartige Bezeichnungen wie „lustlos, schwach, gehalten, fest" hinausgehen will.

Vor allem taucht die Frage der Auswahl der sogenannten führenden Papiere auf. Es ließe sich zwar denken, daß die Kurse sämtlicher Papiere eines Börsenplatzes berücksichtigt würden. Das wäre aber nicht nur nicht zweckmäßig, sondern falsch. Jene Zahl ist sehr groß (London hat 5500, New York 2200 notierte Papiere). Die Unzahl kleiner, sehr schwer beweglicher und selten notierter Papiere würde die eigentliche Bewegung an den Märkten ganz verdunkeln. Nach umfangreichen Feststellungen genügen die Notierungen von 8 bis 12 Aktien zur Charakterisierung der Entwicklung. Die Börsen weisen eine größere Einheitlichkeit, namentlich der Richtung der Preise, auf als z. B. die Großhandelspreise. Schwierig ist auch die Auswahl des Zeitpunktes. Es können die Kurse jedes einzelnen Börsentages oder die einer bestimmten Woche oder eines Monatstages ausgewählt werden, an jedem dieser Tage die Anfangs- oder Schlußkurse oder berechnete Mittelkurse. Die möglichst tägliche Erfassung der Kurse, gewöhnlich der Schlußkurse, und zwar tatsächlich bezahlter Kurse, ist Hauptbedingung für eine gute Kursstatistik.

Wie werden nun die Kurse der verschiedenen Aktien zusammengefaßt? Am einfachsten ist das Addieren der Kursangaben aller zu berücksichtigenden Papiere. Werden in einem andern Zeitpunkt die Kurse derselben Papiere wiederum addiert, so spricht sich in den beiden erhaltenen Zahlen die Bewegungsrichtung aus. Es ist natürlich möglich, jeden beliebigen zeitlichen Ausgangspunkt solcher Summenzahlen gleich 100 zu setzen, um ein anschaulicheres Bild von den Veränderungen zu erhalten. Solche auf 100 reduzierten Zahlen nennt man bekanntlich Indexzahlen. An und für sich aber würden die einfachen zwei Summenzahlen auch genügen.

Man geht häufig so vor, daß man statt der Aufsummierung der Kurse ihr M i t t e l berechnet, das arithmetische, indem man die Summenzahl durch die Zahl der berücksichtigten Papiere dividiert; das geometrische, indem man die $n$te Wurzel aus dem Produkt der n Kursangaben zieht. Will man eine V e r h ä l t n i s z a h l unter Verwendung des geometrischen Mittels berechnen, so zieht man die $n$te Wurzel aus jenem Bruch, in dessen Zähler das Produkt der Aktienkurse von den n Aktien des letzten Kurstages, in dessen Nenner das Produkt der Aktienkurse der n Aktien in der Basisperiode steht. Eine Verfeinerung besteht darin, daß man die Kurse der ausgewählten Papiere nicht alle als gleichartig behandelt, sondern sie mit sogenannten G e w i c h t e n versieht. Damit will man ihre größere oder geringere Bedeutung bei der Rechnung berücksichtigen. Als solche Gewichte hat man das Aktienkapital benützt, indem man den Kurs jeder Aktie mit dem Aktienkapital der Gesellschaft multiplizierte oder auch den Umsatz der Aktie, unter Berücksichtigung des Kurswertes. Die Berechnung erfolgt wie die des gewogenen Mittels. Da die Zahl der Aktien, ebenso wie das Aktienkapital keineswegs stabile Größen sind, sondern sich beide im Laufe der Zeit verändern, ist man dazu übergegangen, sogenannte gleitende Gewichte zu verwenden, d. h. die zeitlichen Änderungen, die sich in den Gewichten infolge Veränderungen im Aktienkapital oder -umsatz aussprechen müssen, mit heranzuziehen. Bei solchen gleitenden Gewichten sind die Indexziffern aber ein untrennbares Resultat der Kursschwankungen einerseits und der Gewichtsveränderungen andererseits. Es sind daher keine reinen Messungen mehr möglich. — Auch das K e t t e n - s y s t e m ist empfohlen worden. Es gewährt einen sehr guten Einblick in die kurzfristigen Veränderungen und besteht darin, den Kurs des Stichtages stets nur auf den Kurs des vorangehenden Stichtages zu beziehen, also das Verhältnis $\dfrac{p_n}{p_{n-1}}$ zu bilden, wobei p_n die Aktienkurse des letzten Stichtages und p_{n-1} die des vorletzten Stichtages bedeuten.

I n d e x z a h l e n   v o n   P r e i s e n . Vor ganz ähnliche Aufgaben und Schwierigkeiten stellt uns die Berechnung von I n d e x z a h l e n d e r   G r o ß h a n d e l s p r e i s e und der K l e i n h a n d e l s p r e i s e sowie der L e b e n s k o s t e n . Hier ist das Heranziehen sehr zahlreicher Stichtage weniger bedeutungsvoll, weil die Veränderungen in den Preisen und in den Lebenskosten langsamer vor sich zu gehen pflegen als jene der Börsenkurse. Dagegen ist die Auswahl der zu berücksichtigenden Waren oder Leistungen (Mietpreise einer Dreioder auch Vierzimmerwohnung, Einbeziehung der Steuern, der Ausgaben für Vergnügungen, für Zeitschriften, für Eisenbahnfahrten usw.) von großer Wichtigkeit. Die Tendenz, möglichst Preise für alle Waren des täglichen Bedarfes zu beobachten, hat dazu geführt, daß z. B. in Budapest auch die Preise für Zahnstocher festgestellt wurden. Besonders schwierig ist beim Preisvergleich das Festhalten stets einer und derselben Warenqualität. Manche Waren werden nach einiger Zeit überhaupt nicht mehr verlangt und hergestellt, man muß dann zu andern übergehen. Von einem Preis n i v e a u zu einem bestimmten Zeitpunkt kann man eigentlich auch nicht sprechen. Es handelt sich vielmehr um ein Hochplateau der Preise, das von zahlreichen Schründen durchzogen und von einzelnen Gipfeln überhöht wird, ein Hochplateau, das sich in ständiger vulkanischen Umbildung befindet. Einige Preise sind ausnahmsweise und ungerechtfertigt hoch, andere wieder tief. Aus ihnen muß man wichtige für die Indexberechnung wählen. Sie werden durch den Index nivelliert, künstlich auf eine Ebene von 100 gebracht, um mit einer etwas höher oder tiefer gelegenen Ebene des neuen Beobachtungszeitpunktes verglichen zu werden. Die Indexberechnungen sind heute eine Spezialwissenschaft statistischer Techniker. (Zur Einführung s. Allen, Statistics for Economists, 1950.)

F e h l e r   b e i   I n d e x b e r e c h n u n g e n . Fehler werden bei Beurteilung der Indexzahlen dadurch begangen, daß die Zu- und Abnahme in Punkten der Indexzahl sich auf ganz verschiedene absolute Einheiten bezieht. Zum Beispiel ist an all jenen Börsenplätzen, wo die Effektenkurse nicht in Prozenten notiert werden, durchaus gebräuchlich, in den Kursmeldungen die Zu- und Abnahme in Punkten anzugeben. Wenn jedoch Basler Schappe um 100 Punkte von 1000 auf 1100 gestiegen ist, so bedeuten diese 100 Punkte nicht dasselbe, wie wenn die Aktien der Kreditanstalt ebenfalls um 100 Punkte von 500 auf 600 gestiegen sind. In letzterem Fall hat der Käufer zu 500 den doppelten Gewinn bei gleichem Einsatz.

Das Problem der Messung der Lebenshaltung ist schwierig, wenn nicht unlösbar. Im Grunde sollten, um einen idealen Lebenskostenindex zu berechnen, alle Menschen, die auf dem Markt erscheinen, denselben Bedarf für die fragliche Zeitdauer beibehalten. Wendet sich aber der Bedarf, meist infolge von Preisänderungen, billigeren oder teureren Waren zu, so sind zwei grundsätzlich verschiedene Methoden möglich: man berechnet die Änderung der Preise unter der fiktiven Annahme, es würden immer noch dieselben Waren in demselben Ausmaße konsumiert. So kommt man zu einem weltfremden Index, der entweder zu hoch ist, weil die Flucht in die billigeren Waren nicht berücksichtigt wird, oder zu niedrig, weil eine eventuelle Erhöhung der Lebenshaltung darin nicht erscheint.

Die andere Methode besteht darin, daß man die im zweiten Zeitpunkt bestehenden Verbrauchsverhältnisse, also den infolge der Preisveränderungen vergrößerten oder verkleinerten Konsum, gleichsam zurück auf den Ausgangspunkt projiziert und sagt, die Preise würden um soundso viel zu- oder abgenommen haben, wenn z. B. vor dem Kriege bereits diese Konsumgewohnheiten bestanden hätten. Bei dieser zweiten Art der Berechnung läßt sich der Fortschritt in der Lebenshaltung nicht feststellen, er steckt in der Indexzahl drin. Kombiniert man beide Methoden, so gelangt man zu falschen Zahlen. Hat man z. B. den Anteil der Wohnkosten an den Gesamtlebenskosten infolge Verteuerung der Wohnungen mit 30 Prozent gegenüber der Zeit vor dem Kriege, wo der Anteil nur 21 Prozent erreichte, festgestellt, setzt aber anderseits den verteuerten Wohnungspreis laut Index mit 200 Prozent an, so verrechnet man die Wohnungsverteuerung doppelt. Richtig ist folgende Berechnung: Betrug vor dem Krieg z. B. die Gesamtausgabe 4000 Fr., die Miete 840 Fr. (21 Prozent), die restlichen Ausgaben 3160 Fr. (79 Prozent) und hat die Wohnungsverteuerung 200 Prozent erreicht, also 1680 Fr. bei einer Kostensteigerung der übrigen Ausgaben von 130 Prozent, also einer gesamten Lebenskostensteigerung auf 5 800 Fr., nämlich:

$$\frac{(21 \times 200) \times (79 \times 130)}{100} = 145 \text{ Prozent,}$$

so ist der Anteil der Wohnungsausgaben von den Gesamtausgaben jetzt nicht mehr wie vor dem Krieg $\frac{840}{4000}$ oder 21 Prozent, sondern $\frac{1680}{5800}$ oder 29 Prozent.

Rechnet man rückwärts und stellt fest: Wohnungsausgaben heute $\frac{1680}{5800}$ oder 29 Prozent, das wären bei Annahme der heutigen Ausgabenverteilung auch vor dem Krieg 29 Prozent von 4000 Fr. oder 1160 Fr.; diese Steigerung von 1160 Fr. auf 1680 Fr. betrug also 520 Fr. oder wiederum 145 Prozent. Dagegen beträgt der Anteil der übrigen Ausgaben heute 71 Prozent, das wären vor dem Krieg von 4000 Fr. 2890 Fr.; heute 5800 — 1680 = 4120, also Zunahme $\frac{4120}{2850}$ = 145 Prozent, womit man auf dieselbe Indexzahl gelangt.

2. Das Messen von Zahlenreihen

Das Wesen der Reihen. Nicht jede Zahlensäule ist eine Reihe. Eine Zusammenstellung der Abfahrtszeiten der Züge, wie man sie in den Bahnhöfen findet, ist keine Reihe. Daraus eine durchschnittliche Abfahrtszeit zu berechnen, wäre ein Unsinn. Eine Reihe entsteht durch Beobachtung in gleichen zeitlichen Abständen oder nach gleichen, gradweise abgestuften Merkmalen. Eine Aufstellung der Zahl der Züge, die von 6 bis 8 Uhr, von 8 bis 10 Uhr usw. den Bahnhof verlassen, ist eine Reihe. Die Produktionsziffern einer Unternehmung nach Monaten ist eine Reihe. Auch sachlich können Beobachtungen nach gleichartigen Merkmalen gradweise abgestuft werden. Eine Anzahl Proben von Tombakdrähten, abgestuft nach Festigkeitsgraden, ist eine Reihe. Die Zahl der Arbeiter mit einem Taglohn von 10 bis 11 Fr., von 11 bis 12 Fr. usw. ist eine Reihe. Die Zahl der Mädchen, die im 13., 14., 15. Lebensjahr die geschlechtliche Reife erlangen, ist eine Reihe.

Zum Wesen der Reihe im statistischen Sinn gehört also, daß sie gleichmäßige Stufen aufweist. Deshalb würden die Zahlen der Arbeiter im Industriezweig A, im Industriezweig B usw. keine Reihe bilden, weil hier keine Stufen vorhanden sind, obwohl sie in den statistischen Tabellen als Reihen erscheinen. Die Zahlen stehen neben- oder untereinander, sie täuschen Reihen vor.

Die wirklichen Reihen besitzen in vielen Fällen eine deutlich ausgeprägte Anhäufungsstelle, von der die Werte nach beiden Seiten hin abfallen. Pearson meint sogar, diese Eigenschaft hätten fast alle Beobachtungen auf biologischem und wirtschaftlichem Gebiet. Die Werte bieten aufgezeichnet Ähnlichkeit mit einem Dromedarhöcker, mit der Glockenkurve. Meist sind sie aber mehr oder weniger asymmetrisch. Andere Reihen sind J-förmig, wieder andere U-förmig. Es gibt aber auch zahlreiche Reihen, die wellenförmig schwanken, die zickzackförmig oder geradlinig ansteigen oder abfallen. Die bunte Mannigfaltigkeit der Reihen hat bisher allen Versuchen gespottet, sie auf ein einfaches Schema zurückzuführen.

Die Durchschnittsfiktion. Fiktionen sind bewußt falsche Annahmen. Sie sind in der Wissenschaft als technischer Behelf sehr verbreitet. Eine große Bedeutung haben sie in der Statistik. Um Reihen zu messen, bedienten sich nämlich die älteren Statistiker einer solchen Fiktion, eines einfachen Handgriffes: sie machten alle Bestandteile (Glieder) einer Reihe künstlich gleich groß, indem sie das arithmetische Mittel aus den Einzelangaben berechneten. Damit werden die sämtlichen verschiedenen Zahlen der Reihe durch eine e i n z i g e Zahl ersetzt. Von dieser nahm man an, daß sie die Reihe ,,repräsentiert''. Neben diesem arithmetischen Mittel, dessen Berechnung jedermann geläufig ist, wurden andere Mittelwerte oft als besser geeignet angesehen, die Reihe zu repräsentieren, so vor allem der Medianwert, dann auch der dichteste Wert einer Reihe.

Was man unter diesen Mittelwerten zu verstehen hat, sei an einem einfachen Beispiel erläutert. Ein Lehrer will die Durchschnittsgröße seiner Schüler bestimmen. Wenn er die Knaben aller Klassen zusammennehmen würde, erhielte er einen ganz sinnlosen Mittelwert, denn die Körpergröße ist vom Alter der Kinder abhängig. Er wählt daher richtiger zwei Parallelklassen, er untersucht z. B. 65 gleichaltrige Knaben. Er mißt jeden auf Bruchteile von Millimetern genau, addiert alle erhaltenen Werte und dividiert diese Summe durch 65. So erhält er das arithmetische Mittel. Es müßte ein Zufall sein, wenn die Größe irgendeines Knaben diesem rechnerischen Wert genau entsprechen würde. Aber in der Nähe dieses Wertes werden sich eine größere Zahl von Messungen finden.

Weit einfacher gestaltet sich diese Arbeit, wenn er die Knaben gleichsam mit einem ganz groben Meterstab, der z. B. nur auf Zentimeter genau ist, mißt und „Klassen" oder S t u f e n , etwa von 1 Zentimeter Abstand, bildet: er stellt z. B. fest, 13 Knaben sind zwischen 120 und 121 Zentimeter groß, 17 sind 121—122 Zentimeter groß usw., dann braucht er nur jede dieser Größenstufen (Klassenmitte: 120,5, 121,5 usw.) mit der Anzahl der Knaben zu multiplizieren (13 × 120,5, 17 × 121,5 usw.), diese Werte addieren und durch die Gesamtzahl der Knaben (65) zu teilen, um das arithmetische Mittel zu erhalten.

Es sind die verschiedensten Verfahren ausgearbeitet worden, um auch diese Arbeit weiter zu vereinfachen[1]).

Zu einem anderen Mittelwert gelangt der Lehrer, wenn er das g e o m e t r i s c h e Mittel berechnet, dann a d d i e r t er nicht die 65 Einzelwerte, sondern er m u l t i p l i z i e r t sie und zieht aus dem Ergebnis die 65. Wurzel (praktisch wird er diese Rechenarbeit nur dadurch bewältigen können, daß er die Logarithmen aller Einzelwerte addiert, die erhaltene Summe durch 65 teilt und den Numerus dieses Logarithmus aufsucht). Das geometrische Mittel eignet sich zur Mittelung von Reihen, die nicht in arithmetischer, sondern in geometrischer Progression zunehmen.

Stellt der Lehrer die Schüler nach der Größe orgelpfeifenartig auf und läßt den Mittelmann vortreten (den 33. Mann von den 65 Schülern) und mißt dessen Körperlänge, so erhält er den sogenannten M e d i a n wert (Zentralwert) der Reihe[2]).

Der d i c h t e s t e oder häufigste Wert ist jener Wert, der bei einer großen Zahl von Messungen am häufigsten wiederkehrt.

Jeder Mittelwert besitzt offenbar die Fehler seiner Vorzüge. Denn dem arithmetischen Mittel wird nachgerühmt, daß es auch die extremen Glieder miteinbeziehe, dem dichtesten Wert, daß er dies nicht tue. Dem arithmetischen Mittel wird von denselben Autoren vorgeworfen, daß er durch Einbezug der extremen Glieder (z. B. Einkommen des Millionärs im Dorfe) sehr oft wertlos werde, während dem Zentralwert und dichtesten Wert vorgehalten wird, daß sie durch Nichteinbeziehen der extremen Glieder falsche Vorstellungen vom extremen Verlauf der Kurve erwecken. Dem dichtesten Wert sagt man nach, daß er der einzige sei, der wenigstens ein Glied mit Be-

---

[1]) Sehr klar sind die besten Methoden des Summenverfahrens bei H. Günther: Die Variabilität der Organismen, dargestellt.

[2]) Wären es 66 Schüler, so nähme er das arithmetische Mittel der Größe des 32. und 33. Schülers.

stimmtheit repräsentiere. Man teilt die Mittelwerte in typische und nichttypische ein. Die nichttypischen seien ohne jede reale Grundlage, eine „rein rechnerische Abstraktion". Sie seien weitaus die häufigsten.

Welche Mittelwerte soll also der Statistiker verwenden? Er soll sie „der Reihe nach durchprobieren". Welchen er dann nimmt, wird von „seinem Wissen, Können und seinen Erfahrungen abhängen".

Soweit die statistische „Theorie". Nach ihr erheben die Mittelwerte also vor allem den Anspruch, zusammen mit der Streuung die Reihen zu charakterisieren, manchmal auch die „Realität der Erscheinungen", widerzuspiegeln. In Wahrheit gibt es aber nur einen einzigen Fall, in dem ein Mittelwert eine Realität repräsentiert, und gerade dieser Fall kommt für die Statistik fatalerweise fast nicht in Betracht: bei zahlreichen Messungen derselben Größe ist das arithmetische Mittel der Messungen die wirkliche Größe. — Wo jedoch große Zahlen verschiedener Elemente einer Masse beobachtet werden, z. B. die Körperlänge von Schülern, hat das arithmetische Mittel keine reale Bedeutung; doch steckt hinter der Mittelwertsbestimmung immerhin ein realer Gedanke, schreibt Forcher, weil „die einzelnen Werte einer extensiven Größe, denen eine derartige Verteilung um den Mittelwert zukommt, als zufällig gestörte Spezialisierungen eines Grundwertes der betreffenden Größe betrachtet werden. Die vielen Mittelwerte der statistischen Empirie hingegen entbehren in den meisten Fällen jeder realen Basis ... Sie können die Massenerscheinung nicht mehr repräsentieren, ihnen kommt keinerlei Realität zu, sie sind aus diesem Grunde wertlos und verwirren nur die Sachlage, statt dieselbe zu klären."

Doch gibt es praktische Fälle, bei denen die Berechnung eines Mittelwertes aus einer Reihe durchaus berechtigt ist: überall dann, wenn die Schwankungen der Einzelwerte von gar keinem Interesse sind, wenn man auf die Gesamtzahl der Reihe ausgeht und diese nur des bessern Vergleiches wegen auf eine Einheit reduziert. Zum Beispiel: Wie groß ist der Zudrang zum Tierarztberuf in der Schweiz? In den Jahren 1926—1933 haben Diplomierungen von Tierärzten stattgefunden: 24, 31, 19, 17, 20, 17, 18, 11, also im ganzen 157, im Durchschnitt der letzten acht Jahre 20. Nur diese letzte Zahl ist wesentlich, obwohl sie eine Fiktion ist. Die Schwankungen von Jahr zu Jahr der Diplome sind von gar keiner Bedeutung für die Frage, ob der Nachwuchs auf die Dauer dem Bedarf entspricht. Oder ein anderes Beispiel: Der Akkordlohn einer Weberin schwankt von Zahltags- zu Zahltagsperiode beträchtlich, weil sich oft noch ein angefangenes Stück auf dem Webstuhl befindet, das ihr erst beim nächsten Zahltag angerechnet wird. Der Durchschnitt der Akkordlöhne von mehreren Zahltagsperioden gibt also ein richtigeres Bild über tatsächliche Leistungen und tatsächlichen Verdienst der Weberin als die einzelnen Lohnbeträge der verschiedenen Zahltagsperioden.

Der Durchschnitt als Fetisch. Dem Durchschnitt wird in der Statistik noch heute eine Bedeutung beigemessen, die ans Fetischhafte grenzt. Angesehene Statistiker haben erklärt, die Statistik sei die Wissenschaft von den Mittelwerten (Bowley), der Durchschnitt sei der reinste und vollkommenste Ausdruck einer Reihe (Tschuprow). Über die Natur einer Reihe kann der Durchschnittswert allein nichts aussagen, sogar im glücklichsten Fall nicht, wenn es sich um eine normale Verteilung handelt, weil die Streuung um denselben Durchschnitt sehr verschieden sein kann. Und erst gar der Durchschnitt von Reihen, die von den normalen abweichen! Bei der U-förmigen Verteilung ist der Durchschnittswert der am seltensten vorkommende Wert der Reihe, er „repräsentiert" sie also überhaupt nicht. Damit soll natürlich keineswegs behauptet werden, daß der Durchschnitt nicht eine wichtige Größe sei. Er ist sogar unentbehrlich zur Berechnung der Verteilungsmaße und stellt bei der normalen Verteilung eine hervorragende, die wichtigste Klasse vor, nämlich jenen Wert, der zahlenmäßig am häufigsten in der Reihe anzutreffen ist, jene Stufe, die am stärksten besetzt ist. Neben dem Durchschnitt müssen wir aber die Streuung um ihn an Hand der Maße für die „Ausbreitung" oder „Streuung" kennenlernen. Nach R. A. Fisher verfolgten die Statistiker noch vor kurzem kein anderes Ziel, als Summen oder Mittelwerte zu erhalten. „Die Variation wurde als ein eher störender Umstand betrachtet, der vom Mittelwert ablenkte." Heute ist die Hauptsache das Messen der Variation, und das Studium ihrer Form.

Das Studium der Verteilungen. Die ältere Statistik, die stark unter dem propagandistischen Einfluß der Schriften von Quetelet stand, war der Auffassung, daß die normale Verteilung überall zum Vorschein kommen müsse, wenn nur die Zahl der Beobachtungen entsprechend vergrößert werde. Schon Quetelet hat aber gezeigt, daß dies nicht zutrifft. Im Gegenteil ist die normale Verteilung in ganz reiner Erscheinung verhältnismäßig selten in der Wirklichkeit anzutreffen. Infolgedessen hat sich das Interesse der Statistiker dem Studium der verschiedenen Arten der Verteilungen zugewandt. Man sucht vor allem nach Formeln für diese verschiedenen Arten und nach Modellen, mit denen sie zu vergleichen sind. Die normale Verteilung ist ein solches Modell. Obwohl die genaue normale Verteilung, wie bereits betont, selten ist, wird sie viel benützt, um die empirisch festgestellten Verteilungen mit ihr zu vergleichen, ob Abweichungen und in welchem Ausmaße sie vorhanden sind. Zunächst ist also festzustellen, ist die vorliegende Reihe annähernd normal? Und wenn nicht, wie weit entfernt sie sich von einer normalen Verteilung?

Statistische Bauernregeln. So nannte L. v. Bortkiewicz spöttisch die in den meisten statistischen Lehrbüchern empfohlenen rohen Methoden zum Erkennen normaler Verteilungen. Sie sollen im Folgenden an Hand eines überaus einfachen Beispiels erläutert werden. Wir wählen als dieses 1. Hauptbeispiel eine zeitliche Reihe, wie sie in der Statistik außerordentlich verbreitet sind, und zwar aus der Bevölkerungsstatistik. Ebensogut hätten wir natürlich Beobachtungen der monatlichen oder jährlichen Produktionsziffern eines Unternehmens heranziehen können. Aber die Daten der Bevölkerungsstatistik sind von jedermann leicht nachprüfbar. Die folgende kleine Tabelle gibt die Zahl der Ehelösungen durch Tod des Ehegatten in der Schweiz vom Jahre 1901 bis 1916 an, die wir mit f (Frequenzen) bezeichnet haben, ferner in Spalte 2 die Abweichungen vom arithmetischen Mittel aller f (z. B. für das Jahr 1901 die Abweichung 9967 — 10338 = — 371) und in Spalte 3 das Quadrat dieser Abweichungen. (Aus der Summe der Zahlen der dritten Spalte wird σ, die mittlere quadratische Abweichung, eine wichtige Zahl zur Messung der Abweichungen, durch Division mit der um 1 verminderten Stufenzahl (16) und Quadratwurzelziehen berechnet.)

Die Zahl der Ehelösungen durch Tod des Gatten ist, wie man sieht, sehr konstant, sie bewegt sich nahe um 10000 herum, der Durchschnitt mit 10338 wird also im landläufigen Sinn als typisch im höchsten Grade gelten dürfen, besonders deswegen, weil gewisse statistische Regeln darauf hinweisen, daß die Abweichungen vom Durchschnitt normal verteilt sind.

Beispiel der Ehelösungen, Berechnung der
mittleren quadratischen Abweichung (σ)

Jahr	f Ehelösungen durch Tod des Gatten	$f - M$ Abweichungen vom Durchschnitt	$(f - M)^2$ Quadrat dieser Abweichungen
1901	9 967	- 371	137 641
1902	9 761	- 577	332 929
1903	10 258	- 80	6 400
1904	10 083	- 255	65 025
1905	10 698	360	129 600
1906	10 447	109	11 881
1907	10 345	7	49
1908	10 439	101	10 201
1909	10 738	400	160 000
1910	10 466	128	16 384
1911	10 713	375	140 625
1912	10 434	96	9 216
1913	10 520	182	33 124
1914	10 347	9	81
1915	10 057	- 281	78 961
1916	10 142	- 196	38 416
Summe	165 415	| 3 527 |	1 170 533

Durchschnitt $M = 165\ 415 : 16 = 10\ 338$ $σ^2 = 1\ 170\ 533 : 15 = 78\ 036$
Durchschnittl. Fehler $σ = 279{,}35$
    $= 3\ 527 : 16 = 220{,}4$ $3σ = 838$

Diese Regeln beruhen auf dem einfachen Gedanken, daß in einer
normalen Verteilung die Streuung der Einzelfälle um den Mittelwert
eine begrenzte und ganz bestimmte ist. Sie vergleichen die tatsächlich
vorkommenden Abweichungen mit einem Streuungsmaß, der mittt-
leren quadratischen Abweichung, welche die Quadratwurzel aus der Summe der ins Quadrat erhobenen Abweichungen der
Einzelwerte vom arithmetischen Mittel (dritte Spalte), dividiert durch
die um 1 verminderte Stufenzahl (15), darstellt. Hier ist $σ = 279{,}35$
(s. die Berechnung am Fuße der Tabelle).

1. Regel. Keine der einzelnen Abweichungen $(f - M)$ soll in
einer normalen Verteilung nach der Theorie größer als der
dreifache Betrag der mittleren quadratischen Abweichung sein.
Genauer: daß eine einzelne Abweichung vom arithmetischen Mittel
größer als der dreifache Betrag von σ ist, ist nur in drei von jeweils
tausend Fällen zu erwarten, wenn die Verteilung eine „zufällige",
eine normale ist. — Dieser dreifache Betrag von σ ist hier 838, die

größte, tatsächlich vorkommende Abweichung vom Mittel nur 577, also sehr viel kleiner.

2. R e g e l. Bei einer normalen Verteilung sollen rund zwei Drittel aller Abweichungen vom arithmetischen Mittel kleiner als die mittlere quadratische Abweichung (279) sein. In unserem Fall sind 10 Abweichungen von allen 16 kleiner als σ, eine elfte Abweichung (281) überschreitet σ nur sehr wenig.

3. R e g e l. Eine weitere, sehr verbreitete, weil einfache Probe besteht im Berechnen des d u r c h s c h n i t t l i c h e n F e h l e r s durch Addieren der Abweichungen jedes einzelnen Gliedes der Reihe vom arithmetischen Mittel der Reihe (ohne Rücksicht auf ihr Vorzeichen) und Dividieren dieser Summe durch die Zahl der Stufen[1]). In unserem Fall erhalten wir 3527 : 16 = 220. Dieser Wert muß, wenn eine normale Verteilung vorliegt, annähernd übereinstimmen mit dem Produkt von σ und der Konstanten 0,7979, was hier $279 \times 0,7979 = 223$ ergibt. Wie man sieht, ist die Differenz zwischen den beiden Zahlen 220 und 223 sehr gering, die Probe also erfüllt.

Die 4. R e g e l für das Erkennen normaler Verteilungen besteht darin, daß die Hälfte der Abweichungen vom Durchschnitt, die Hälfte der sogenannten Fehler, den w a h r s c h e i n l i c h e n F e h l e r nicht überschreitet. Dieser wird am korrektesten für normale Verteilungen berechnet, indem man σ mit 0,6745 multipliziert, was in unserem Fall den Betrag 188,4 ergibt. 8 von den 16 Abweichungen sind in der Tat kleiner als dieser wahrscheinliche Fehler.

Alle vier Regeln haben also übereinstimmend dargetan, daß die Verteilung einer normalen entspricht. Somit scheint sich der erste Eindruck, daß es sich bei den Ehelösungen um eine normale Verteilung handelt, d. h. um Abweichungen vom Durchschnitt, die vernachlässigt werden können, die über die Zufallsgrenzen nicht hinausgehen, zu bestätigen. Die folgende nähere Untersuchung erweist aber das Unhaltbare dieser Auffassung und somit die Unzuverlässigkeit der statistischen Bauernregeln (ein weiteres, sehr instruktives solches Beispiel gibt Willigens in der Zeitschr. für schweiz. Statistik, 1933, S. 130).

D e r D i v e r g e n z k o e f f i z i e n t. Die Zahl der Ehelösungen sollte nicht für sich allein betrachtet werden. Sie ist offenbar in starkem Maße abhängig von der Zahl der überhaupt vorhandenen

---

[1]) Dieser durchschnittliche Fehler, mit der Konstanten 0,845 multipliziert, ergibt in normalen Verteilungen den wahrscheinlichen Fehler und wird in der landwirtschaftlichen Statistik oft zu Unrecht verwendet.

Ehen. Je mehr Ehen, desto mehr Ehelösungen werden unter sonst gleichen Umständen vorkommen. In der folgenden Tabelle ist die Zahl der Ehen, auf 100 abgerundet, in Spalte 1 angegeben. Wie man sieht, nimmt diese Zahl von 1901 bis 1916 stark zu, während die Ehelösungen durch Tod des Ehegatten ziemlich konstant bleiben.

Jahr	n Stehende Ehen	f Ehelösungen	$f' = n \cdot p$	$f' - f$	$\sigma^2 = n \cdot p \cdot q$	σ	$c = \dfrac{f - f}{\sigma}$	c^2
	1	2	3	4	5	6	7	8
1901	547 000	9 967	9 303	− 664	9 145	95,63	−6,94	48,16
1902	556 100	9 761	9 458	− 303	9 297	96,42	−3,14	9,86
1903	563 500	10 258	9 583	− 675	9 420	97,06	−6,95	48,30
1904	571 200	10 083	9 714	− 369	9 549	97,72	−3,78	14,29
1905	578 900	10 698	9 845	− 853	9 678	98,38	−8,67	75,17
1906	588 100	10 447	10 002	− 445	9 832	99,16	−4,49	20,16
1907	597 500	10 345	10 162	− 183	9 989	99,94	−1,83	3,35
1908	606 600	10 439	10 316	− 123	10 141	100,70	−1,22	1,49
1909	615 100	10 738	10 461	− 277	10 283	101,41	−2,73	7,45
1910	624 400	10 466	10 619	+ 153	10 439	102,17	+1,50	2,25
1911	632 200	10 713	10 752	39	10 569	102,81	0,38	0,14
1912	640 800	10 434	10 898	464	10 713	103,50	4,48	20,07
1913	648 100	10 520	11 022	502	10 835	104,09	4,82	23,23
1914	651 200	10 347	11 075	728	10 887	104,34	6,98	48,72
1915	652 000	10 057	11 089	1 032	10 900	104,40	9,89	97,81
1916	653 400	10 142	11 112	970	10 923	104,51	9,28	86,12
	9 726 100	165 415	165 411					506,57

$$p = \frac{165\,415}{9\,726\,100} = 0{,}017007 \qquad q = 1 - 0{,}017007 = 0{,}982993 \qquad Q = \sqrt{\frac{506{,}57}{16}} = 5{,}63$$

Damit sinkt die W a h r s c h e i n l i c h k e i t e i n e r E h e l ö s u n g d u r c h T o d. Diese ist ja nichts als die Zahl der Ehelösungen, dividiert durch die (immer größer werdende) Zahl der Ehen. Damit werden auch die Abweichungen vom Durchschnitt größer, als wenn wir nur die absoluten Zahlen der Ehelösungen, wie es im vorigen Abschnitt geschehen ist, miteinander vergleichen. Wir müssen $\frac{f}{n} \cdot 1000$ für jedes Jahr berechnen und mit dem Durchschnitt der so erhaltenen Reihe (17,007) vergleichen. Die Summe dieser Differenzen, ins Quadrat erhoben und addiert, ergibt 13,923. Diese Zahl, durch die Zahl der Stufen − 1 dividiert, ist gleich σ^2, daher $\sigma = 0{,}96$. Noch immer sind 10 von 16, also rund zwei Drittel der Abweichungen, kleiner als diese Zahl. 3 σ ist weit größer als die größte der Abweichungen, womit auch hier, bei dieser verfeinerten Berechnungsweise, die Anforderungen an eine normale Verteilung erfüllt scheinen.

Sehen wir zu, ob dieser Schluß einer genaueren Betrachtung standhält. Wir folgen der einfachen, von Westergaard benützten und von Bortkiewicz aufgenommenen Methode, die den Vorzug besitzt, g a n z e l e m e n t a r zu sein und keine neuen Voraussetzungen zu machen. In der obigen Tabelle wird die Zahl der Ehelösungen (*f*) durch jene der stehenden Ehen (*n*) dividiert, um die relative H ä u - f i g k e i t *p* einer Ehelösung zu erhalten (s. Kap. 3). Sie ist im Mittel 0,017007 (oder 17,007 $^0/_{00}$). Damit können wir die in jedem Jahr t h e o r e t i s c h z u e r w a r t e n d e n Ehelösungen berechnen[1]), indem wir einfach die Zahl der stehenden Ehen (*n*), die jedes Jahr wechselt, mit der als gleichbleibend angenommenen durchschnittlichen Wahrscheinlichkeit ihrer Lösung, mit 0,017007, multiplizieren. So erhalten wir die t h e o r e t i s c h e Zahl der Ehelösungen (*f'*). Was wir anstreben, ist, wie gesagt, der V e r g l e i c h d e r t a t s ä c h - l i c h e n (*f*) mit den t h e o r e t i s c h berechneten (*f'*) Ehelösungen. Er wird durch Bildung der Differenz (*f'−f*) gefunden und muß jetzt nur noch mit dem Streuungsmaß σ verglichen werden. Dieses σ kann bei binomialer Verteilung, wie sich aus der Tab. S. 47 ergibt, durch die Formel $\sigma^2 = n \cdot p \cdot q$ gewonnen werden, wobei $q = 1 - p$ ist und *p* die oben errechnete Wahrscheinlichkeit einer Ehelösung (0,017007). Aus Spalte 5 erhält man nach dieser Formel durch Wurzelziehen die Spalte 6. In Spalte 7 endlich erhalten wir das Resultat: Wir sehen, daß die Abweichungen der theoretischen von der tatsächlichen Berechnung im Vergleich zu σ zum Teil sehr beträchtlich sind und die gerade noch tolerierbare Grenze von 3 σ oft bedeutend übersteigen.

Der L e x i s s c h e D i v e r g e n z k o e f f i z i e n t wird auf einfachste Weise nach Bortkiewicz durch Dividieren der Werte der Spalte 4 durch σ, Quadrieren dieser Zahl, Summieren dieser Werte und Quadratwurzelziehen des Ergebnisses, nachdem es durch die Stufenzahl geteilt wurde, gewonnen. Er beträgt hier 5,6, ist also ganz unbefriedigend, da er bei einer normalen Verteilung 1 betragen sollte. Dies bedeutet, daß für die relative Häufigkeit der Ehelösungen keine konstante Grundwahrscheinlichkeit angenommen werden kann.

---

[1]) Wenn wir annehmen, die relative Häufigkeit oder Wahrscheinlichkeit einer Ehelösung sei während des beobachteten Zeitraumes konstant.

Zeichnerischer Vergleich mit der Normalver-
teilung. Warum, wird man fragen, zeichnet man die Abweichungen
von der durchschnittlichen Zahl der Ehelösungen nicht einfach auf
und sieht nach, ob wir so eine normale Verteilung erhalten?[1] In der
Tat wird das zeichnerische Verfahren oft empfohlen. Aber das Aufzeichnen der empirischen Werte und der graphische Vergleich mit
den entsprechenden einer Normalkurve hat zwei Nachteile:

a) Es erfordert eine größere Zahl von Beobachtungen als oft vorliegen. Hier beispielsweise sind nur für 16 Jahre die Beobachtungen
von Ehelösungen vorhanden, man müßte sie erst auf Stufen verteilen,
wobei nicht genug Besetzungen der Stufen vorkommen, um eine
Normalkurve aufzeichnen zu können. (Für die Bestimmung des Lexis-
schen Divergenzkoeffizienten genügen jedoch 6 bis 8 Angaben.)

b) Selbst bei genügend Beobachtungen kann man nicht leicht
entscheiden, ob die aufgezeichneten Abweichungen der empirischen
von der normalen Kurve wesentlich sind oder nicht. Einzelne Werte
können stark abweichen, ohne den Gesamtvergleich zu beeinträch-
tigen (s. Fig. 12).

Immerhin ist das zeichnerische Verfahren so wichtig und so verbreitet, auch so instruktiv, daß wir es hier, allerdings an einer andern
Reihe als den Ehelösungen, darstellen wollen.

Die normale Verteilung und der Praktiker. Der
praktische Statistiker weist mit Recht darauf hin, daß die normale
Verteilung, die Normalkurve, ein Hirngespinst der Mathematiker sei,
daß sie in der Wirklichkeit nicht vorkommt. Wenn er aber deswegen
nichts von ihr wissen will, verfällt er in den Fehler eines Baumeisters,
der behauptet, er habe noch nie im Leben einen Kubikmeter Holz
gesehen, sondern nur Balken, Scheiter oder Bretter, und der nicht
wahrhaben will, daß ein Kubikmeter Holz, obwohl nur ein gedank-
liches Gebilde, sehr bequeme und genau bestimmbare Eigenschaften
aufweist, mit denen sich rechnen läßt.

So läßt sich von einer normalen Kurve im voraus vieles aus-
sagen, was man von einer empirischen Verteilung nicht wissen kann.
Wenn diese der normalen ähnelt, so gewinnt man dadurch wertvolle
Erkenntnisse auch über sie.

---

[1] Auf ein Wahrscheinlichkeitsnetz gezeichnet, bilden die Werte einer
Normalverteilung eine Gerade.

Die n o r m a l e Verteilung entsteht u. a., wie gezeigt wurde, aus der b i n o m i a l e n, durch Verlängerung des Pascalschen Dreiecks, durch Vermehrung der Serien. Das Häufigkeitshistogramm nimmt immer mehr und mehr einen kurvenförmigen Charakter an, seine begrenzende Linie geht in die Normalkurve über (s. Fig. 5).

Um eine anschauliche Vorstellung von einer Normalkurve zu gewinnen, wollen wir die normale Verteilung a n H a n d e i n e r e m p i r i s c h e n, die ihr sehr nahe kommt, studieren und die statistische Beobachtung der B r e n n d a u e r v o n 90 G l ü h l a m p e n hierzu heranziehen. In der folgenden Tabelle ist die Verteilung nach der Lebensdauer der Lampen in Stufen von 100 Brennstunden angegeben.

B e i s p i e l B r e n n d a u e r v o n 90 G l ü h l a m p e n

Stunden Brenndauer	Anzahl Lampen (Frequenzen)	Stufen (Mitte zweier Brennstunden-Einheiten)
500— 600	3	5,5
600— 700	4	6,5
700— 800	6	7,5
800— 900	13	8,5
900—1000	20	9,5
1000—1100	19	10,5
1100—1200	13	11,5
1200—1300	8	12,5
1300—1400	1	13,5
1400—1500	2	14,5
1500—1600	1	15,5
	90	

Ein Blick auf die Zahlen zeigt, daß die meisten der untersuchten 90 Glühlampen eine Brenndauer von etwa 1000 Stunden oder 10 Brennstundeneinheiten (die Einheit zu 100 Stunden) aufzuweisen haben. Die Besetzung, die „Frequenz", der beiden Stufen 9,5 und 10,5 (900—1100 Stunden) ist nämlich mit 19 und 20 Glühlampen weitaus die größte. Die kurzlebigen und die langlebigen Lampen sind weniger häufig vertreten. Man sieht das besonders deutlich, wenn wir aus den Beobachtungszahlen ein Stäbchendiagramm, am besten auf Millimeterpapier, aufzeichnen. Als Breite der Stäbchen wählen wir 1 Zentimeter, als Größeneinheit 2 Millimeter (Fig. 12 ist verkleinert). Der

Durchschnitt, der häufigste Wert, liegt nahe bei 10 Brennstundeneinheiten oder 1000 Brennstunden. (Die durchschnittliche Lebensdauer
der Lampen wird gefunden, indem man die Stufen mit der Frequenz
multipliziert, also 5,5 mit 3, 6,5 mit 4 usw., und die Summe dieser
Werte durch die Zahl der Lampen (90) teilt. Das Ergebnis ist 9,94 als
gewogene durchschnittliche Lebensdauer der Lampen, in 100 Stunden
ausgedrückt.)

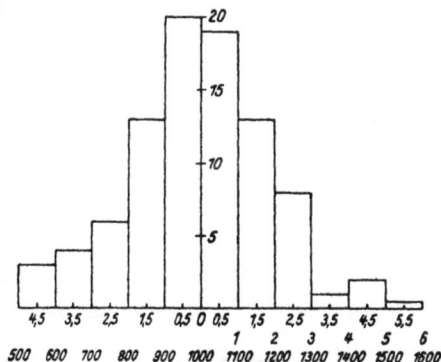

Figur 12. Die Brenndauer von 90 Glühlampen: Häufigkeitshistogramm.

Wir haben in Fig. 12 eine empirische Verteilung (ein Häufigkeitshistogramm) vor uns, das uns nur darüber Auskunft gibt, wie groß die
im vorliegenden Fall beobachtete Häufigkeit der Lebensdauer von
Glühlampen ist. Wir wollen aber weitergehen und sehen, ob wir nicht
eine erste Annäherung an diese empirischen Zahlen durch das Aufsuchen einer dazu passenden normalen (rein zufälligen) Verteilung
erhalten können.

Das Aufsuchen der Normalkurve. Mit dem Durchschnittswert der Brenndauer der Lampen allein läßt sich nicht viel
anfangen. Er gibt uns über die Brenndauergestaltung, über die Verteilung der Lampen nach der Brenndauer, keinen Aufschluß. Immer
wieder wird in statistischen Werken behauptet, ein Mittelwert allein
charakterisiere eine statistische Reihe. Die verschiedensten Verteilungen können jedoch alle denselben Durchschnitt aufweisen. Um
aber die Verteilung, die Ausbreitung oder, wie man auch zu sagen
pflegt, die Streuung zu kennzeichnen, benötigt man das Maß
dieser Streuung. Es gibt, wie bereits ausgeführt wurde, verschiedene
solcher Maße. Das wichtigste ist die sogenannte mittlere qua-

153

dratische Abweichung, die bei der normalen Verteilung den Abstand der Wendepunkte von der mittleren Ordinate, die dem Durchschnitt entspricht, angibt. Die mittlere quadratische Abweichung wird für die 90 Glühlampen durch die unten angegebene Weise mit 1,98 berechnet. Wir können also rund 2 als die mittlere quadratische Abweichung, als Abstand der Wendepunkte von der Mittelordinate festsetzen (Fig. 13).

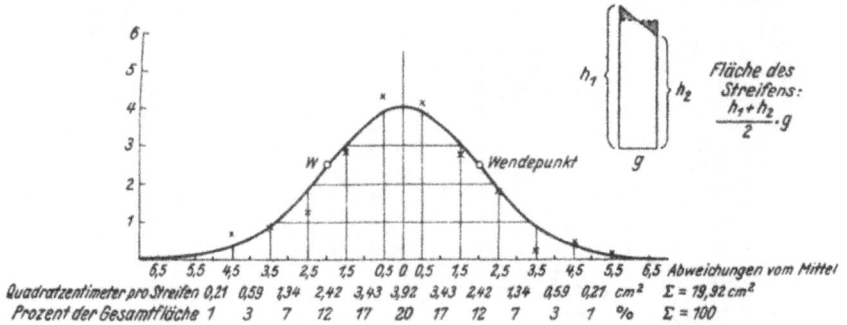

Figur 13. Die Brenndauer von 90 Glühlampen und die dazu passende Normalkurve (Verkleinerung auf die Hälfte). Die Kreuzchen deuten die empirischen Werte an.

Beispiel Brenndauer von 90 Glühlampen

Vereinfachte Berechnung der mittleren quadratischen Abweichung

S	f	$x = S - M'$	x^2	$x^2 f$
5,5	3	—4,5	20,25	60,75
6,5	4	—3,5	12,25	49,00
7,5	6	—2,5	6,25	37,50
8,5	13	—1,5	2,25	29,25
9,5	20	—0,5	0,25	5,00
10,5	19	0,5	0,25	4,75
11,5	13	1,5	2,25	29,25
12,5	8	2,5	6,25	50,00
13,5	1	3,5	12,25	12,25
14,5	2	4,5	20,25	40,50
15,5	1	5,5	30,25	30,25
	90			348,50

$$M = 9,944$$
$$M' = 10,000$$
$$\text{Diff.} = 0,056$$

$$\sigma^2 = \frac{348,50}{89} - 0,056^2 = 3,92$$
$$\sigma = 1,98$$

154

S sind die Stufen (Brenndauer) der Glühlampen (f), M ist das arithmetische Mittel der Brenndauer; M' ist der nächstgelegene runde Wert zur Erleichterung der Rechnung der Abweichungen $S - M' = x$. Jedes x^2 muß noch mit den Frequenzen f, der Anzahl der Glühlampen jeder Stufe, multipliziert werden. Die Summe, geteilt durch 89, muß noch um den ins Quadrat erhobenen Fehler, den wir bei der Annahme des künstlichen Mittels (M') begangen haben, vermindert werden. $\sigma = 1,98$ ist die Wurzel aus 3,92. (Noch einfacher gestaltet sich die Rechnung durch die Wahl des künstlichen Mittels $M' = 10,5$.)

Damit wird es möglich, jene normale Kurve zu zeichnen, welche der Verteilung der Lampen auf die Stufen der Brenndauer am nächsten kommt; wir haben bald die Elemente beisammen, die uns zur Zeichnung der Figur nötig sind. Wir tragen wiederum, wie bei der Aufzeichnung eines Stäbchendiagramms, auf Millimeterpapier von einem Punkt aus, der dem Durchschnitt (10 Brennstundeneinheiten) entspricht, nach beiden Seiten die Stufenabstände auf eine Horizontale, auf der sogenannten X - oder Abszissenachse, auf, also 0,5, 1,5, 2,5, 3,5, 4,5 und 5,5 Zentimeter nach beiden Seiten. In der Mitte zwischen Abstand 1,5 und 2,5 (bei 2,0) findet sich die Abszisse des Wendepunktes. Es gilt nun, über allen diesen Abszissen die Stäbchen, die Ordinaten, die y - Werte der normalen Verteilung einzutragen.

Wie findet man diese y-Werte? Da die binominale Verteilung und die aus ihr hervorgehende normale Verteilung eine durchaus gesetzmäßige ist, so läßt sich für diese eine Gleichung aufstellen, welche die Kurve „beschreibt". Die Gleichung, die sogenannte normale Verteilungsfunktion oder e hoch $- x^2$-funktion, lautet: $y = \dfrac{0,399}{\sigma} e^{-\frac{1}{2}\frac{x^2}{\sigma^2}}$, wobei y die gesuchte Ordinate beim gegebenen Abszissenwert x (also die Senkrechte über dem horizontalen Abstand x vom Mittelpunkt) und e die Zahl 2,7183, die Basis der natürlichen Logarithmen, bedeutet. Die Konstante 0,399 ist die Ausrechnung der Formel $\sqrt{\dfrac{1}{2\pi}}$, σ ist das Maß der Ausbreitung, der sogenannten Streuung: die mittlere quadratische Abweichung, in unserem Fall 1,98. Die Fläche unter der Kurve ist gleich 1.

Aus dieser Gleichung lassen sich, wenn wir vorläufig der Einfachheit halber σ mit 1 annehmen, mit Hilfe der Logarithmen sehr leicht die verschiedenen Werte für y, d. h. die Stäbchen für jede Stufe, die Ordinaten über jeder Abszisse berechnen[1]). So z. B. erhalten wir für $x = 1$ den Wert y als 0,242; für $x = 0$, für den Scheitelwert der Kurve, wird $y = 0,399$. Die folgende kleine T a f e l erspart uns diese Rechenarbeit; sie gibt die gesuchten Ordinatenwerte y für die gegebenen Abszissenwerte x von 0,0 bis 4,0 an, wenn die mittlere quadratische Abweichung $\sigma = 1$ ist. Wenn wir die y-Werte, die hier um das Zehnfache überhöht sind, in Zentimetern in gleichen Abständen als Stäbchen auftragen, so erhalten wir die eine Hälfte einer Normalkurve.

x	y	x	y	x	y	x	y
0,0 . . . 3,99		1,0 . . . 2,42		2,0 . . . 0,54		3,0 . . . 0,044	
0,1 . . . 3,97		1,1 . . . 2,18		2,1 . . . 0,44		3,1 . . . 0,033	
0,2 . . . 3,91		1,2 . . . 1,94		2,2 . . . 0,36		3,2 . . . 0,024	
0,3 . . . 3,81		1,3 . . . 1,71		2,3 . . . 0,28		3,3 . . . 0,017	
0,4 . . . 3,68		1,4 . . . 1,50		2,4 . . . 0,22		3,4 . . . 0,012	
						3,5 . . . 0,009	
0,5 . . . 3,52		1,5 . . . 1,30		2,5 . . . 0,18		3,6 . . . 0,006	
0,6 . . . 3,33		1,6 . . . 1,11		2,6 . . . 0,14		3,7 . . . 0,004	
0,7 . . . 3,12		1,7 . . . 0,94		2,7 . . . 0,10		3,8 . . . 0,003	
0,8 . . . 2,90		1,8 . . . 0,79		2,8 . . . 0,08		3,9 . . . 0,002	
0,9 . . . 2,66		1,9 . . . 0,66		2,9 . . . 0,06		4,0 . . . 0,001	

In unserem speziellen Fall der Brenndauer der Glühlampen ist allerdings die mittlere quadratische Abweichung nicht $= 1$, sondern $= 2$. Das nötigt zu einer Verschiebung. Wir müssen die Werte von x, die Abweichung vom Durchschnitt, jeweils durch 2 dividieren, so z. B. müssen wir über dem Abstand 0,5 von der Mitte jenen Wert eintragen, den wir der Tafel statt bei 0,5 bei 0,25 mit 3,86 entnehmen können[2]). Statt für $x = 1,5$ müssen wir für $x = 0,75$ den Wert y aufsuchen usw. Wir erhalten auf diese Weise die folgenden Ordinatenwerte (deren Summe 19,94 ergibt): 0,09; 0,32; 0,86; 1,83; 3,01; 3,86; 3,86; 3,01; 1,83; 0,86; 0,32; 0,09[3]).

---

[1]) Die Gleichung schreibt sich in logarithmischer Form: $\log y = \log 0,399 - \frac{1}{2} x^2 \log e = 0,6009 - \frac{1}{2} x^2 \cdot 0,4343$. Setzen wir in diese Gleichung $x = 1$ ein, so wird $x^2 = 1$ und wir erhalten $\log y = 0,6009 - 0,2171 = 0,3838$, woraus sich y mit 0,2421 aus der Logarithmentafel ergibt. — Eine sehr einfache Ableitung der Gleichung „ohne höhere Mathematik" bei Riebesell, Math. Statistik u. Biometrik, Frankfurt 1932.

[2]) Die Tafel enthält allerdings nicht den Wert für 0,25, sondern nur die Werte 3,91 für 0,20 und 3,81 für 0,30. Wir können aber den Wert für 0,25 aus dem Mittel von 3,91 und 3,81 mit 3,86 berechnen.

[3]) Der Wert 0,09 wurde am Anfang der Symmetrie halber hinzugefügt.

Tragen wir sie in Zentimetern mit je einem Zentimeter Abstand auf der Horizontalen auf und verbinden die Punkte mit einer Linie, so erhalten wir jene Normalkurve (s. Fig. 13, verkleinert), die der empirischen Verteilung der Glühlampen am nächsten kommt, weil sie das gleiche Streuungsmaß ($\sigma = 2$) und den gleichen Durchschnitt besitzt. Der Durchschnittswert, der am häufigsten vorkommende, der „dichteste" Wert, und der „Zentralwert" (bei orgelpfeifenartig angeordneten Einzelbeobachtungen der in der Mitte stehende Wert) fallen in derselben Senkrechten, welche die Figur in zwei gleiche Hälften teilt, zusammen.

Die tatsächlich beobachteten Werte der Brenndauer der Glühlampen lassen sich nun leicht in die so gewonnene Normalfigur eintragen. Zu diesem Zweck haben wir bloß die obengenannten Werte der Ordinaten der Normalkurve zu addieren und dieser Summe (19,94) die Summe der Frequenzen (90) proportional zu setzen. Die Proportion $19,94/90 = y/20$ ergibt für den Maximalwert 20 der empirischen Reihe, deren Summe nicht mehr 90, sondern 19,94 ist, 4,42. Die ganze Reihe ist: 0,67; 0,89; 1,33; 2,88; 4,42; 4,20; 2,88; 1,77; 0,22; 0,45; 0,22; insgesamt 19,93. Diese Werte wurden neben der Normalkurve mit kleinen Kreuzen in Fig. 13 eingetragen.

Was haben wir mit der A u f z e i c h n u n g d e r K u r v e d e r n o r m a l e n V e r t e i l u n g g e w o n n e n ? Da die Gesamtfläche, die von der Kurve begrenzt wird, unsern 90 Beobachtungen entspricht, so können wir studieren, wie sich die 90 Einzelwerte n o r m a l e r - w e i s e v e r t e i l e n , und zwar unter der Annahme, daß unsere 90 tatsächlichen Beobachtungen der Brenndauer von Glühlampen nur eine zufällig herausgegriffene Probe aus einer sehr viel größeren Zahl von Beobachtungen gleicher Art seien, eine Probe mit a l l i h r e n Z u f ä l l i g k e i t e n und kleinen Abweichungen von der theoretischen Normalform. Wir können daher sagen, wie viele Lampen bei k ü n f t i g e n Beobachtungen, die unter ähnlichen Umständen stattfinden, normalerweise eine Brenndauer von z. B. 8 bis 9 Brennstundeneinheiten (800—900 Brennstunden) haben werden. Wir können den Prozentsatz dieser abweichenden Fälle von den Totalzahlen bestimmen. Zu diesem Zwecke ist es bloß nötig, unsere Figur der Normalkurve in Streifen einzuteilen und die Fläche dieser Streifen zu berechnen. Wir können die Streifen als schmale, aufrechtstehende Trapeze ansehen, wobei die obere Begrenzungslinie allerdings keine Gerade ist. Sie lassen sich, wie aus der Figur 13 ersichtlich ist, dadurch in

Rechtecke verwandeln, daß wir ein kleines Dreieck in jedem Trapez abschneiden und es wieder ansetzen, wobei ihre beiden Flächen, die in der Figur schraffiert sind, als gleich groß angesehen werden. Die Fläche jedes dieser Rechtecke läßt sich dann leicht aus Grundlinie mal Höhe, wobei die Höhe das Mittel zwischen h_1 und h_2 ist, berechnen. So z. B. hat das Rechteck, das zwischen 0,5 und 1,5 x liegt, die Grundlinie 1 und die Höhe 3,43 (dem arithmetischen Mittel zwischen den beiden Werten der Ordinaten 3,86 und 3,01). Diese beiden Ordinaten begrenzen den Streifen, den wir ins Auge gefaßt haben. Er hat somit eine Fläche von 1 mal 3,43 oder 3,43 cm². Der rechts davon befind-

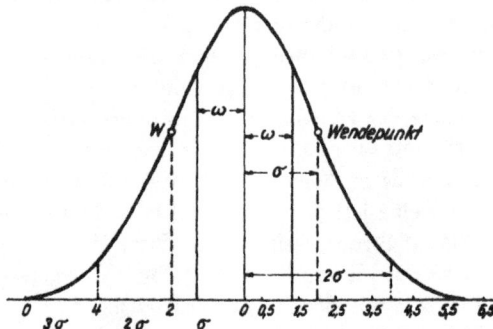

Figur 14. Die mittlere quadratische (σ) und die wahrscheinliche (ω) Abweichung und ihre Bereiche innerhalb der Normalkurve.

liche Streifen wird auf dieselbe Weise berechnet und ergibt 2,42 cm², die nächsten Streifen 1,34, 0,59 und 0,21 cm². Der mittelste Streifen wird berechnet, indem wir als Höhe die Mitte zwischen der Gipfelordinate (3,99) und den beiden begrenzenden Ordinaten (3,86) nehmen. Seine Fläche ist daher annähernd 3,92 cm². Unter der Figur sind diese Werte eingetragen. Sie ergeben als Summe 19,92, rund 20 cm² [1]). Wir bedienen uns weiterhin des bisher eingeschlagenen Verfahrens des Abzählens und Abmessens. Zum genaueren Bestimmen von Abschnitten der Fläche müßte man die Tafeln über das sog. Wahrscheinlichkeitsintegral benützen.

Wir können jetzt bestimmen, wie groß die Wahrscheinlichkeit, d. h. wie groß die Zahl der Lampen ist, die z. B. Abweichungen zwi-

---

[1]) Das läßt sich bei der doppelt so groß gezeichneten Figur leicht durch Abzählen auf dem mm-Papier oder durch Umfahren mit dem Planimeter feststellen.

schen 1,5 und 2,5 Brennstundeneinheiten von der mittleren Lebensdauer (10) haben werden. Zwischen diesen beiden Werten liegt ein Streifen mit einer Fläche von rund 12 Prozent der Gesamtfläche. Die Wahrscheinlichkeit ist daher 0,12, oder unter 100 Lampen werden sich 12 Lampen befinden, die 11,5 bis 12,5 Brennstundeneinheiten lang brennen (1150 bis 1250 Stunden). Ebensoviel Lampen werden 1,5 bis 2,5 Brennstundeneinheiten w e n i g e r als der Durchschnitt,

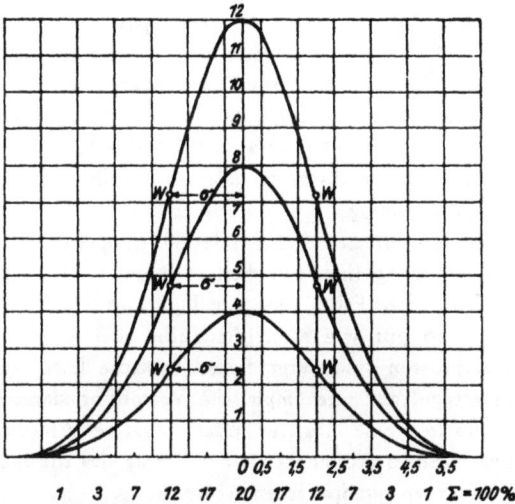

Figur 15. Verschiedene Normalkurven mit gleichen σ und daher gleicher prozentualer Verteilung der Teilflächen.

also 7,5 bis 8,5 Brennstundeneinheiten lang brennen (750 bis 850 Stunden).

Jetzt können wir auch sogleich die Frage beantworten, innerhalb welcher Grenzen (oder innerhalb welcher Abweichungen vom Mittelwert) sich d i e H ä l f t e a l l e r F ä l l e befinden werden, was man als die w a h r s c h e i n l i c h e A b w e i c h u n g bezeichnet. Wenn wir die drei mittleren Streifen zusammenzählen, so ergeben sich als Fläche 17 + 20 + 17 oder 54 Prozent. Mithin werden die gesuchten 50 Prozent der Gesamtfläche bei etwas weniger als 1,5 Abstand, bei zirka 1,4 Abstand zu finden sein. In der Tat ist die Hälfte dieses Abszissenwertes (wenn wir als mittlere quadratische Abweichung nicht 2, sondern 1 haben) jener Ordinatenabstand, den man als die

„wahrscheinliche Abweichung" bezeichnet und der angibt, innerhalb welcher Grenzen genau die Hälfte aller Fälle liegt. Wie wir sehen, befindet er sich in einem bestimmten Abstand von der mittleren quadratischen Abweichung σ, und zwar macht er, wie gesagt, 0,7 σ oder genau 0,67449 σ aus. Diese Verhältnisse finden sich bei allen Normalkurven mit derselben Streuung, demselben σ, wie aus Fig. 15 hervorgeht.

Welcher Teil der Fläche liegt zwischen den beiden Ordinaten der Wendepunkte, zwischen den σ? Die Wendepunkte liegen in unserer Figur 15 bei ± 2, die Fläche zwischen ihren Ordinaten macht 20 + 17 + 17 + 6 + 6 Prozent oder rund 66 Prozent aus. Daraus leitet man die Folgerung ab, daß bei einer Verteilung, die der normalen ähnlich sein soll, rund 66 Prozent aller Beobachtungen keine größeren Abweichungen vom Durchschnitt aufweisen sollen als die mittlere quadratische Abweichung.

Zwischen den Grenzen $\pm 2 \sigma$, oder der doppelten mittleren quadratischen Abweichung (hier zwischen + 4 und − 4), liegen bereits die größte Zahl aller Fälle. Aus der Figur ist ersichtlich, daß bei ± 6 oder 3 σ so gut wie sämtliche Fälle oder 99,7 Prozent der Fläche eingeschlossen sind. Von dieser Tatsache leitet sich die statistische Faustregel ab, eine empirische Verteilung dann als normal anzusehen, wenn keine positive oder negative Abweichung vom arithmetischen Mittel größer ist als der Betrag des dreifachen σ, der dreifachen mittleren quadratischen Abweichung.

Die theoretische Verteilung wird meist nicht nach der groben graphischen Methode berechnet, sondern mit Hilfe von T a f e l n, die für $\sigma = 1$, für eine normalisierte Normalkurve erstellt worden sind. Die Rechnung für unser Beispiel der 90 Glühlampen an Hand der Tafeln von Pearson ist aus der folgenden Tabelle ersichtlich.

Die Gleichung der Normalkurve läßt sich auf sieben verschiedene Arten schreiben, je nach den Maßeinheiten, die man der Schreibweise zugrunde legt. Als solche Maße haben wir neben der mittleren quadratischen Abweichung die wahrscheinliche Abweichung kennengelernt, die das 0,674 fache der mittleren beträgt. Die durchschnittliche Abweichung erreicht das 0,798 fache und ein weiteres Maß der Streuung, die sogenannte P r ä z i s i o n h, das 1,414 fache der mittleren quadratischen Abweichung. Alle diese Umrechnungsziffern gelten jedoch bloß für die Normalkurve, und es ist durchaus falsch, wenn in der landwirtschaftlichen Statistik häufig aus der durchschnittlichen

Brenndauer in Stunden	S	f	$x = S - M$	$\dfrac{x}{\sigma} = z$	$\varphi(z)$	$\dfrac{N}{\sigma}\varphi(z) = f'$
1	2	3	4	5	6	7
500 — 600	5,5	3	− 4,444	− 2,247	0,0320	1,46
600 — 700	6,5	4	− 3,444	− 1,742	0,0875	3,99
700 — 800	7,5	6	− 2,444	− 1,236	0,1859	8,46
800 — 900	8,5	13	− 1,444	− 0,730	0,3056	13,91
900 — 1000	9,5	20	− 0,444	− 0,224	0,3891	17,71
1000 — 1100	10,5	19	+ 0,556	+ 0,281	0,3835	17,46
1100 — 1200	11,5	13	1,556	0,787	0,2927	13,33
1200 — 1300	12,5	8	2,556	1,293	0,1729	7,87
1300 — 1400	13,5	1	3,556	1,798	0,0792	3,61
1400 — 1500	14,5	2	4,556	2,304	0,0281	1,28
1500 — 1600	15,5	1	5,556	2,810	0,0079	0,36
		90				89,44

Abweichung, die sich am leichtesten berechnen läßt, die wahrscheinliche abgeleitet wird, ohne zu untersuchen, ob die Verteilung tatsächlich eine normale ist.

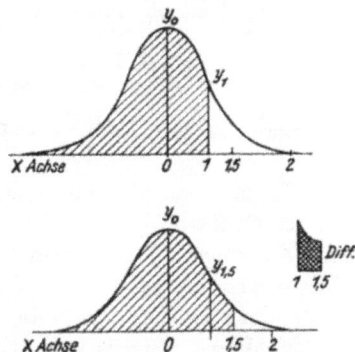

Figur 16. Das Aufsuchen des Flächenwertes von $x = 1$ bis $x = 1.5$ mit Hilfe der Tafel des Wahrscheinlichkeitsintegrals.

Spalte 3 gibt die Zahl der Glühlampen nach ihrer Brenndauer (Spalte 1 und abgekürzt für die Stufenmitte in der Spalte 2). In Spalte 4 wird die Abweichung des Durchschnitts M von der Stufe S angegeben. Da im vorliegenden Falle σ nicht, wie in den Tafeln angegeben, gleich 1 sondern gleich 1,977 ist, muß der Abstand x durch

σ dividiert werden (Spalte 5). Für diese Werte $\dfrac{x}{\sigma} = z$ finden wir auf S. 156 die entsprechenden Werte der normalen Verteilungsfunktion. Für genauere Werte sind die genannten Tafeln zu benützen. Wir müssen nun die Spalte 6 noch durch σ dividieren und die erhaltenen Werte mit $N = 90$, der Gesamtzahl der Glühlampen, multiplizieren, um die theoretische Verteilung f' zu erhalten, die der empirischen Verteilung der Glühlampen in Spalte 3 am nächsten kommt.

Will man die Fläche eines Streifens zwischen x_1 und $x_{1,5}$ aus der Pearsonschen Wahrscheinlichkeits-Integraltafel ablesen, so ist.

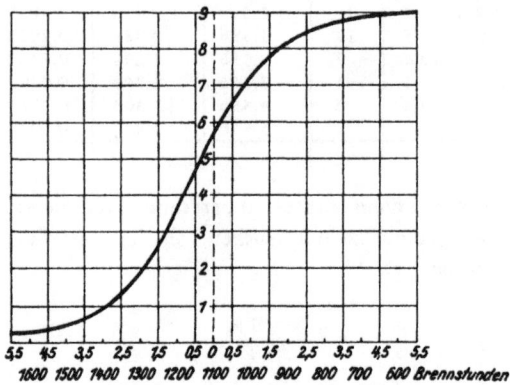

Figur 17. Summenkurve der Brenndauer der 90 Glühlampen.

wie in Fig. 16 ersichtlich, die Gesamtfläche bis zur Ordinate y_1 von der Gesamtfläche bis zur Ordinate $y_{1,5}$ abzuziehen, und man erhält die Fläche des in Fig. 16 besonders gezeichneten Teilstückes.

In der Statistik, namentlich seit Francis Galton, findet man häufig die S u m m e n k u r v e erwähnt, die auch Galtonsche Kurve oder courbe d'ogive, Kelchkurve, genannt wird, weil sie dem Längs-schnitt eines horizontal hingelegten Kelches ähnlich sieht. Man erhält sie durch einfache Aufsummierung der einzelnen Werte einer Normal-kurve. In unserem Beispiel der Brenndauer von Glühlampen hat man die Frequenzen 3, 4, 6, 13 usw. einfach zu addieren und erhält so die Zahlen 3, 7, 13, 26, 46, 65, 78, 86, 87, 89 und 90. Diese Zahlen aufgezeichnet ergeben die Fig. 17.

Sie stellt, wenn man will, die Absterbeordnung der Glühlampen dar, wenn man von ihrer Endsumme, von 90, rückwärtsgehend fest-

162

stellt, wie viele nach 5,5 Brennstundeneinheiten oder nach 600, nach 700, nach 800 Brennstunden noch gebrannt haben.

Auch die Überlebenden einer Bevölkerung lassen sich auf diese Art und Weise darstellen[1]). Die Summenkurve ist bedeutsam für die Ermittlung des T y p i s c h e n einer Erscheinung, das nach der Ansicht der Mathematiker in jenem Teilstück der Kurve zu finden ist, welches am steilsten und fast gradlinig verläuft[2]).

Die normale Verteilung ist, wie wir eingangs sagten, ein ideales Schema, das in der Wirklichkeit fast nie rein anzutreffen ist. Es behält seinen Wert aber deswegen, weil die normale Verteilung mit der tatsächlich vorliegenden kontrastiert werden kann, ferner auch, weil eine ganze Reihe von wirklichen Verteilungen der normalen ähnlich sehen. Die frühere, von Quetelet vertretene Auffassung, daß bei sehr großen Beobachtungszahlen meist normale Verteilungen auftreten würden, hat sich allerdings nicht bewahrheitet. Dagegen sind asymmetrische, schiefe Verteilungen recht häufig.

Eine sehr große Zahl von Verteilungen, die in der Wirklichkeit beobachtet werden, spotten jedem Versuch, sie als normale aufzufassen. Das hat zu den mannigfachsten Anstrengungen der Mathematiker geführt, eine allgemeinere Form der Verteilung zu finden und empirische Verteilungen entweder als aus verschiedenen Normalkurven zusammengesetzte zu deuten oder auch mehrere Normalkurven übereinander in mannigfacher Verknüpfung anzunehmen (Fig. 18).

Man hat auch versucht, Gliederungen, welche der Normalkurve nicht entsprechen, als Teilstücke, als Ausschnitte aus Normalkurven anzusehen (Gumbel).

Es ist zweifellos möglich, jede empirische Verteilung in dieser Weise oder als übereinandergelagerte Normalkurven zu deuten. Dagegen ist es fraglich, ob die betreffenden Erscheinungen dadurch tatsächlich irgendwie geklärt oder auch nur dem Verständnis näher gebracht werden können.

R e c h n e r i s c h e   P r ü f u n g   v o n   R e i h e n   h i n s i c h tl i c h   d e r   N o r m a l v e r t e i l u n g . Wir sind jetzt in der glücklichen Lage, zu jeder Verteilung, die einer normalen ähnlich sieht,

---

[1]) J. Gumbel, Die Gaußsche Verteilung der Gestorbenen, Jahrbüch. für Nationalök. u. Stat. 1933.

[2]) Lorenz, Höhere Mathematik für Volkswirte. 1929.

die dazu passende Normalkurve zu zeichnen; ja, mehr als das, zu berechnen, wie sich die theoretischen Teilstücke der Normalverteilung gegenüber den tatsächlichen empirischen Teilstücken, den Gliedern der Reihe, verhalten: ob die Abweichungen groß oder klein sind. Rechnerisch und zeichnerisch können wir die Unterschiede feststellen. Was uns aber fehlt, ist das richtige Augenmaß dafür, ob diese Unterschiede eigentlich bedeutend sind oder nicht. Auf Fig. 13 z. B. haben wir eine empirische Verteilung vor uns, die wir als sehr nahe einer normalen bezeichnet haben. Aber die Kreuzchen, die der empirischen Verteilung entsprechen, sind doch zum Teil ziemlich weit von der Normalkurve entfernt. Auch das Stäbchendiagramm dieser selben Verteilung wird niemand ohne weiteres als normal ansehen (Fig. 12).

Wir wissen eben e i n e s noch nicht: liegen die Abweichungen, die ja fast stets vorhanden sein werden, innerhalb der Grenzen des Zufalls?

D e r W ö l b u n g s k o e f f i z i e n t (die Momenten-Methode). Ein einfaches Maß normaler Verteilungen ist der Pearsonsche Wölbungskoeffizient[1]). Durch ihn werden nicht nur die Abweichungen vom arithmetischen Mittel dadurch, daß sie in die zweite bis vierte Potenz erhoben werden, weitgehend berücksichtigt, sondern auch die Schiefe der Verteilung wird gemessen. Es sind keinerlei Tafeln zur Berechnung nötig und keine komplizierten Formeln. Die ganze Rechnung läßt sich bei nicht zu langen Reihen in etwa einer Viertelstunde durchführen, mit dem Rechenschieber in noch kürzerer Zeit mit völlig genügender Genauigkeit. (Der Verfasser hat die hier angeführten Beispiele und eine große Zahl anderer einmal mit der Rechenmaschine und einmal mit dem Präzisionsschieber gerechnet, die Unterschiede machten sich erst in der zweiten Stelle nach dem Komma bemerkbar.)

Der Gang der Rechnung ist aus dem Beispiel auf S. 165 unmittelbar ersichtlich. Wir haben bei diesem Beispiel auf die Ehelösungen zurückgegriffen. Da die Reihe (f) hohe Zahlenwerte aufweist, mit denen sich unbequem rechnen läßt, wurde sie auf durchschnittlich 1000 (durch eine Dreisatzrechnung) reduziert. Diese Möglichkeit ist ein weiterer Vorteil der Methode.

---

[1]) Siehe wegen der zahlreichen Beispiele und eines einfachen Beweises Ch. Willigens, Methode zur Bestimmung der wichtigsten Merkmale einer statistischen Zahlenreihe, Zeitschrift für schweiz. Statistik und Volkswirtschaft, 1932 u. 1933.

Berechnung des Wölbungskoeffizienten β_2,

Beispiel der Ehelösungen

f Ehelösungen	$x = f - M$	x^2	x^3	x^4
964	− 36	1 296	− 46 656	1 679 616
944	− 56	3 136	− 175 616	9 834 496
992	− 8	64	− 512	4 096
975	− 25	625	− 15 625	390 625
1 035	35	1 225	42 875	1 500 625
1 011	11	121	1 331	14 641
1 001	1	1	1	1
1 010	10	100	1 000	10 000
1 039	39	1 521	59 319	2 313 441
1 012	12	144	1 728	20 736
1 036	36	1 296	46 656	1 679 616
1 009	9	81	729	6 561
1 018	18	324	5 832	104 976
1 001	1	1	1	1
973	− 27	729	− 19 683	531 441
981	− 19	361	− 6 859	130 321
16 001		11 025	− 105 479	18 221 193
Dividiert durch 16 1 000		$\mu_2 = 689$	$\mu_3 = -6 592$	$\mu_4 = 1 138 825$

Wölbungs-Koeffizient $\beta_2 = \dfrac{\mu_4}{\mu_2{}^2} = \dfrac{1\,138\,825}{689^2} = 2{,}38$

$$\sigma = \sqrt{\mu_2} = \sqrt{689} = 26{,}2$$

$$a = -\frac{\mu_3}{\mu_2} \cdot \frac{\beta_2 + 3}{10\,\beta_2 - 12\,\beta_1 - 18} =$$

$$= -\frac{6592}{689} \cdot \frac{2{,}4 + 3}{24 - 12 \cdot 0{,}13 - 18} = -11{,}7$$

$$\frac{a}{\sigma} = -\frac{11{,}7}{26{,}2} = -0{,}44 \qquad M = \frac{16001}{16}\,1000$$

Maß der Asymmetrie $\beta_1 = \dfrac{\mu_3{}^2}{\mu_2{}^3} = \dfrac{-6592^2}{689^3} = \dfrac{43{,}4 \cdot 10^6}{327 \cdot 10^6} = 0{,}133.$

Die Einzelabweichungen vom arithmetischen Mittel (1000) werden in die zweite, dritte und vierte Potenz erhoben, was entweder mit Logarithmen oder noch bequemer mit einer der vielen Potenzentafeln geschieht — man kann auch auf einer Vier-Speziesrechenmaschine jede Abweichung einmal für die zweite, noch einmal für die dritte und noch einmal für die vierte Potenz mit sich selbst multiplizieren, am leichtesten dann, wenn man das Ergebnis der ersten Multiplikation in ein zweites Zählwerk herübernehmen kann. Nachdem man die potenzierten Zahlen summiert hat, sind sie durch die Zahl der Stufen (hier 16) zu dividieren, um die Momente μ_2 μ_3 und μ_4 zu erhalten. Der Wölbungskoeffizient β_2 errechnet sich hierauf aus der einfachen Formel, die am Fuß der Tabelle angegeben ist, für unser Beispiel mit 2,38. Wäre er 3, so wäre die Verteilung normal. Beträgt er weniger als etwa 2,6, so kann die Verteilung nicht mehr als eine annähernd normale angesehen werden. Bei $\beta_2 = 2$ bildet die Verteilung den oberen Teil einer Ellipse. Ist $\beta_2 = 1,8$, so entartet diese zu einer horizontalen Geraden. Ist β_2 kleiner als 1,8, so ist die vorliegende Verteilung U-förmig. Ist β_2 größer als 3, so scharen sich die Mehrzahl der Einzelwerte noch enger um den Mittelwert als bei einer Normalkurve.

In allen Fällen einer nicht normalen Verteilung, wenn β_2 kleiner als 2,6 ist, kann das arithmetische Mittel nicht mehr als der Repräsentant der Verteilung angesehen werden, seine Verwendung ist völlig sinnlos.

Stets sollte man neben dem Wölbungskoeffizienten auch noch die S c h i e f e der Verteilung durch die Berechnung von a messen. a ist der Abstand (die Abweichung) der Scheitelpunkt-Ordinate vom Nullpunkt. Bei einer normalen Verteilung ist dieser Abstand gleich 0. Ist er größer oder kleiner als Null, so setzt man ihn ins Verhältnis zu σ, das ja eine große Zahl sein kann, um zu sehen, ob er nicht nur absolut, sondern auch relativ von Bedeutung ist. In unserem Beispiel ist dieser Wert $-0,44$, also nicht sehr groß, die Verteilung ist ziemlich symmetrisch, aber ihre Punkte liegen, wie man aus β_2 sehen kann, nicht auf einer Normalkurve.

Jeder kann sich selbst von der Richtigkeit dieser neuen Maße für normale Verteilungen überzeugen, ohne die von Willigens angegebene Ableitung zu lesen, indem er von einer binomialen Verteilung den Wölbungskoeffizienten β_2 berechnet. Dies geschieht in der folgenden Tabelle für eine binomiale Verteilung, die wir uns mit Hilfe des Pascalschen Dreiecks selber auf die einfachste Weise hergestellt haben, und von der wir wissen, daß sie angenähert normal ist.

Die Frequenzen f sind die sogenannten Binomialkoeffizienten, die man beim Pascalschen Dreieck erhält (s. S. 35). Als Stufen (S) wählen wir einfache ganze Zahlen von 0 bis 6.

Berechnung des Wölbungskoeffizienten β_2 der binomialen Verteilung $(1 + 1)^6$

S	f	$S \cdot f$	$x = S - M$	x^2	$x^2 \cdot f$	x^3	$x^3 \cdot f$	x^4	$x^4 \cdot f$
0	1	0	-3	9	9	-27	-27	81	81
1	6	6	-2	4	24	-8	-48	16	96
2	15	30	-1	1	15	-1	-15	1	15
3	20	60	0	0	0	0	0	0	0
4	15	60	1	1	15	1	15	1	15
5	6	30	2	4	24	8	48	16	96
6	1	6	3	9	9	27	27	81	81
	64	192			96		0		384

$$\frac{96}{64} = \mu_2 = 1,5 \qquad \mu_3 = 0 \qquad \mu_4 = 6,0$$

$$M = \frac{192}{64} = 3 \qquad\qquad \beta_2 = \frac{6,0}{1,5^2} = \frac{6}{2,25} = 2,67 \qquad \beta_1 = 0 \qquad a = 0$$

$$p = 0,5 \qquad q = 1 - 0,5$$

$$\sigma = \sqrt{\mu_2} = \sqrt{S \cdot p \cdot q} = \sqrt{6 \cdot 0,5 \cdot 0,5} = \sqrt{1,5} = 1,22$$

Die Berechnung des Wölbungskoeffizienten geschieht hier auf etwas andere Weise als bei den Ehelösungen. Die Frequenzen f entsprechen den Zählern der Brüche, der untersten Reihe der Figur S. 35 Wir gewinnen sie auch durch sorgfältiges Kombinieren von sechs schwarz-roten Kartenpaaren, das Maximum (20) liegt beim Durchschnitt 3 S 3 R. Dieser Durchschnitt ist der sogenannte gewogene Durchschnitt. Da die Besetzung der Stufen verschieden stark ist, muß dem bei Berechnung des Durchschnitts Rechnung getragen werden. (Im vorliegenden Falle würde freilich auch die Summe von S genügen, um durch Dividieren mit der Stufenzahl 7 den Durchschnitt 3 zu errechnen.)

Die Abweichungen vom Mittel sind niedrige ganze Zahlen, ihre Potenzierung ist daher sehr einfach. Jede potenzierte Abweichung muß allerdings noch mit der Besetzungszahl f jeder Stufe multipliziert werden, bevor die Additionen erfolgen können. Um μ_2 zu berechnen, wird die Kolonne $x^2 f$ addiert und die Summe (96) durch die Summe der Frequenzen f (64) dividiert, was 1,5 ergibt. Ebenso verfährt man mit der Kolonne $x^4 f$ für μ_4, was 6,0 ergibt. μ_3 wird 0, weil die Summe der Kolonne $x^3 f = 0$ ist. Die Verteilung ist also streng symmetrisch. β_2 ergibt sich aus der Formel $\mu_4 / \mu_2{}^2$ mit rund 2,7. liegt also nahe bei 3. Die Verteilung ist daher nahe einer normalen. Bei höheren Stufen des Pascalschen Dreiecks erhalten wir für β_2 genau 3.

Wenden wir uns nun einem praktischen B e i s p i e l a u s d e r i n d u s t r i e l l e n M a s s e n f a b r i k a t i o n zu, wobei man aus dieser Berechnung grundlegende Fehler des Fabrikationsprozesses aufdecken konnte. Das Beispiel ist dem ausgezeichneten Buch von K o h l w e i l e r : Statistik im Dienste der Technik (1931) entnommen, der eine sehr große Zahl von Beispielen, allerdings nicht nach der hier dargelegten Methode, anführt.

In einer Feindrahtzieherei wurden 1781 Partien Tombakfeindrähte geglüht. Sie zeigten in der Dehnung ein ziemlich verschiedenes Verhalten, doch gruppierten sich die Abweichungen vom Mittelwert der Dehnung ziemlich „normal", d. h. zufallsartig um diesen Mittelwert. Verdächtig blieb eine gewisse Asymmetrie (s. Fig. 18, die große, ausgezogene empirische Kurve im Vergleich zur punktierten Normalkurve).

Die Glühanlage war unzulänglich, wie eine genauere Untersuchung ergab. Es wurde nämlich in einer Muffel geglüht, in der drei Töpfe eingefahren wurden, die je nach dem verschiedenen Standort in der Muffel verschiedene Temperatur- und daher verschiedene Dehnungswerte erhielten und verschiedene Verteilungen der Fabrikate nach Dehnungsklassen aufwiesen. Die getrennte Auswertung der Drähte nach den drei verschiedenen Standorten in der Muffel führte nämlich zu drei Teilkollektiven mit 636, 579 und 566 Proben (s. die drei kleinen Kurven der Figur, aus denen sich die große, etwas asymmetrische Kurve zusammensetzt). Das erste dieser drei Teilkollektive $N = 636$ ist in der folgenden Tabelle daraufhin untersucht worden, ob die Verteilung eine normale sei. In der Figur 18 ist die normale Verteilung dieses Kollektivs wieder mit punktierter Linie eingetragen. Die Frequenzen der beobachteten Werte sind, wie ersichtlich, 8 bei 23,5 Prozent Dehnung, 134 bei 26,5 Prozent Dehnung, 324 bei 29,5 Prozent, 152 bei 32,5 Prozent und 18 bei 35,5 Prozent. Für β_2 ergibt sich ein Wert von 2,94, also fast 3 bei sehr geringer Asymmetrie. Die Verteilung ist also normal. Die betreffende Situation in der Muffel ergab nur zufallsmäßige und zu erwartende Abweichungen in der Dehnung der geglühten Drähte.

Die angeführte Rechnung läßt sich durch z w e i T r i c k s bedeutend vereinfachen. Was die praktische Berechnung des Wölbungs-

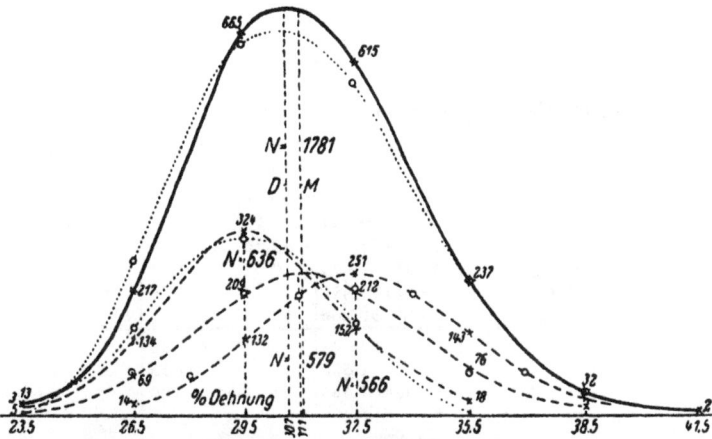

Figur 18. Drei empirische Kurven der Dehnungsproben von Tombakdrähten und die resultierende Totalkurve, mit eingezeichneten Normalkurven (punktierte Linien). N ist die Zahl der Beobachtungen.

koeffizienten erschwert, ist, daß die Differenzen x vom Mittelwert keine ganzen Zahlen zu sein pflegen (so ist hier $23,5 - 29,63 = -6,13$) und der Stufenabstand auch oft nicht $= 1$, sondern eine größere Zahl, hier $= 3$, ist. Macht man die Differenzen künstlich zu ganzen Zahlen und den Stufenabstand künstlich zu 1, so kann man die Potenzen sehr einfach berechnen, und die einzige Aufgabe besteht in der Multiplikation mit den Frequenzen (f). Die folgende Tabelle zeigt diese abgekürzte Rechnung mit demselben Beispiel. Am Schluß muß man aber die absichtlich begangenen Fehler wieder gutmachen. Da man künstliche, zu kleine Stufenabstände gewählt hat, 1 statt 3, muß man nachträglich durch Multiplikation mit 3^2 die Summe der zweiten Potenzen, mit 3^3 die Summe der dritten Potenzreihe und mit 3^4 die der vierten Potenzreihe richtigstellen. Die so erhaltenen Zahlen sind noch insofern provisorisch, als sie von einem bequem gewählten künstlichen Mittel M' abhängen, das, wie man sieht, Abweichungen in r u n d e n Zahlen x' gestattet, während das wahre Mittel $M = 29,68$ eine unbequeme Zahl für die Rechnung und das folgende Potenzieren darstellt. Die Differenz zwischen dem willkürlich gewählten M' und dem tatsächlichen Mittel M ist $-0,18$. Mit Hilfe der auf S. 173 oben angeführten Formeln lassen sich die provisorischen Werte μ'_2, μ'_3, μ'_4 auf die endgültigen μ_2, μ_3 und μ_4 leicht korrigieren, und der Vergleich der beiden Tabellen beweist,

169

Berechnung der Schiefe β_1 und des Exzesses (Wölbungskoeffizienten) β_2

Beispiel: Dehnung von 636 Proben von Tombakdrähten

S	f	S·f	$x = S-M$	$x \cdot f$	x^2	$x^2 \cdot f$	x^3	$x^3 \cdot f$	x^4	$x^4 \cdot f$
23,5	8	188	-6,18	49,44	38,19	305,52	-236,03	-1888,24	1458,66	11669,28
26,5	134	3551	-3,18	426,12	10,11	1354,74	-32,16	-4309,44	102,26	13702,84
29,5	324	9558	-0,18	58,32	0,03	9,72	-0,01	-3,24	0	0
32,5	152	4940	2,82	428,64	7,95	1208,40	22,43	3409,36	63,24	9612,48
35,5	18	639	5,82	104,76	33,87	609,66	197,14	3548,52	1147,34	20652,12
Σ	636	18876				3488,04		756,96		55636,72
						: 636		: 636		: 636
						$\mu_2 = 5,484$		$\mu_3 = 1,190$		$\mu_4 = 87,479$

$$M = \frac{18,876}{636} = 29,68 ,$$

$$\beta_1 = \frac{\mu_3{}^2}{\mu_2{}^3} = \frac{1,190^2}{5,484^3} = 0,0086 ,$$

$$\beta_2 = \frac{\mu_4}{\mu_2{}^2} = \frac{87,479}{5,484^2} = 2,91 .$$

daß man trotz der eingeführten Vereinfachungen, die sich besonders bei noch längeren Reihen angenehm geltend machen, zu den richtigen Zahlenwerten für den Wölbungskoeffizienten gelangt. (Bei der Korrektur achte man auf die Vorzeichen.)

Die Berechnung des Wölbungskoeffizienten für die beiden andern Teilkollektive mit 579 und 566 Frequenzen, deren Zahlenwerte in

Das vorige Beispiel, vereinfachte Rechnung

S	f	$x' = S-M'$	$x' \cdot f$	x'^2	$x'^2 \cdot f$	x'^3	$x'^2 \cdot f$	x'^4	$x'^4 \cdot f$
23,5	8	− 2	− 16	4	32	− 8	− 64	16	128
26,5	134	− 1	− 134	1	134	− 1	− 134	1	134
29,5	324	0	0	0	0	0	0	0	0
32,5	152	1	152	1	152	1	152	1	152
35,5	18	2	36	4	72	8	144	16	288
	636		38		390		98		702
			: 636		: 636		: 636		: 636
			0,06		0,613		0,154		1,1038
	Korrektur Stufenabstand		× 3		× 9		× 27		× 81
			0,18	$\mu'_2 =$	5,517	$\mu'_3 =$	4,158	$\mu'_4 =$	89,40

Vereinfachte Berechnung des Durchschnitts (M) (Mittelwertes) und der Momente auf Grund eines vorläufigen Durchschnittes (M')

$\mu_\nu = \dfrac{1}{N} \Sigma (S - M)^\nu \cdot f$: ν.tes Moment bezogen auf den (wahren) Durchschnitt

$\mu'_\nu = \dfrac{1}{N} \Sigma (S - M')^\nu \cdot f$: ν.tes Moment bezogen auf den vorläufigen Durchschnitt

Der wahre Durchschnitt M berechnet sich aus dem vorläufigen Durchschnitt M' nach der Formel

$$M = M' + \frac{1}{N} \Sigma (S - M') \cdot f .$$

Für die Momente ergeben sich die Beziehungen, wenn $h = M - M'$:

$\mu_2 = \mu'_2 - h^2$

$\mu_3 = \mu'_3 - 3 \mu'_2 h + 2 h^3$

$\mu_4 = \mu'_4 - 4 \mu'_3 h + 6 \mu'_2 h^2 - 3 h^4 .$

Beispiel: Tombakdrähte

$h = 29{,}68 - 29{,}5 = 0{,}18$

$M = 29{,}5 + 0{,}18 = 29{,}68$

$\mu_2 = 5{,}517 - (0{,}18)^2 = 5{,}484$

$\mu_3 = 4{,}158 - 3 \cdot 5{,}517 \cdot 0{,}18 + 2(0{,}18)^3 = 1{,}190$

$\mu_4 = 89{,}405 - 4 \cdot 4{,}158 \cdot 0{,}18 + 6 \cdot 5{,}517 \cdot (0{,}18)^2 - 3 \cdot (0{,}18)^4 = 87{,}479 .$

die Figur 18 eingezeichnet sind, ergab 3,0 und 2,74, die zusammengesetzte Kurve mit 1781 Frequenzen den Wert 2,82 mit schwacher Asymmetrie, während die Teilkollektive symmetrisch sind. Die Asymmetrie des Gesamtkollektivs erklärt sich jetzt daraus, daß die Mittelordinaten der drei Teilkollektive keineswegs zusammenfallen, sondern bei verschiedenen Dehnungswerten liegen, was eben auf verschieden hohe Temperaturen an den drei Standorten in der Muffel hindeutet.

Durch solche Nachprüfungen von Fabrikationsproben und zahlenmäßigen Beobachtungen in einem Großbetrieb läßt sich dieser in vielfacher Hinsicht, wie Kohlweiler an zahlreichen andern Beispielen zeigt, überwachen: betreffend der Ausführung des Produkts, der Arbeitsleistung der Arbeiter, der Zweckmäßigkeit, einem Arbeiter mehr oder weniger Maschinen zur Überwachung zu geben usw.

Einige Übungsbeispiele. Es ist unumgänglich notwendig, die Berechnung des Wölbungskoeffizienten ein paarmal an praktischen Beispielen durchzuführen, wenn man sie beherrschen will. Zu diesem Zweck gebe ich noch eine kleine Zahl weiterer Beispiele.

1. Der Kapitalwert der Fremdenbetten in der Schweiz ist von Hotel zu Hotel außerordentlich verschieden (man versteht darunter den Anlagewert des Hotels inklusive Grundstückwert und Inventar, auf ein Gastbett berechnet), je nach der kostspieligeren Ausstattung, der solideren Bauart usw. Unterscheidet man die Hotels nach Jahresbetrieben, Zweisaison- und Einsaisonbetrieben, jede dieser Hauptkategorien noch dazu nach der Moyenne (der durchschnittlichen Tagesausgabe eines Gastes), so gewinnt man viel gleichmäßigere Angaben über das investierte Kapital pro Fremdenbett, denn Hotels mit gleicher Moyenne haben auch ungefähr die gleiche Ausstattung. — 17 Zweisaisonbetriebe, alle mit einer Moyenne von 25 bis 30 Fr., wiesen im Jahr 1930 folgenden Kapitalwert pro Fremdenbett auf (in 1000 Fr.): 2,10; 5,66; 5,70; 5,70; 5,70; 6,10; 6,27; 6,43; 6,60; 7,20; 7,34; 7,47; 7,88; 8,26; 8,75; 10,16; 10,50. Es fragt sich nun: ist das arithmetische Mittel dieser Zahlen, die ziemlich stark streuen, mit 6,77 (also 6770 Fr.) pro Hotelbett dieser Kategorie ein guter Durchschnitt oder nicht? Die Berechnung des Wölbungskoeffizienten aus den oben angegebenen Werten gibt uns die Antwort: β_2 ist mit 3,53 ein guter Wert, denn er geht noch über $\beta_2 = 3$ hinaus, das arithmetische Mittel ist durchaus als Repräsentant der Reihe zu brauchen. Die Einzelwerte streuen zufallsmäßig um diesen Mittelwert. β_1 ist bloß 0,0009, die Asymmetrie ist also sehr gering.

2. Der Eintritt der Geschlechtsreife bei Mädchen von kinderreichen Familien in Nola bei Neapel wurde in einem Fall im 10. Lebensjahr, in 13 Fällen im 11. und 31 Fällen im 12. Jahr ermittelt. Die weiteren Zahlen, immer in den weiteren Stufen von einem Lebensjahr, waren: 69, 157, 102, 46, 26, 13, 4, im ganzen also 462 Fälle von 10 bis 19 Jahren, wobei die häufigsten Fälle, 157, auf das Alter von 14 Jahren entfallen. Wählen wir als Stufen der Bequemlichkeit halber statt 10, 11, 12 bis 19 Jahre 0, 1, 2 bis 9 Jahre, so wird das arithmetische Mittel der 462 Beobachtungen 4,37. Wählen wir als künstliches Mittel M' 4,0, so ergeben sich als Abweichungen von ihm $0 - 4 = -4$; $1 - 4 = -3$ usw. und führen die Rechnung genau wie im Beispiel der Tombakdrähte durch, so erhalten wir für μ_2 2,36,

für μ_3 1,17 und für μ_4 19,32, somit ein β_2 von 3,46, ein β_1 von 0,10.

3. Die Werte der Sandkurven im Beispiel auf S. 56 lassen sich ebenfalls gut als Rechnungsbeispiele verwenden und geben ein β_2 bei 10 g Sand von 3,1, bei 20 g Sand von 2,98, bei 30 g von 2,68, bei 60 g von 2,42 und bei 90 g von 2,45 — in den beiden letzten Fällen also unbefriedigende Werte für den Wölbungskoeffizienten.

4. Die Bevölkerung schweizerischer Gemeinden, die in sieben Jahrzehnten keinmal, einmal, zweimal usw. abgenommen haben (s. Fig. 11), ergibt eine Verteilung der 2010 Beobachtungen mit einem β_2 von 2,6, was nur noch knapp als Normalverteilung zu betrachten ist. Die Symmetrie mit $\beta_1 = 0,007$ und $a = -0,029$ ist ausgeprägt.

5. Eine scheinbar normale Verteilung zeigt die folgende Reihe: 659, 659, 920, 1158, 1837, 2303, 2770, 2500, 1441, 1679, 706, 659. Sie ergibt jedoch ein β_2 von nur 1,6, also eine U-förmige Verteilung. Das wird uns nicht verwundern, wenn wir vernehmen, daß die Reihe die Schneegrenze am Säntis in Meter über dem Meer vom Februar bis Januar (langjährige Mittelwerte nach Früh) angibt. Scheinbar völlig regellose Verteilungen, wie die bei Yule, Statistical methods, 1927, S. 265, angegebenen Prozentsätze von Albinos ergeben jedoch oft einen brauchbaren Wölbungskoeffizienten.

Die Chi-Quadrat-Methode. Unter den zahlreichen Beiträgen, welche die mathematische Statistik Karl Pearson verdankt, wird die Einführung der Chi-Quadrat-Methode vor fünfzig Jahren als die bedeutendste angesehen. Sie hat sich auf den allerverschiedensten Gebieten durchgesetzt.

Ist ein Würfel falsch? Halten sich die Schwankungen der Sexualproportion der Geborenen in den Zufallsgrenzen? Nehmen die männlichen Geburten im Krieg zu? Ergeben sich bei einem Kreuzungsversuch Abweichungen, die den Mendelschen Gesetzen widersprechen? Diese und tausend andere Fragen können durch die Chi-Quadrat-Probe beantwortet werden. Sie dient zur Prüfung der Anpassung (goodness of fit), der Homogeneität von Stichproben, der Ausgleichsrechnung, der Prüfung der Unabhängigkeit oder Gleichartigkeit statistischer Massen usw.

Wir wollen diese Methode zunächst auf unser altvertrautes Beispiel der Brenndauer von 90 Glühlampen anwenden, indem wir feststellen, ob sich die Unterschiede zwischen der beobachteten Verteilung und der normalen innerhalb der Zufallsgrenzen bewegen. Zu diesem

173

Zweck haben wir nichts anderes zu tun, als die Differenzen von f und f' auf S. 161 ins Quadrat zu erheben und durch den theoretischen Wert f' der betreffenden Stufe zu dividieren (s. die folgende Tabelle). Dann werden diese Abweichungszahlen addiert. Die Summe ist χ^2. Durch Aufsuchen der entsprechenden Wahrscheinlichkeit P in der χ^2-Tafel von Elderton, enthalten in Pearsons Tafelwerk, kann man feststellen, ob die empirischen Abweichungen χ^2 über die Schwankungen nicht hinausgehen, die sich bei rein z u f a l l s m ä ß i - g e n Verteilungen ergeben.

Berechnung von χ^2, Beispiel Glühlampen

f	f'	$f-f'$	$(f-f')^2$	$\dfrac{(f-f')^2}{f'}$
3	1,46	1,54	2,3716	1,624
4	3,99	0,01	0,0001	0,000
6	8,46	−2,46	6,0516	0,715
13	13,91	−0,91	0,8281	0,060
20	17,71	2,29	5,2441	0,296
19	17,46	1,54	2,3716	0,136
13	13,33	−0,33	0,1089	0,008
8	7,87	0,13	0,0169	0,002
1	3,61	−2,61	6,8121	1,887
2	1,28	0,72	0,5184	0,405
1	0,36	0,64	0,4096	1,138
90				$\chi^2 = 6,271$

$N = 90$ $\chi^2 = 6,271$

$M = \ 9,944$ $P = 0,62$

Suchen wir in Tabelle XII der Pearsonschen Tafeln den nächstliegenden Wert P für χ^2 auf, bei 8 Freiheitsgraden[1]), so erhalten wir 0,62, das will heißen, die Wahrscheinlichkeit ist 0,62; oder unter 100 zufälligen Versuchen werden 62 keine bessere Annäherung an die theoretischen Werte ergeben als in unserem praktischen Fall. Die Annäherung an die Normalverteilung ist also sehr gut.

Das alles erfordert nicht mehr Kenntnisse als das Nachschlagen einer Nummer in einem Telephonadreßbuch. Jedoch nur ein kleiner Prozentsatz der statistischen Laien, und selbst der Fachstatistiker, die

---

[1]) Die Zahl der Freiheitsgrade ist gleich der Zahl der Beobachtungen weniger 3, weil 3 Einschränkungen, nämlich der Umfang, der Durchschnitt und die Streuung der theoretischen Reihe mit der empirischen übereinstimmen.

174

dieses Verfahren benützen, weiß wie es zustande kommt. In den meisten statistischen Handbüchern findet man darüber keine Aufklärungen. Nur das „Rezept" wird gegeben. Dennoch ist es nicht schwierig, sich das Grundprinzip jener verbreiteten Arbeitsmethode klarzumachen. Ebenso wie man aus der binomialen Verteilung zum Verständnis der normalen Verteilung gelangt, kann man die trinomiale benützen, um eine Annäherung an die multinomiale zu erreichen. Aus ihr läßt sich dann die Chi-Quadrat-Verteilung ableiten.

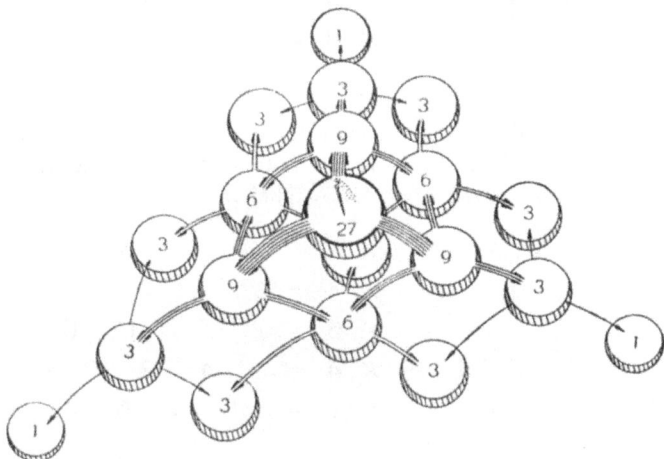

Figur 19. Trinomialverteilung $(1 + 1 + 1)^3$, dargestellt durch den Römischen Brunnen mit 3 Ausflußöffnungen jeder Schale.

Durch das Schema des Römischen Brunnens S. 33 gelangen wir zu einer klaren Vorstellung über die gesetzmäßige Verteilung des Binoms $\left(\frac{1}{2} + \frac{1}{2}\right)^n$, also bei nur einem Gegensatzpaar, auf das sich sehr viele statistische Fragen, besonders der Stichprobenmethode, zurückführen lassen. Wie aber, wenn m e h r als zwei Faktoren zusammenwirken? Was für eine Verteilung entsteht z. B. wenn jede Schale des Römischen Brunnens statt zwei je d r e i gleichgroße Ausflußöffnungen besitzt, also ein Trinom $\left(\frac{1}{3} + \frac{1}{3} + \frac{1}{3}\right)^n$ vorliegt? Dann wird unser Modell dreidimensional; entsprechend der Fig. 19, die die Verteilung von 3^3 oder 27 Einheiten darstellt.

Eine Erweiterung dieses Schemas ist ebenso leicht durchzuführen wie beim Pascalschen Dreieck. An Stelle einfacher Additionen treten

einfache Multiplikationen, wie aus dem folgenden Schema hervorgeht. Das Pascalsche Dreieck (links) ist mit seiner untersten Stufe
zu multiplizieren, und man erhält die gesuchte Verteilung von
$(1 + 1 + 1)^3$:

$(1+1)^3$		$(1+1+1)^3$
1	$\times\ 1\ =$	1
1 1	$\times\ 3\ =$	3 3
1 2 1	$\times\ 3\ =$	3 6 3
1 3 3 1	$\times\ 1\ =$	1 3 3 1

Führt man das Pascalsche Dreieck bis zur fünften Reihe weiter,
so erhält man durch dasselbe Verfahren die Häufigkeiten von
$(1 + 1 + 1)^4$, im ganzen $3^4 = 81$ Häufigkeiten:

1	$\times\ 1\ =$	1
1 1	$\times\ 4\ =$	4 4
1 2 1	$\times\ 6\ =$	6 12 6
1 3 3 1	$\times\ 4\ =$	4 12 12 4
1 4 6 4 1	$\times\ 1\ =$	1 4 6 4 1

In derselben elementaren Weise kann man weiter fortfahren und
erhält z. B. für das Trinom $(1 + 1 + 1)^9$ die folgende Verteilung, die
in Fig. 20 aufgezeichnet ist. Die Summe dieser Häufigkeiten ist 3^9
oder 19683.

```
                      1
                  9       9
              36      72      36
          84     252     252     84
       126    504     756     504    126
      126    630    1260    1260    630    126
    84    504    1260    1680    1260    504    84
  36    252    756    1260    1260    756    252    36
 9    72    252    504    630    504    252    72    9
1    9    36    84    126    126    84    36    9    1
```

176

Die Verteilung von $(1 + 1 + 1)^{20}$ stellt die Fig. 21 dar. Verfolgt man in drei Richtungen die treppenförmig abgestuften Häufigkeiten, so sieht man, daß sie auf Normalkurven liegen, wovon man sich mit-

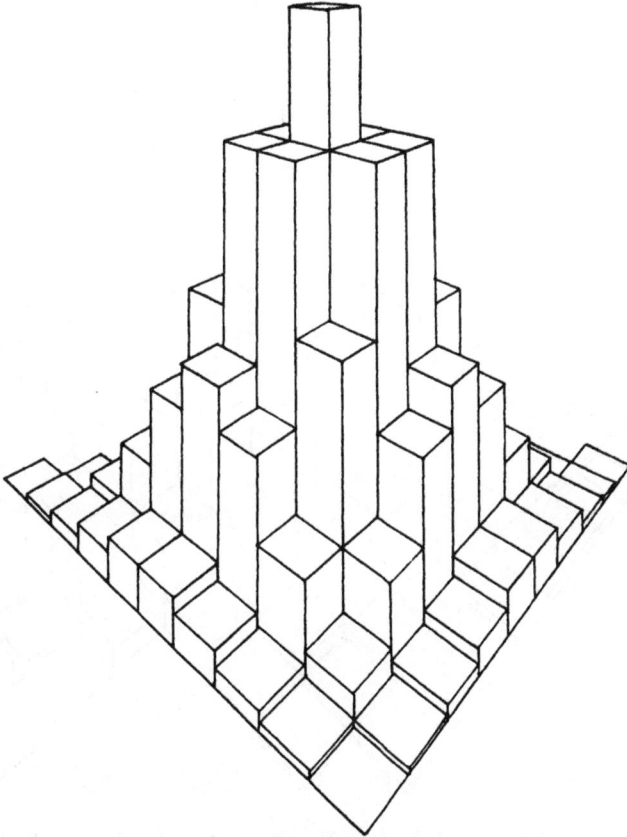

Figur 20. Trinomiale Verteilung $(1 + 1 + 1)^{0}$
in perspektivischer Darstellung.

tels der Momentenmethode leicht überzeugen kann. Würde man das Modell Fig. 21 mit einer Gummihaut überziehen, oder viel höhere Potenzen als 20 wählen, so würde man die sog. Normalfläche (Fig. 22) erhalten, ein Zufallsmodell — gleich dem Sandhaufen in einem Stundenglas oder dem Aschenkegel eines Vulkans — bei dem alle senkrechten Schnitte Normalkurven sind.

Und nun wollen wir bei unserem auf einfachste Weise gewonnenen Modell Fig. 20 des Trinoms $(1 + 1 + 1)^9$ die Summe der rein
zufälligen Abweichungen vom häufigsten Wert studieren, um sie

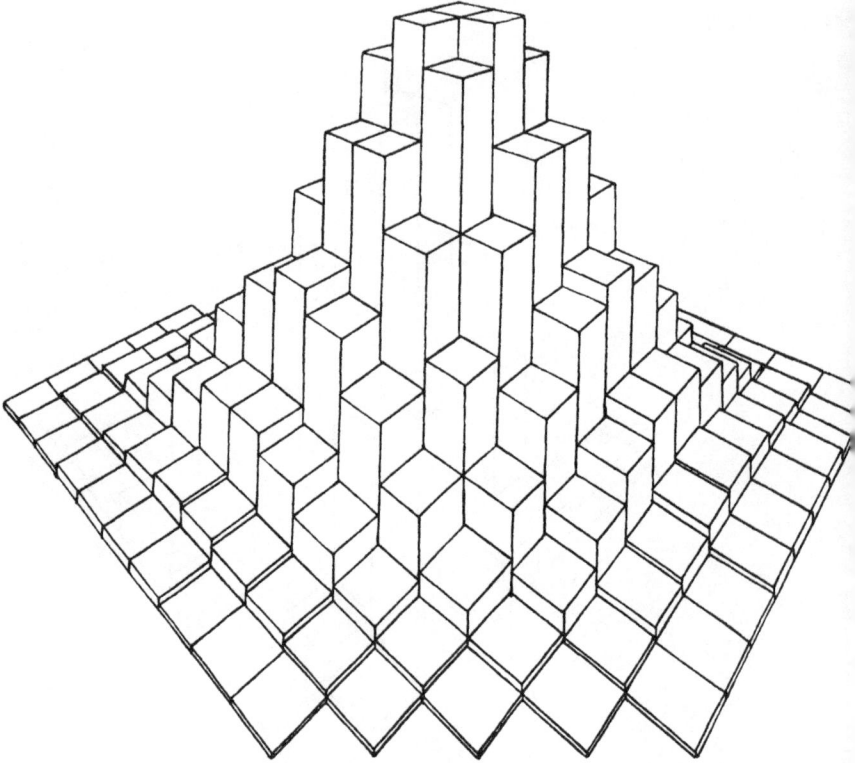

Figur 21. Trinomiale Verteilung $(1 + 1 + 1)^{20}$ unter Weglassung
der Extremwerte.

später mit der Summe von empirisch beobachteten Abweichungen vergleichen zu können. In Fig. 20 und Tab. S. 176 haben die 6 Häufigkeiten, die sich unmittelbar um den häufigsten Wert 1680 scharen,
den Wert 1260, die Differenz gegenüber 1680 ist 420. Wir quadrieren
sie, dividieren sie durch den häufigsten Wert 1680, und multiplizieren
mit 6, mit der Zahl dieser Häufigkeiten. Ebenso verfahren wir, ganz

analog wie auf Tab. S. 174, mit den nächst niedrigeren Werten, und addieren schließlich die so erhaltenen Zahlen (Tab. S. 180). Von dieser Summe 63 341 werden in der nächsten Kolonne der Tab. S. 180 die Abweichungszahlen 630 etc. abgezogen, um die Summe der Abweichungszahlen beim Abstand 0, 1, 2 ... von der Mitte zu erhalten; sie können als Promillezahlen oder besser als Wahrscheinlichkeiten

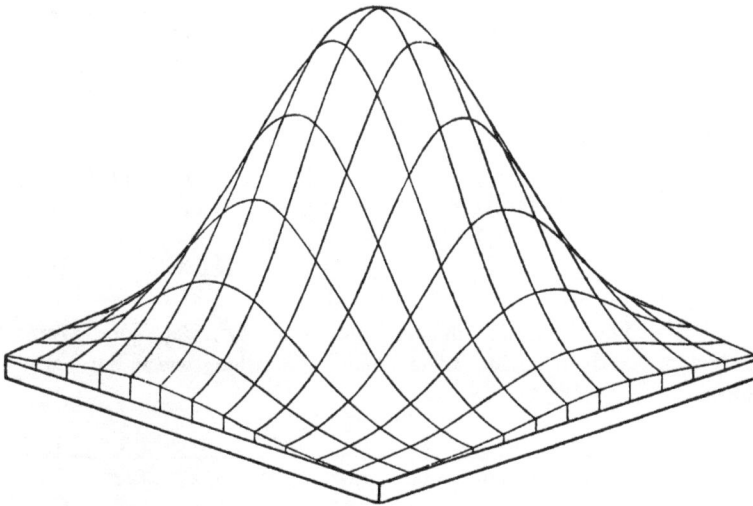

Figur 22. Normale Häufigkeitsfläche (symmetrisch, mit abgeschnittenen Extremwerten) nach Yule.

von 1 bis 0 absteigend ausgedrückt werden (drittletzte Kol. der Tab. S. 180). Sie entsprechen, wie man sieht, den Wahrscheinlichkeiten für χ^2 der Tafel von Elderton (zweitletzte Kolonne). Die Unterschiede gegenüber jenen Tafelwerten sind in der Tat gering. Dasselbe kann von den auf gleiche Weise gewonnenen Wahrscheinlichkeiten für die weiteren Freiheitsgrade (Tab. S. 180 u.) gesagt werden, wenn man sie mit der Eldertonschen Tafel vergleicht. Diese darf aus Gründen des Urheberrechtes nicht abgedruckt werden. H. W i e s l e r hat sie durch eine zeichnerische Darstellung der Wahrscheinlichkeiten der Chi-Quadrat-Verteilung ersetzt (s. Fig. 23 u. 24).

Die Abweichungssummen der Verteilung $(1+1+1)^9$ und $P(\chi^2)$ für 8 Freiheitsgrade

Abstand von der Mitte	Säulen Zahl a	Säulen Höhe f	Abweichungen vom wahrscheinlichsten Wert $f-1680$	quadriert	dividiert durch 1680 mal a	Summe aller Abweichungszahlen absolut	auf 1 normiert	$P(\chi^2)$[1] nach Elderton	χ^2
0	1	1680	0	0	0	63 341	1.000	1.000	0
1	6	1260	− 420	176 400	630	62 711	.990	.998	1
2	3	756	− 924	853 776	1 525	61 186	.966	.982	2
3	3	630	−1050	1 102 500	1 968	59 218	.935	.934	3
4	6	504	−1176	1 382 976	4 939	54 279	.857	.857	4
5	6	252	−1428	2 039 184	7 283	46 996	.742	.757	5
6	3	72	−1608	2 585 664	4 615	42 381	.669	.647	6
7	6	126	−1554	2 414 916	8 625	33 756	.533	537	7
8	6	84	−1596	2 547 216	9 097	24 659	.389	.433	8
9	6	36	−1644	2 702 736	9 652	15 007	.236	.342	9
10	6	9	−1671	2 792 241	9 973	5 034	.080	.265	10
11	3	1	−1679	2 819 041	5 034	0	0	.201	11

$$\Sigma a \cdot f = 19\,683 \qquad 63\,341$$

Wahrscheinlichkeiten entsprechend den $P(\chi^2)$ der Tafel von Elderton, berechnet aus der trinomialen[2]) Verteilung wie in der Tab. oben:

Freiheitsgrade

χ^2	3	5	6	7	8	9	10	11	19
0	1.00	1.00	1.00	1.00	1.00	1.00	1.00	1.00	1.00
1	.79	.98	.99	.99	.99	.99	.99	.99	1.00
2	.57	.88	.92	.94	.97	.98	.98	.98	1.00
3	.36	.69	.82	.84	.93	.97	.94	.97	.99
4	.33	.55	.63	.75	.86	.91	.90	.94	.99
5	.13	.45	.	.67	.74	.86	.87	.88	.99
6	.10	.27	.	.50	.67	.79	.81	.82	.99
7	.04	.20	.	.	.53	.64	.72	.75	.99
8	.	.	.	.	.38	.51	.62	.71	.98
9	.	.		.	.	.39	.57	.62	.97
10					.	.	.47	.54	.95
11							.37	.45	.92
12							.27	.36	.88

[1]) Nach der Tafel von P. Elderton für 8 Freiheitsgrade zum Vergleich; von $\chi^2 = 8$ ab wird die Übereinstimmung mit den Tafelwerten von Elderton schlecht, da die trinomiale Verteilung nicht asymptotisch verläuft.

[2]) Die Berechnung der Wahrscheinlichkeiten der Freiheitsgrade 3—6 erfolgte durch höhere als trinomiale Verteilungen.

Der Verlauf der Wahrscheinlichkeiten der χ^2-Verteilung für die Freiheitsgrade 1—100 ist aus dieser sehr schönen neuen Darstellung Fig. 23 (erstmalig veröffentlicht in der Schweizerischen Zeitschrift für Volkswirtschaft und Statistik, 1949, Heft 2) ersichtlich. Über einem Grundnetz, gebildet aus den Werten von χ^2 und den Freiheitsgraden als zweidimensionalem Koordinatensystem, erhebt sich die Wahrscheinlichkeits f l ä c h e, die einer Wasseroberfläche, welche über eine Schwelle herabstürzt, gleicht. Der Verlauf jeder Wahrscheinlichkeitskurve für die verschiedenen χ^2 und einen bestimmten Freiheitsgrad sind durch die starken Linien (die bei höheren Freiheitsgraden den Verlauf einer normalen Summenkurve annehmen), angedeutet. Die dünnen Querlinien verbinden die Punkte gleicher Wahrscheinlichkeit; es sind Niveaulinien, die in der Graphik 24 auf das Grundnetz projiziert wurden. Dadurch kann man aus dieser Figur 24 die Wahrscheinlichkeiten P für jedes praktisch vorkommende χ^2 für die Freiheitsgrade 1—100 ablesen, indem man vom Schnittpunkt der Linien für χ^2 und des Freiheitsgrades ausgeht, die nächste, stärker ausgezeichnete Linie der Wahrscheinlichkeit P aufsucht, und diese an Hand der Skala am Kopf der Graphik bestimmt. Gerade für die interessanten „Schwellenwerte" sind die Wahrscheinlichkeiten P infolge der geschickten Anordnung mit genügender Genauigkeit abzulesen. Will man z. B. die Wahrscheinlichkeit P für $\chi^2 = 4$ (bei 8 Freiheitsgraden) bestimmen, wie auf der Tab. S. 180, so geht man auf Fig. 24 von der Skala der Freiheitsgrade von 8 aus horizontal so weit nach links, bis man die schräg ansteigende Linie der Skala der χ^2-Werte bei 4 kreuzt. Dieser Kreuzungspunkt liegt zwischen den beiden stark ausgezogenen Kurven der Wahrscheinlichkeiten P gleich 0,90 und 0,75, und zwar nicht in der Mitte, sondern ungefähr beim ersten Drittel, von 0,90 an gerechnet. Da der ganze Unterschied 0,15 ausmacht, kann man $P (\chi^2)$ mit 0,85 bestimmen; der genaue Wert ist nach Elderton und nach meiner Tab. S. 180 übereinstimmend 0,857.

Blicken wir noch einmal auf unser trinomiales Zufallsmodell (Fig. 20) zurück. Es hat uns dazu gedient, die Summe der quadrierten Abweichungen, die wir zwischen einer empirischen und theoretischen statistischen Reihe beobachtet haben (S. 174) mit der gleich großen Summe der Abweichungen in Beziehung zu setzen, die sich bei einem Zufallsmodell ergeben, und die Wahrscheinlichkeit dieser Abweichungen beim Zufallsmodell zu bestimmen (P in Tab. S. 180). Es ist klar, daß die Summe aller Abweichungsquadrate bei einer solchen Zufalls-

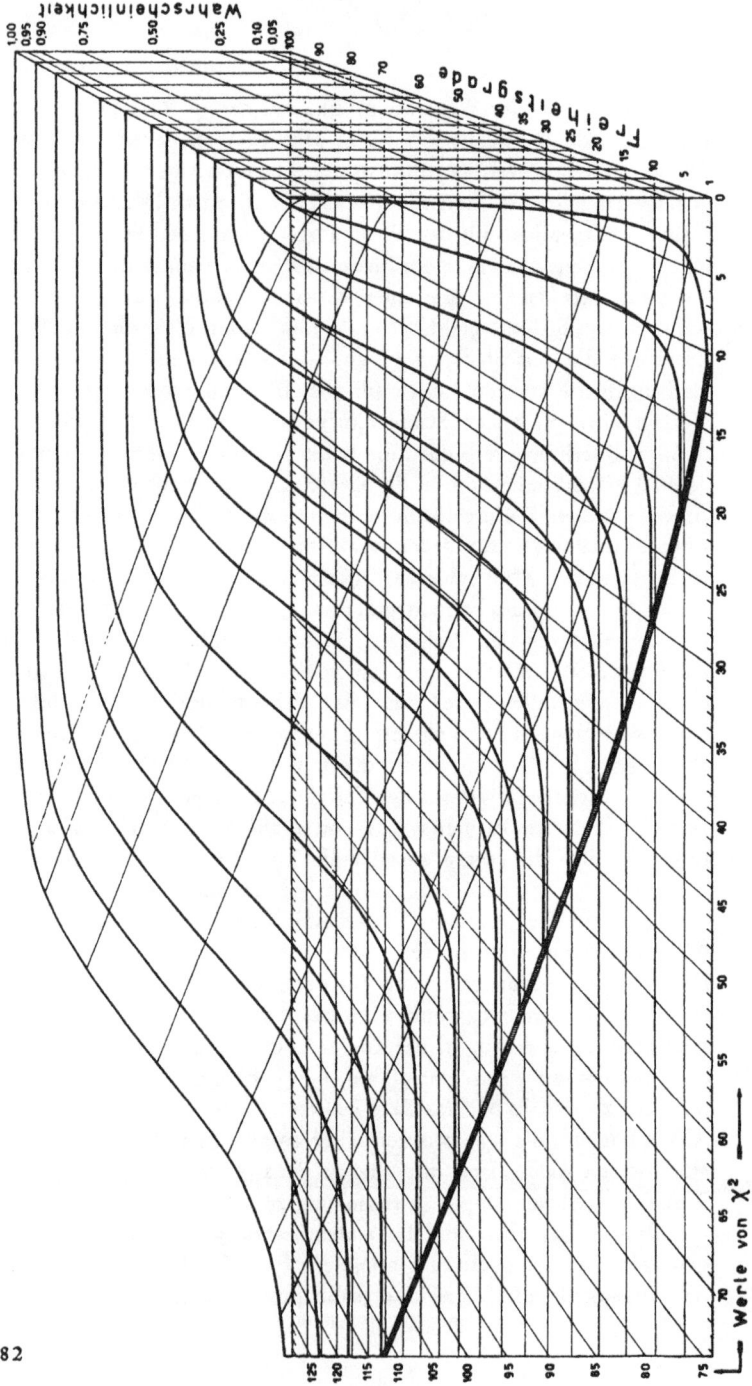

Figur 23. Wahrscheinlichkeiten der χ^2-Verteilung bei 1 bis 100 Freiheitsgraden. Erklärung im Text.

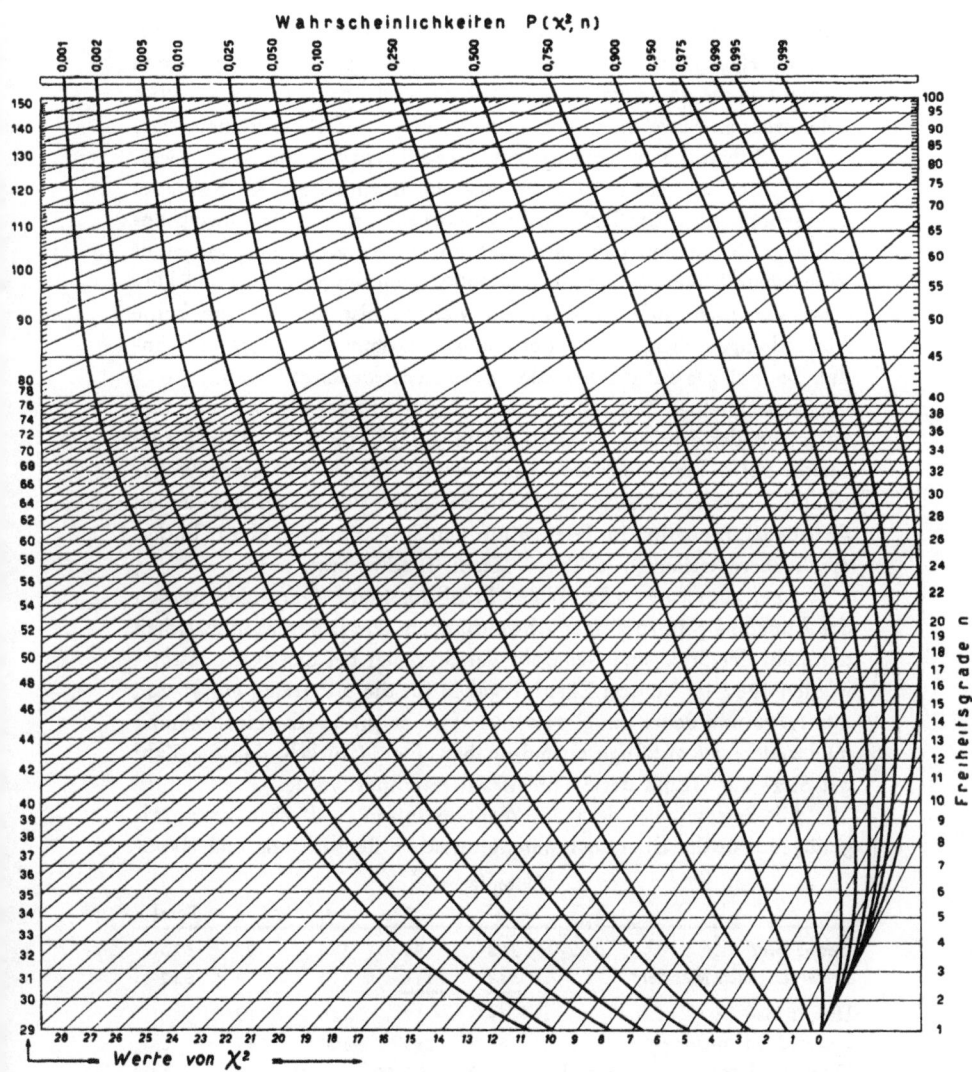

Figur 24. Projektion der Kurven der Wahrscheinlichkeiten von χ^2 der Figur 23.

verteilung um so kleiner sein wird und die dazu gehörigen Wahrscheinlichkeiten P umso geringere Beträge erreichen, je weiter man sich von der Mitte des Zufallsmodells, vom wahrscheinlichsten Fall mit der größten Häufigkeit, entfernt. Je größer daher bei einer empirischen Verteilung die χ^2-Summe ist, desto mehr wird sich diese von der noch tolerierbaren Abweichungssumme des Zufallsmodells entfernen.

So z. B. berechnete Kendall (Advanced Theory of Statistics, 1949, II, 119) für die Jahre 1910/19 eine durchschnittliche Knabenquote der Geborenen in Großbritannien von 0,5104 und für die Abweichungen von ihr in den genannten Jahren ein χ^2 von 79,6, was einer Wahrscheinlichkeit P von nur 0,0000001 gleichkommt. Bei z u f ä l l i g e n Versuchen oder Stichproben werden also so gut wie keine Abweichungen dieser Größenordnung vorkommen. Ein starker Einfluß des Krieges auf die Sexualproportion ist daher erwiesen.

Eine analoge Berechnung des Geschlechtsverhältnisses der Geburten in der Schweiz 1902/10 ergibt ein χ^2 von 4,17; $\chi^2 = 4$ entspricht bei 8 Freiheitsgraden nach unserer Tab. S. 180 einer Wahrscheinlichkeit von 0,857; ein Wert, der zeigt, daß die Schwankungen der Sexualproportion im Frieden mit den Schwankungen eines Glücksspiels übereinstimmen (s. Pólya, Ztsch. f. schw. Stat. 1919).

Aber auch z u g r o ß e Wahrscheinlichkeiten P (χ^2) widersprechen der Annahme rein zufälliger Abweichungen. Die Differenzen zwischen der Zahl der Sitze und der Zahl der Stimmen bei den Nationalratswahlen 1947 im Kanton Zürich ergaben für die 9 Parteien ein χ^2 von nur 1,790 und daher ein P von 0,97. Eine so große Übereinstimmung muß andere als zufällige Gründe haben, hier natürlich, daß die Zahl der Sitze auf Grund der Stimmenzahl errechnet wurde.

Ein Beispiel, bei dem die Wahrscheinlichkeit P noch knapp als genügend für die Übereinstimmung zwischen Beobachtung und Hypo-

	Blütenfarbe				
	1	2	3	4	Total
Beobachtet	368	99	126	27	620
Erwartet (nach Mendel) . . .	349	116	116	39	620
Unterschied	19	− 17	10	− 12	.
Unterschied, quadriert . . .	361	289	100	144	.
Dividiert durch Erwartungszahl .	1,03	2,50	0,86	3,70	8,09

$$\chi^2 = 8{,}09 \quad \text{Freiheitsgrade} = 3 \quad P = 0{,}046$$

In rund 5 von 100 Fällen wird eine Stichprobe keine bessere Annäherung bringen; die Abweichungen sind nicht bedeutsam oder signifikant.

these angesehen werden kann, ist das der Nachkommen einer Pflanzenkreuzung mit 4 Blütenfarben. (Nach S. Koller, Graphische Tafeln zur Beurt. stat. Zahlen, 1940.)

3. Das Messen der Abhängigkeit zweier Reihen

Die Idee der Korrelation. Noch heute zeigt man neugierigen Reisenden in England einen Felsvorsprung, unter dem Francis Galton vor einem Platzregen Schutz gesucht und dabei die Idee der Korrelation, als ob sie vom Himmel gefallen wäre, gefunden hat. Sie ist die Quelle eines Stromes geworden, der, durch zahlreiche Zuflüsse genährt, heute weite Gebiete befruchtet und zahlreiche Mühlen treibt.

Dieses Verfahren wurde in der Mehrfach-Korrelation zu großem Raffinement ausgebildet, und es gibt auf diesem Gebiet Spezialisten wie überall. Die folgenden elementaren Ausführungen sind natürlich nicht für sie bestimmt.

Die Korrelationsrechnung war von Laplace, Gauß, Bienaimé entdeckt worden, aber weitgehende Anwendungen von ihr führte erst Galton seit 1875 mit seinen Untersuchungen ein, von denen die erste die Größe von Erbsensamen zweier aufeinander folgender Generationen betraf. Seine Berechnungen hatten für die Erforschung des Erbganges beim Menschen, der keine Experimente wie die mit der Thaufliege erlaubt, besondere Bedeutung, und der Zusammenhang zwischen der Körpergröße von Vätern und Söhnen ist unzähligemal gemessen und nachgeprüft worden.

Am verständlichsten wird das Wesen der Korrelationsrechnung, wenn diese an nichtgruppiertem Material vorgenommen wird. Man untersuche beispielsweise den Zusammenhang zwischen den Zahlen der Schweizer Studenten an den schweizerischen Universitäten und an der Eidg. Technischen Hochschule in den Jahren 1890—1944. (Fig. 25 nach den Angaben im Stat. Jahrbuch der Schweiz.) An und für sich ist ein Zusammenhang zwischen diesen Zahlen keineswegs selbstverständlich. Der Bedarf an Ingenieuren braucht keineswegs dem Bedarf an Theologen, Juristen, Medizinern, Linguisten parallel zu gehen, und die Figur zeigt auch neben einer gewissen Parallelbewegung immerhin öfters einen verschiedenen Verlauf der beiden Kurven. Und doch ist, wie wir sehen werden, der Zusammenhang sehr eng. Selbstverständlich kann keine Rede davon sein, daß die Zahl der Universitätsstudenten die der technischen Hochschüler beeinflußt oder umgekehrt. Irgendwelche gemeinsame Faktoren sind vielmehr für den einheitlichen Verlauf verantwortlich zu machen.

In der Tab. S. 187 wurden nur drei von den 55 Jahreszahlen wiedergegeben, weil der Rechnungsvorgang einleuchtend und sehr einfach ist und weil er sich für alle 55 Jahre gleichbleibt. (Die übrigen Zahlen sind im Stat. Jahrbuch der Schweiz zu finden.) Die Studenten

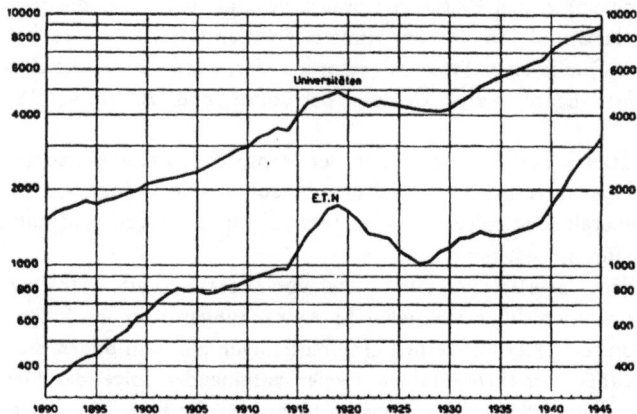

Figur 25. Schweizer Studenten an den Universitäten (männlich) und an der E.T.H. (männlich und weiblich), (Log. Skala.), 1890—1945.

an der ETH seien mit X, jene an den Universitäten mit Y bezeichnet. Diese Zahlen wurden jedoch für die Rechnung nicht direkt benützt, sondern vielmehr die Abweichungen von ihrem arithmetischen Mittel, was die Rechnung vereinfacht. Das arithmetische Mittel der Studentenzahlen an der ETH ist 1119,1; für das Jahr 1890 ist die Abweichung $x = 328 - 1119 = -791$, das Quadrat dieser Abweichung somit 625 681. Für 1891 usw. wird ebenso verfahren, hierauf wird analog y berechnet und quadriert. Die Streuung von X ist die Summe der x^2 (15,7 Mill.), dividiert durch $n - 1$ oder 54, der Zahl der sog. Freiheitsgrade der Beobachtungen. Die „Variance" von X ist daher 291 522. Die Variance von Y wird entsprechend berechnet und ergibt 191,8 Mill./54 oder 3 551 109. Aus der Streuung wird die Standardab-

weichung durch Wurzelziehen berechnet und ergibt $\sigma_x = 539{,}9$ und
$\sigma_y = 1884$.

Als Maß der Abhängigkeit der beiden Variablen dient das arithmetische Mittel des Produktes der Abweichungen beider Variablen, in England covariance genannt:

$$\text{cov}(x\,y) = \frac{1}{n-1} S(X-x)(Y--y) = \frac{52\,022\,090}{54} = 963\,372.$$

Korrelation zwischen den Zahlen der studierenden Schweizer an der Eidg. Technischen Hochschule und an den Schweizer Universitäten, 1890—1944

Jahr	Stud. ETH X	Stud. Univ. Y	$x = X - 1\,119$	$y = Y - 4004$	$x \cdot y$	x^2	y^2
1890	328	1 563	−791	−2441	1 930 831	625 681	5 958 481
1891	359	1 623	−760	−2381	1 809 560	577 600	5 669 161
.	.	.	.	.	.	.	.
.	.	.	.	.	.	.	.
1944	2 879	8 648	1 760	4644	8 173 440	3 097 600	21 566 736
1890—1944	61 551	220 206			52 022 090	15 742 207	191 759 902

Arith.
Mittel $\quad$ 1 119,11 $\quad$ 4003,74

$$\text{Korrelationskoeffizient } r = \frac{S(x \cdot y)}{\sqrt{S\,x^2 \cdot S\,y^2}} = \frac{52\,022\,090}{\sqrt{15\,742\,207 \cdot 191\,759\,902}} = 0{,}946.$$

Die Größe der Covariance gibt den Grad des Zusammenhanges zwischen den beiden Variablen an, denn es ist ohne weiteres einzusehen, daß bei f e h l e n d e m Zusammenhang zwischen den Variablen eine beliebige Größe der einen Variablen im gleichen Zeitpunkt ebenso oft mit einem kleinen wie mit einem großen Betrag der andern Variablen korrespondieren wird, daher ebenso oft positiv wie negativ sein wird. Die Produkte der Faktoren x und y werden daher die Tendenz haben, sich zu kompensieren, die Covariance wird daher bei fehlender Korrelation Null sein.

Ist jedoch die Covariance (xy) g r o ß, so kann das nur davon herrühren, daß große Werte der einen Variablen mit großen der andern Variablen zusammentreffen oder kleine mit kleinen. Dann ist die Korrelation groß und positiv. Auch wenn regelmäßig große x mit kleinen y einhergehen und umgekehrt kleine x mit großem y, so ist

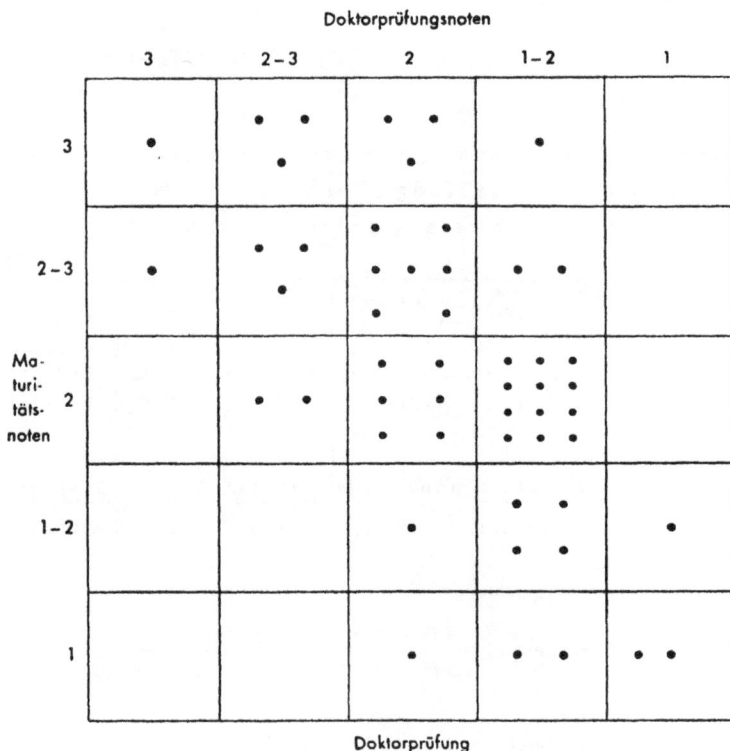

Doktorprüfungsnoten

Figur 26. Streuungsdiagramm zu Tab. S. 190.
Je 5 Kandidaten ein Punkt.

eine Korrelation vorhanden, aber sie ist negativ, die eine Kurve ist ein Spiegelbild der andern.

Um die Korrelation von den Einheiten unabhängig zu machen, wird die Covariance durch die Standardabweichung der beiden Variablen dividiert:

$$r = \frac{\text{cov }(x\,y)}{\sigma_x \cdot \sigma_y} = \frac{963\,372}{539,9 \cdot 1884} = 0,946.$$

Dies ist die wichtige Formel des Korrelationskoeffizienten, des Maßes der Abweichungen zweier Variablen, in seiner einfachsten Form.

Non vitae, sed scholae discimus. Dieser Ausspruch Senecas wird gewöhnlich umgekehrt zitiert: „Wir lernen nicht für die Schule, sondern fürs Leben." So steht es in goldenen Lettern über manchen Schulportalen. Ist dem wirklich so? Berufsberater und auch Hochschullehrer versuchten das zu beweisen, indem sie die Abgangszeugnisse an den Mittelschulen mit den Noten der Schlußprüfungen an den Hochschulen für dieselben Schüler verglichen. Die folgende

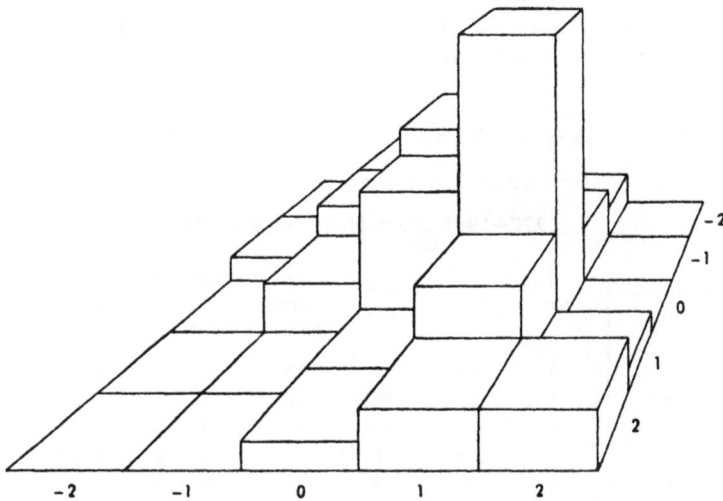

Figur 27. Häufigkeitsverteilung nach Tab. S. 190.

Tabelle, als Beispiel für gruppiertes Material, wurde von Henneberger für 268 Basler Studenten der Rechte zusammengestellt. Ihre Maturitäts- und Doktorprüfungsnoten wurden verglichen. Wie man aus der Tabelle auf den ersten Blick sieht, gingen in der Regel die guten Maturitätsnoten mit guten Doktorprüfungsnoten einher, ohne daß jedoch ein fester Zusammenhang bestand; doch waren gute Noten bei der einen Prüfung und schlechte Noten bei der zweiten für denselben Kandidaten eher die Ausnahme. Mittlere Maturitätsnoten waren am zahlreichsten, sie führten auch meist zu mittleren akademischen Abschlußnoten. Auch aus dieser Tabelle läßt sich eine diagonale Verteilung leicht erkennen; sie ist noch ausgeprägter, wenn man die Häufigkeiten in einem Streuungsdiagramm aufzeichnet (Fig. 26). Dabei wurden je fünf Fälle durch einen Punkt ausgedrückt. Stellt man die Häufigkeiten als Säulen dar, so erhält man die Fig. 27. Der Augenschein ist jedoch eine trügerische Sache. Denn berechnet man den Korrelationskoeffizienten, so erhält man nach Tab. S. 191 einen solchen von bloß 0,52. Ein Zusammenhang zwischen Maturitäts- und Doktorprüfungsnoten ist daher zwar vorhanden, er ist aber recht gering, und die Meinung von Henneberger, daß die Maturitätsnoten schon über den weiteren Studienerfolg entscheiden, ist keineswegs gerechtfertigt. In England hat man nach V e r n o n dieselbe Erfahrung gemacht. Die Korrelation erwies sich stets als schwach.

Der Zusammenhang zwischen Maturitäts- und Doktorprüfungsnoten von Studenten der Rechte,

1927—1945, nach Henneberger, 1946

Maturitäts-noten	rite	bene	cum laude	magna cum laude	summa cum laude	Total	
3	6	14	15	6	—	41	−2
2—3	4	13	34	11	1	63	−1
2	1	8	33	60	3	105	0
1—2	1	3	6	19	5	34	1
1	—	—	5	10	10	25	2
	12	38	93	106	19	268	
	−2	−1	0	1	2		

Ausrechnung der Kolonne 9
für die folgende Tabelle

$$6 \times -2 = -12$$
$$14 \times -1 = -14$$
$$15 \times 0 = 0$$
$$6 \times 1 = \underline{6}$$
$$-20 \text{ etc.}$$

Ausrechnung der Kolonne 8
für die folgende Tabelle

$$6 \times -2 = -12$$
$$4 \times -1 = -4$$
$$1 \times 0 = 0$$
$$1 \times 1 = \underline{1}$$
$$-15 \text{ etc.}$$

Die Berechnung des Korrelationskoeffizienten
aus Tab. S. 190

Dr.-Prüfung f_1	Kol. 1×2	Kol. 1×3	Maturität f_2	Kol. 1×5	Kol. 1×6	Total $x \cdot y$	Total $y \cdot x$	Kol. 1×9	Kol. 1×8
Kol. 1 2	3	4	5	6	7	8	9	10	11
−2 12	−24	+48	41	−82	164	−15	−20	40	30
−1 38	−38	+38	63	−63	63	−38	−8	8	38
0 93	−62	..	105	−145	..	−48	56	..	..
1 106	106	+106	34	+34	34	+16	24	24	16
2 19	38	+76	25	+50	100	+24	30	60	48
268	144		268	84		−61	82	132	132
	−62			−145					

	Kol. 2	Kol. 3	Kol. 6	Total	Kol. 10/11
	82	268	−61	361	132
Korrektur		−25,1*)	−13,9**)		+18,7***)
		242,9	**347,1**		**150,7**

*) $\dfrac{82^2}{268} = 25,1$ **) $\dfrac{-61^2}{268} = 13,9$ ***) $\dfrac{82 \times -61}{268} = -18,7$

$$\text{Korrelationskoeffizient } r = \frac{150,7}{\sqrt{243 \times 347}} = 0,52$$

Täuschende und enttäuschende Korrelationen.
Es ist zu beachten, daß eine Korrelation nicht immer im Sinne Galtons
eine „co-relation" bedeutet. Ein ursächlicher Zusammenhang ist nicht
immer vorhanden. Dies gilt besonders für parallele, gleichmäßig und
geradlinig fortschreitende Zu- oder Abnahmen. Solche sind namentlich auf wirtschaftlichem und bevölkerungspolitischem Gebiet öfters
anzutreffen. Mechanisch läßt sich dann eine hohe Korrelation berechnen, sie kann aber unter Umständen nichts als eine „nonsense-
correlation" (Yule) sein. Die Zahl der Sonnenflecken mag in einem
Zeitraum zunehmen und ebenso die Zahl der Zigarettenraucher; daraus auf einen Zusammenhang zwischen ihnen zu schließen, wäre
absurd.
Ganz anders ist die Lage, wenn hohe Korrelationen zwischen
stark schwankenden Variablen festgestellt werden, und einem Auf
und Ab der einen Variablen ein Auf und Ab der andern Variablen in

einem ähnlichen Ausmaß, im gleichen Zeitpunkt, vielleicht sogar mit einem „lag", einem gleichen zeitlichen Zwischenraum, entspricht. Denn es müßte dann ein seltener Zufall sein, daß sich ohne inneren Zusammenhang die Schwankungen beider Variablen zur gleichen Zeit oder in einem regelmäßigen Zeitabstand vollziehen.

Eine hohe Korrelation an sich bedeutet noch nicht viel, wenn die Zahl der Beobachtungen klein ist. Tippett, ein ausgezeichneter Kenner der Materie, vertritt allerdings den entgegengesetzten Standpunkt und sagt, wenn auch nur wenige Beobachtungspaare alle genau auf der Diagonale, der idealen Regressionsgeraden, liegen, so werde der Wissenschafter keine Bedenken gegen die Beweiskraft der Korrelation haben. Auch sehr niedrige Werte des Korrelationskoeffizienten können andererseits nach ihm einen tatsächlichen, wenn auch schwachen ursächlichen Zusammenhang aufzeigen, wenn sie auf sehr vielen Beobachtungen beruhen. Allerdings sei dann die Gefahr des Einflusses zufälliger Beobachtungsfehler nicht von der Hand zu weisen.

Bei kleinen Beobachtungszahlen, etwa unter 30 oder 40, ist ein Feststellen der Standardabweichung des Korrelationskoeffizienten unerläßlich, worauf hier nicht eingetreten werden kann.

„Hat man aber auch die Abhängigkeit eines Elementes von einem andern überhaupt erkannt, so ist hiermit, wie jeder Naturforscher weiß, nur das Allervorläufigste erledigt; denn jetzt beginnt erst die wichtigste Arbeit der Suche nach der A r t der Abhängigkeit." (Ernst Mach.)

Auch hierin haben die fortgeschrittenen Methoden der Korrelationsrechnung, die multiple Korrelation, wertvolle Beiträge geleistet, und deren Zahl wird vermutlich noch steigen, wenn die sehr erhebliche Rechenarbeit der erwähnten Verfahren durch die neuen Rechenmaschinen erleichtert werden. Schon die Hollerithmaschinen bringen beträchtliche Vorteile (s. Hollerithnachrichten, 1935).

Trotzdem gibt Tippett seiner Enttäuschung über diesen Gang der Entwicklung deutlichen Ausdruck, wenn er in seinem Büchlein „Statistics" 1943 schreibt, die Korrelationsrechnung hat nicht ganz gehalten, was sie versprochen hatte. Karl Pearson habe noch geglaubt, alle Phänomene, physische wie soziale, als ein zusammenhängendes Wachstum ansehen und alle Ursachenforschung durch Korrelationsforschung ersetzen zu können.

Oft wird aus einer ausgeprägten Korrelation auf das Vorhandensein eines ursächlichen Zusammenhanges der beiden Reihen geschlossen, was aber durchaus falsch ist. „Der Nachweis einer hohen Korrelation ist kein Beweis für einen realen kausalen Zusammenhang. Wenn eine kausale Verknüpfung vorliegt, existiert hohe Korrelation. Aber die Umkehrung ist falsch: Die Korrelation ist nur ein negatives Kriterium. Somit lassen sich Prognosen[1]) auf statistische Untersuchungen allein nicht gründen, denn hierzu benötigt man nicht nur die Kenntnis der Tatsache, daß eine Abhängigkeit besteht, sondern auch ihrer Form" (Gumbel).

VIII. Das Veranschaulichen der Zahlen

Das Verwandeln der Zahlen. Mit dem Gewinnen, Werten und Messen der Zahlen ist es nicht getan; man muß sie zu lebendiger Wirkung bringen. Jeder mit Zahlen gespickte Vortrag beweist durch seine Langeweile, wie schwer der Mensch Zahlen begrifflich aufnehmen kann. Sie müssen assimilierbar gemacht, in eine andere Form überführt werden. Man kann sie in mathematische Formeln, in Worte oder in Bilder verwandeln.

Die erste Methode ist hier nicht zu erläutern, sie geht weit über den Rahmen dieses Buches hinaus. Nur die zweite und dritte Verfahrensweise soll hier ganz kurz zur Erörterung gelangen.

Wie macht man aus Zahlen Worte? Die statistischen Aussagen widerstreben ihrer Umschreibung. Sie präzisieren unbestimmte Urteile, es hat keinen Sinn, sie wieder in solche zurückzuverwandeln und z. B. aus dem präzisen Urteil: „Von den Schweizern sind 58 Prozent Protestanten", wieder ein unbestimmtes Urteil abzuleiten: „die meisten Schweizer sind Protestanten". Die Wiedergabe der Tabellen in Sätzen, wobei die Zahlen der Tabellen einfach in Worten wiederholt werden — wie bei Wertschriften der Betrag „in Worten" nochmals aufgeführt wird —, ist aber erst recht zu verwerfen. Ein Beispiel: „Wie der Tabelle zu entnehmen ist, weisen von den 2022 Bäckereibetrieben im ganzen 1502 die Größe von 1—2 Personen, 406 die Größe von 3—10 und 122 die Betriebsgröße von über 10 Personen auf."

Besser wäre schon etwa die Feststellung: „Der Schwerpunkt der Betriebsart Bäckerei liegt in den Kleinbetrieben, während er in der

---

[1]) Sie können natürlich auch eintreffen. Voltaire sagte von den Astrologen: „On ne peut leur accorder le don de se tromper toujours."

Müllerei trotz der starken Automatisierung der Betriebe mehr und mehr in den höheren Größenklassen zu finden ist."

Der Text muß sich den Zahlen anpassen, und diese haben einen so mannigfachen Inhalt, daß hier nur ganz allgemeine Hinweise gegeben werden können. Es gibt N a c h s c h l a g e w e r k e, in denen der Leser gar nichts anderes zu finden erwartet, als Zahlen; ja er verlangt nur sie. Die Schlüsse aus ihnen will er selber ziehen. Die Statistischen Jahrbücher z. B. zu durchblättern, bedeutet deswegen einen hohen Gewinn, weil selbst Menschen mit ausgebreiteten Kenntnissen gar nicht wissen können, was alles auf allen möglichen Gebieten des Lebens heute an präzisen Zahlenfeststellungen bereits vorhanden ist.

Andere statistische Werke bleiben ohne lebendigen Text tot. Es fehlt den meisten Lesern die Möglichkeit, sich in ein ausführliches Tabellenwerk zu versenken. Dazu gehört ein gut Teil Rechenarbeit, ein Vergleichen der Zahlen von Tabelle zu Tabelle, ein richtiges Auffassen der Tabellenköpfe, ein Studieren der Erhebungsbogen, der Fragestellung überhaupt: der Art der Durchführung der Erhebung, kurz eine Zahlen k r i t i k. Der das Zahlenwerk geschaffen hat, ist meist der einzige, der die Entwicklungen, die Grundtendenzen, das vielseitige Spiel der Verflechtungen übersehen kann. Er sollte das alles herausarbeiten, er sollte neben einer kurzen Darstellung des Anlasses, des Z i e l s und der M e t h o d e n der Erhebung, die wichtigsten E r g e b n i s s e herausschälen und in Worten wiedergeben, aber nicht einfach das Tabellenwerk hinwerfen und sagen: ,,Da habt ihr alles. Lest euch selbst heraus, was ihr braucht."

Einen statistischen Text zu schreiben ist, wie gesagt, nicht leicht. Er muß überzeugen, er muß daher gewisse Zahlenreihen und -vergleiche als Belege bringen. Sie sollten überaus sparsam in Form von wenigen übersichtlichen Texttabellen eingestreut sein. Um die Darstellung anschaulich zu machen, sind Ergebnisse früherer (oder ähnlicher Erhebungen in anderen Ländern) heranzuziehen. Oft finden sich interessante historische Notizen in Kongreß- und Ausstellungsberichten, alten Encyklopädien, Gesetzesvorlagen, Geschäftsberichten von Korporationen und Vereinen. Auch aus der Fachpresse und aus sorgfältig geführten Ausschnittsammlungen aus der Tagespresse ist eine Fülle von Anregungen zu holen. Dann aber namentlich steht viel Material in den so oft geschmähten Dissertationen, die es jetzt sozusagen auf allen Gebieten gibt.

194

Es bedarf immer bestimmter Fragestellungen, um gewisse Tatsachen überhaupt erst zu bemerken und zu untersuchen. Nirgends sind vorgefaßte Meinungen und Vorurteile so nützlich wie in der Statistik — nur muß man sich nicht scheuen, sie an Hand der Zahlenergebnisse zu berichtigen oder abzulegen.

Folgerichtige Durchforschung des Zahlenmaterials nur nach einem Gesichtspunkt — beispielsweise nach Geschlecht der Beschäftigten oder nach ihrem Alter, oder nach ihrer Staatszugehörigkeit — fördert in der Regel große Verschiedenheit der Teilmassen von den Gesamtmassen an den Tag. Fruchtbar ist auch meist die Gliederung nach geographischen Gesichtspunkten; kurz, man reite irgendein Steckenpferd aus rein behelfsmäßigen Gründen. Ebenso zweckmäßig ist oft das Zusammenfassen vieler Einzelzahlen nach neuen, ganz abseitigen Gesichtspunkten, z. B. in der Berufsstatistik nach dem Arbeitsmilieu, in der Betriebsstatistik nach Handwerk und Industrie, oder nach kapitalintensiven oder arbeitsintensiven Industriezweigen, nach Exportindustrie und Inlandindustrie.

Von den Fragestellungen aus geht man daran, sich die Hauptzahlen aus den Tabellen herauszunotieren. Man halte sich dabei nicht etwa nur an die Generalzahlen oder die Gruppenzahlen. Man suche die Arten auf und dann die extremen Werte, die Maxima und Minima. Sehr lehrreich ist das Berechnen von Verteilungszahlen, wobei die Summe gleich 1000 gesetzt und die einzelnen Arten in Promille ausgedrückt werden. Dadurch gewinnt man am raschesten einen Überblick über die Wichtigkeit der einzelnen Arten. Der Zeitersparnis halber betrachte man zunächst die numerisch stärksten, die oft ausschlaggebend für die ganze Entwicklung sind. Hat man vergleichbare Zahlen aus einem früheren Zeitpunkt, so verfahre man ebenso mit ihnen und vergleiche die Verschiebung der Verhältnis-(Gliederungs-)zahlen. Aber man unterlasse nie, die wichtigsten absoluten Zahlen, abgekürzt in 1000ern oder Millionen, zu kleinen Studientabellen zusammenzustellen. Solche leicht einprägsamen Handtabellen können oft geheime Zusammenhänge aufdecken, wenn sie mit analogen andern verglichen werden.

Es ist kaum zu glauben, wie einzig und allein das bloße Zusammenrücken von statistischen Zahlen den Überblick erleichtert und oft erst ermöglicht. Besondere Aufmerksamkeit ist den „Grenzzahlen" zu schenken, die oft das ganze Zahlenbild stark beeinflussen, z. B. bei einer Berufsstatistik die Familienangehörigen,

die Berufslosen, die Frauen in der Landwirtschaft, die im Neben-
beruf Tätigen. Sie werden bei verschiedenen Zählungen oft verschieden behandelt. Bei internationalen Vergleichen sind derartige
Vorsichtsmaßregeln sogar unumgänglich.

Man achte auf die extremen Werte und auf p l ö t z l i c h e Ver-
ä n d e r u n g e n und Sprünge. Man beziehe möglichst ganze Merk-
malsreihen aufeinander. Eines der einfachsten und wertvollsten Mittel
zur Durchforschung des Zahlenmaterials ist auch das A u f z e i c h n e n
d e r E r g e b n i s s e in Kurven. Dadurch treten oft Entwicklungen
und gegenseitige Beziehungen zutage, an die man nie gedacht hätte.
Dies leitet hinüber zu der Verwandlung der Zahlen in B i l d e r .

Der Probierstein einer graphischen Darstellung
ist ihr Eindruck auf den Beschauer. Dieser Eindruck ist in der Regel
Null. Der Beweis ist leicht zu führen. Man nehme irgendeine Sammlung von graphischen Darstellungen zur Hand, betrachte eines der
beliebten Stäbchen- oder Kreisdiagramme eine Zeitlang und suche sich
nach fünf Minuten wiederum der Verhältnisse, die es darstellt, auch
nur in ganz groben Zügen zu erinnern. Man wird erstaunt sein, wie
wenig man behalten hat. Das ist aber kein Wunder. Das visuelle
Gedächtnis ist nur bei Künstlern stark ausgebildet. Andere Menschen
behalten leichter eine Prozentzahl als den optischen Eindruck von
einem Stab- oder Kreisdiagramm. Dem Statistiker gelingt es selten,
im Beschauer durch seine Graphika richtige Größenvorstellungen zu
erwecken. Er scheint das übrigens zu ahnen, denn nicht umsonst setzt
er neben seine Stäbe Quadrate, Kreise usw., oft noch die absoluten
oder Prozentzahlen oder sorgt durch ein Netzwerk oder eine Skala
für die Möglichkeit der richtigen Ablesungen. Dadurch beweist er
selbst ungewollt das Problematische seiner Darstellungen. Denn in
den Tabellen lassen sich die Einzelwerte viel rascher und schärfer
ablesen als auf einem Bild.

Man wird einwenden, die Absicht des Statistikers bestehe ja
gar nicht darin, die verschiedenen Größenverhältnisse auch nur in
den gröbsten Zügen vor Augen zu führen. Er wolle durch die
graphische Darstellungen lediglich über die R a n g o r d n u n g der
einzelnen Größen Eindrücke vermitteln, er wolle zeigen, die Größe *a*
komme an erster Stelle, sie sei bedeutender als die Größe *b*. — In
diesem Falle wäre die viel einfachere grapische Darstellung $a > b$
vorzuziehen.

Die Tatsache aber bleibt trotz diesen Einwänden bestehen, daß die Benützer statistischer Werke von den graphischen Darstellungen mit magischer Gewalt angezogen werden. Der Berufsstatistiker aber wird sich graphische Darstellungen wohl kaum zu eigenem Gebrauch anfertigen (mit Ausnahme vielleicht von Kurvendiagrammen). Er fabriziert sie nur für andere. Warum, wird man fragen, tut er das?

Optische Täuschungen. Eines der Hauptbedenken, die man gegen graphische Darstellungen geltend machen kann, ist die Willkür, die in der Wahl des Maßstabes liegt. Da dieser vollkommen freisteht, ist es möglich, eine Erscheinung als recht bedeutend hinzustellen oder ihre Schwankungen in ihrem Verlauf nach Belieben zu übersteigern. Gerade dieser Mangel gibt aber dem Statistiker die Mittel an die Hand, Eindruck zu machen, wo er es wünscht. Figur 28 u. 29 zeigt dieselben Werte in verschiedenem Maßstab aufgetragen. Die Kehrseite dieser Möglichkeiten liegt nun aber auch darin, daß mit und ohne die Absicht des Statistikers immer optische Täuschungen des Beschauers herbeigeführt werden. Jeder kennt den kleinen gesellschaftlichen Scherz, der darin besteht, einen Zylinderhut auf den Boden an die Wand zu stellen, ihn wieder fortzunehmen und die Anwesenden aufzufordern, die Höhe des Zylinders an der Wand zu markieren. Die Irrtümer, die unterlaufen, sind grotesk. Um nichts anderes handelt es sich im Grunde bei schwarzen Stäbchendiagrammen. Werden sie breiter oder schlanker ausgeführt oder in Verbindung mit schraffierten Stäbchen gebracht, die einen Stab dicker oder dünner erscheinen lassen, so sind ständige Täuschungen über die Größenordnung der einzelnen Stäbe unvermeidlich. Noch mehr ist das der Fall bei farbigen Darstellungen. Daß bestimmte Farben auf den Beschauer stärker als andere wirken, weiß man. Wenn die Wirkung auf den einzelnen auch verschieden ist, so kann kein Zweifel darüber bestehen, daß die Wahl der Farbe für die verschiedenen Kreise und Kreissegmente, die Bändchen und Linien in starkem Maße den Eindruck mitbestimmt[1]. Die Verschiedenheit der darzustellenden Gegenstände bringt es ferner meistens mit sich, daß dieselben Farben für verschiedenartige Dinge verwendet werden müssen, oft auf derselben

[1]) C. Gini berichtete am Berner Kongreß des Intern Instituts 1949 von einer ungarischen Nationalitätenkarte, bei der durch Hervorheben mit roten statt gelben Kreisen ein ganz falscher Eindruck des ungarischen Elementes in Transsilvanien herbeigeführt wurde.

Seite, und daß sehr häufig der Maßstab für die graphischen Darstellungen wechselt. Eine bestimmte Länge bedeutet einmal 50 kg Zucker, dann wieder 1000 Zigaretten oder 200 Zigarren oder 3,5 kg

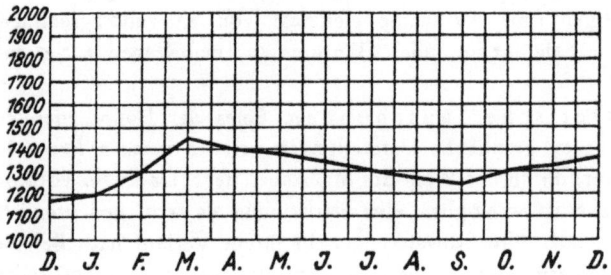

Figur 28. Kurs einer Aktie, Januar—Dezember, nach Graf.

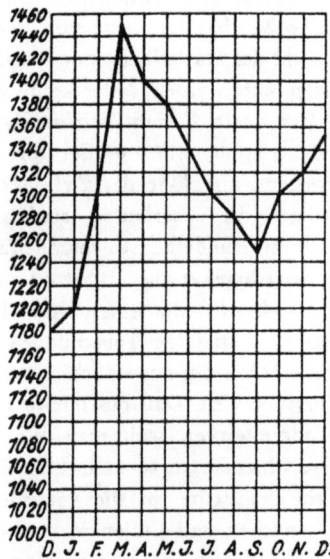

Figur 29. Dieselbe Kurve, mit halb so großem Abszissen-
und fünffachem Ordinatenabstand.

Rohtabak. Auf derselben Tafel[1]) ist 1 cm² gleich 0,4 kg Tee oder gleich 9 kg Mehl zu setzen, so daß man versucht ist, zu glauben, in

---

[1]) In v. Moellendorffs Volkswirtschaftlichem Elementarvergleich.

den Vereinigten Staaten brauche man mehr kg Tee als kg Mehl pro Kopf der Bevölkerung.

Optische Wirkungen. Es gibt verhältnismäßig einfache Mittel, um den erwähnten Mängeln einigermaßen auszuweichen und um überhaupt den Eindruck von graphischen Darstellungen zu ver-

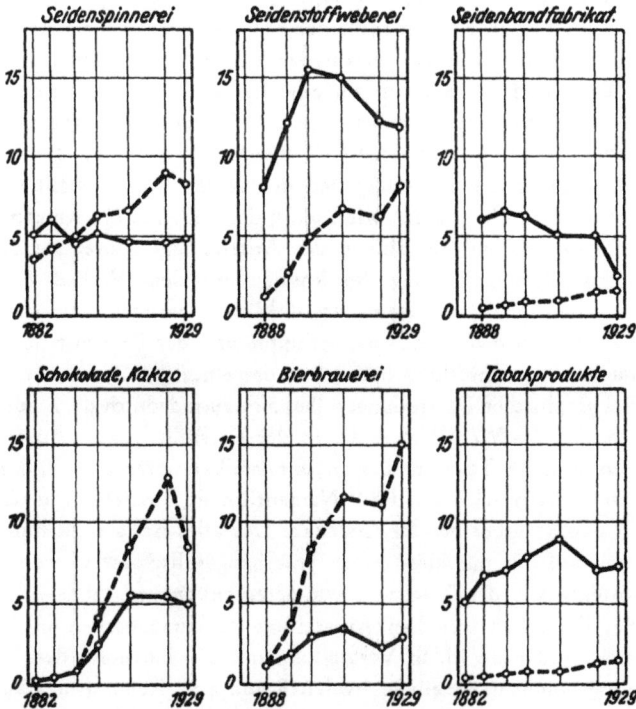

Figur 30. ———— Zahl der Fabrikarbeiter (in Tausend), - - - - - Zahl der Pferdestärken (in Tausend) in den Jahren 1882, 1888, 1895, 1901, 1911, 1923, 1929 (Schweizerische Fabrikstatistik 1929).

tiefen. Schon einzig eine bewußte Einfachheit der Darstellung tut Wunder. Man verlege sich auf solche, in denen nur wenige, aber wesentliche Zahlenkontraste auftauchen. Sie sind viel eher zu merken als unbedeutende Unterschiede. Ferner wende man für eine Reihe von Darstellungen denselben Maßstab an und veranlasse den Beschauer auf diese Art zu einem Typenvergleich.

Wenn Kurven dargestellt werden müssen, so sollen sie nicht verwirrend und in wilden Zacken durcheinanderlaufen, außer man will diesen Eindruck bewußt erzielen (Fig. 37). Am günstigsten sind Darstellungen von wenigen Kurven, deren gegenseitiger Ablauf von Bedeutung ist, z. B. sind in der Fig. 30, S. 199, in verschiedenen Industriezweigen der Schweiz die Zahl der PS und der Arbeiter in 1000 (absolute Zahlen) in ihrer zeitlichen Entwicklung dargestellt. Wo sich die beiden Kurven schneiden, da sind ebenso viele Arbeiter als PS vorhanden. Ist der Verlauf der Kurve der PS steiler als die Kurve der Arbeiter, so haben wir eine Industrie vor uns, in der die Mechanisierung starke Fortschritte macht. Beginnt die Kurve der PS hoch über derjenigen der Arbeiter, so war von jeher die Industrie stark mechanisiert. Ein Zurückgehen der beiden Kurven stellt einen Rückschritt der Industrie dar, wie z. B. in der Stickerei. Ein Anwachsen der Zahl der PS und ein Sinken der Arbeiterzahl deutet auf fortschreitende Rationalisierung. So können aus dem Verlauf zweier Kurven allein eine ganze Reihe von Schlüssen gezogen werden. Die verschiedene Höhe der Zahl der Arbeiter und der PS weist auf die verschiedene wirtschaftliche Bedeutung der einzelnen Zweige hin.

Bei graphischen Darstellungen läßt sich auch dadurch der Eindruck steigern, daß das Wesentliche, das in der Darstellung zum Ausdruck kommen soll, im Text am besten unmittelbar unter dem Bild mit ein paar Worten erläutert wird. Namentlich in Ausstellungen überkommt den Besucher oft der Gedanke: Das alles ist ja recht hübsch, aber was soll mir nur diese ganze Stäbchengesellschaft? Er weiß oft ebensowenig wie der Zeichner, worauf es ankommt.

Bei der schweizerischen Ausstellung für Frauenarbeit in Bern im Jahre 1928 habe ich in Verbindung mit Dr. Bartholdi den Versuch unternommen, in einem ovalen Raum eine Reihe von graphischen Darstellungen in gegenseitige Abhängigkeit zu bringen, um die Bedeutung der Frau in bevölkerungspolitischer, wirtschaftlicher und sozialer Richtung vor Augen zu führen. Die einzelnen graphischen Darstellungen wurden durch ganz kurze, schlagwortartige Texte miteinander verbunden, was auch äußerlich in breiten schwarzen Streifen, die die Tafeln umrahmten und vereinigten, ferner durch Pfeile zum Ausdruck kam. Das Interesse des Beschauers wurde durch künstlerische Farbenzusammenstellungen, die mit dem wechselnden Hintergrund und dem getönten Zeichengrund der Tafeln kontrastierten, ferner durch arabeskenartig beigefügte Bilder zu wecken gesucht.

Die Zukunft der graphischen Ausstellungstechnik liegt aber zweifellos nicht im geschickten Ausstatten von Ausstellungsräumen, sondern in beweglichen graphischen Darstellungen (Lichtsignalen) und im statistischen Film. Anläßlich der schweizerischen Hygieneausstellung in Bern war ein solcher vom Eidgenössischen Statistischen Amt ausgearbeitet worden. Die Bevölkerungsvorgänge waren durch Trickfilms, die das Wachsen oder das Zurückgehen der Zahlen vor den Augen des Beschauers erstehen ließen, dargestellt. Untermischt waren diese Vorführungen mit Bildern aus dem Volksleben, von Geburten, Taufen, Begräbnissen, von den Gefahren und den Mühen des Arbeitstages. Der Film lief zirka 25 Minuten und kostete freilich 10000 Franken. Er fand eine verhältnismäßig günstige Aufnahme

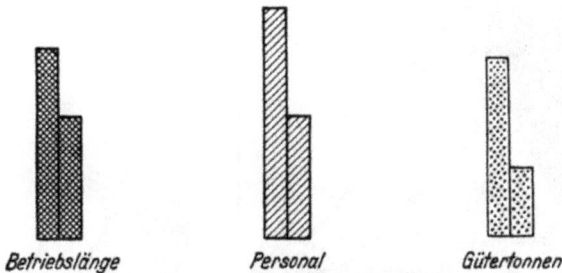

Figur 31. Stäbchendiagramm aus einer Stapeltabelle. Die Angaben beziehen sich auf die Gesamt- und eine Teilmasse. Die Anordnung der Stäbchen ist willkürlich.

beim Ausstellungspublikum, das mit Eindrücken ja in der Regel zu übersättigt ist, um statistischen Darstellungen sonst irgendwelche Aufmerksamkeit zuzuwenden.

Bilder von Stapeltabellen. Je nach der Art der Tabellen, denen man die Zahlen entnimmt, müssen die graphischen Darstellungen verschieden ausfallen. Dies wird sehr oft nicht beachtet. Groteske Fehler und ungeschickte Bilder sind die Folge.

Eine einzelne Zahl kann man nicht darstellen, stets bedarf es mindestens einer zweiten zum Vergleich. Doch muß die innere Vergleichbarkeit gegeben sein. In Figur 31 sind einige Zahlen irgendeiner Stapeltabelle durch 2 Stäbe dargestellt. (Stäbe können beliebig nebeneinander aufgestellt werden, sie sind daher die Grundform von graphischen Darstellungen der Stapeltabelle.)

Wenn man will, kann man den größeren Stab in allen drei Fällen = 100 setzen und neben den kleineren die Prozentzahl schreiben. Daraus ergibt sich z. B. der verschiedene Anteil der Bundesbahnen an der Gesamtheit der schweizerischen Bahnen. Die Reihenfolge bei Stapeltabellen ist vollkommen willkürlich. Es ist daher ein grober Fehler, aus einer Stapeltabelle ein Kurvenbild zu machen, wie das in Früh: „Geographie der Schweiz", geschehen ist (die Waldgrenzen über Meer in verschiedenen Talschaften wurden nebeneinandergestellt und mit einer Kurve verbunden). Ändert man die

Figur 32. Populäre Darstellung der Zahl der Schreinereibetriebe in der Schweiz, 1888 und 1929, aus der Tagespresse. Die Proportionen sind falsch, die Daten nicht vergleichbar.

Reihenfolge der Talschaften, die ja beliebig ist, so ergibt sich eine total verschiedene Kurve aus denselben Zahlenangaben.

Da sich die Stäbchen beliebig umstellen lassen, stellt man sie oft orgelpfeifenartig auf, um sie zum Veranschaulichen einer Rangordnung zu benützen. Ein Abschätzen der Höhe der Stäbe wird dadurch allerdings erschwert und die Reihenfolge kann durch eine Zahlentabelle ebenso einprägsam gestaltet werden.

Bedenklich sind stets die Versuche, Stäbchen durch Flächen zu ersetzen. Fig. 32 ist eine populäre Darstellung aus einer Tages-

zeitung. und will die Abnahme der Schreinerbetriebe veranschaulichen, von 8338 auf 6415 in 40 Jahren (im Verhältnis von 1,3 : 1).
Jedoch die Flächen stehen im Verhältnis von 2,64 : 1, von der
massigeren Wirkung der größeren Figur ganz zu schweigen. Flächen-
vergleiche reserviert man am besten der Darstellung von Gliederungstabellen.

Die verschiedene graphische Darstellung der
Stapeltabellen. Die Stapeltabellen bestehen aus einer Anhäufung von statistischen Urteilen heterogener Art. Ihr Zweck ist
der Vergleich verwandter Urteile, die in keiner Abhängigkeit voneinander stehen. Am besten werden solche Urteile durch die
Streckenmethode dargestellt. Es ist hauptsächlich in den Vereinigten Staaten üblich, die Strecken, deren verschiedene Länge die
verschiedenen Quantitäten der Urteile verkörpert, horizontal unter-

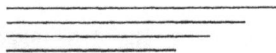

Figur 33. Skizze von Liniendiagrammen.

einander zu zeichnen, wie Figur 33. Dies bietet den Vorteil, daß die
Erläuterung oder die Angabe, für welche die einzelne Strecke gültig
ist, leicht neben die Zeichnung gesetzt werden kann. Die Skala wird
häufig oben, aber auch manchmal unten angegeben. Sehr oft werden
die Strecken in absteigender Reihenfolge gezeichnet. Es können z. B.
die Gemeinden nach Größe geordnet angeführt werden, oder es
können Prozentzahlen der Verheirateten, Verwitweten, Geschiedenen und Ledigen dargestellt werden, oder auch die absoluten
Zahlen der Protestanten und der Katholiken, oder die Besetzung der
verschiedenen Berufe entweder in absoluten Zahlen oder in Gliederungszahlen (Promille der Gesamtbevölkerung) für ausgewählte Berufsarten. Endlich können Länder verglichen werden, z. B. die Staats-
schulden Deutschlands, Frankreichs usw., oder es können auch zeitliche Entwicklungen, wenn es sich nur um wenige vergleichbare Daten
handelt, wie z. B. die Baumwollernte verschiedener Jahre, in dieser
Form erscheinen. Ganz nach Belieben können die Zahlen in absteigenden Reihenfolgen gegeben werden, wodurch dann die Rangordnung
für den Leser automatisch vorgenommen wird.

Es ist ferner üblich, durch Dazwischenschieben anders gezeichneter Strecken, wie in Figur 34. Untergliederungen darzustellen, z. B. bei den Berufstätigen die Zahl der weiblichen Berufstätigen oder bei historischen Vergleichen die Angaben für die letzte Zählung.

Die S t ä b c h e n m e t h o d e unterscheidet sich wenig von der Streckenmethode, sie bedient sich nur an Stelle der Linien schmaler Rechtecke, der sog. Stäbchen, die in der Regel aufgestellt werden (Fig. S. 52), aber auch, namentlich in der amerikanischen Statistik, genau wie Strecken horizontal übereinander angeordnet werden. Die Stäbchen sind wohl die beliebteste Art der populären graphischen Darstellung. An sich sind sie weniger zu empfehlen als die Strecken,

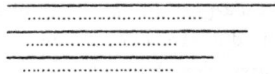

Figur 34. Skizze von Liniendiagrammen.

weil sie als Flächen wirken. Da alle diese Flächen dieselbe Grundlinie haben (oder wenigstens haben sollten; es gibt zahlreiche Verstöße dagegen), sind sie ähnliche Figuren; ihre Fläche ist daher ebenso wie ihre Höhe den darzustellenden Quantitäten proportional. Trotzdem wirken sie nicht proportional, namentlich nicht bei breiten, kurzen (Fig. 2) und bei sehr langen Stäben. Auch der Abstand der Stäbe ist nicht ohne Einfluß auf das Abschätzen ihrer Länge. Nach meinen Ermittlungen an einer Reihe von Versuchspersonen[1] werden Strecken im allgemeinen viel sicherer geschätzt als Stäbe, wenn sie nur nicht zu lang sind. Sehr zweckmäßig bei sehr großen Längenunterschieden ist die Verwendung von gleichschenkligen Dreiecken mit schmaler Grundlinie statt der Stäbe. Sehr lange Strecken wirken auf diese Art weniger schwer als bei Verwendung von Stäben, sehr kurze Strecken werden durch die kleinen Dreiecke richtiger wiedergegeben. Nicht nur die Höhe der Dreiecke, auch ihr Inhalt ist proportional bei gleicher Basis.

Die Gefahr bei der Stäbchenmethode besteht darin, daß das Auge unwillkürlich ihre Enden gedanklich zu einer Kurve verbindet. Was aber mit Stäbchen dargestellt werden soll, eignet sich nicht für die Kurvendarstellung. Eine innere Verbindung der Stäbchen findet

---

[1] Graphische Darstellungen als Quelle optischer Täuschungen, in Industrielle Psychotechnik, 1937, Heft 1.

höchstens bei der zeitlichen Aneinanderreihung statt, die aber im Grunde Sache der Reihentabelle ist. Die frühere strenge Regel, mit Kurven nur darzustellen, was eine Entwicklung aufweist, wird heute in der Statistik nicht mehr eingehalten. Die beifolgende Figur 35 zeigt, daß in der Tat, wie das von den Statistikern oft hervorge-

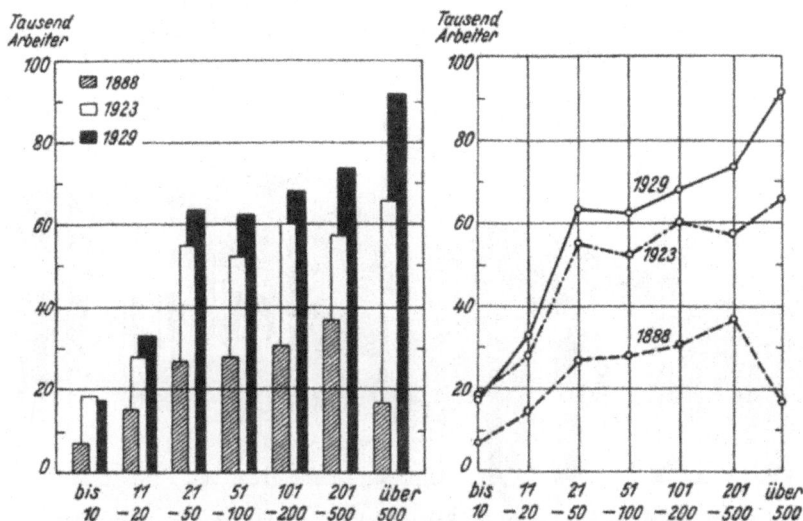

Figur 35. Fabriken, Betriebsgröße und Zahl der Arbeiter; Vergleich dreier Zählungen, in Stäbchen-, daneben in Kurvendarstellung (Schweizerische Fabrikstatistik 1929).

hoben wird, eine Kurve viel leichter aufgenommen und verfolgt wird, als eine Reihe von Stäben. Wer würde aus der ersten Stabdarstellung ohne weiteres herausfinden, daß die Verteilung auf die Größenklassen zu den drei angegebenen Zeitpunkten prozentual fast genau dieselbe ist, mit Ausnahme der letzten Größenklasse, was auf ein Nachrücken der kleineren Betriebe in die größeren und der größeren in die größte Klasse schließen läßt. Diese Entwicklung ist kaum sichtbar bei der Stäbchendarstellung.

Eine besonders gelungene Darstellung ist jene der S o n n e n - s c h e i n d a u e r in Basel (Fig. 36). Jeder einzelne Tag ist als feines Stäbchen eingetragen, schwarz für die sonnenlosen, weiß für die sonnigen Stunden der m ö g l i c h e n Sonnenscheindauer. Dadurch, daß sich die hellen Stäbchen bei aufeinanderfolgenden sonnigen

Tagen zu einer Fläche zusammenschließen, erhält man einen sofortigen Überblick über die günstige Witterung im Laufe eines Monats. Die Stäbchentabelle geht so über zur Gliederungstabelle.

Gänzlich zu vermeiden sind die Umknickungen von Stäbchen bei Einheiten, die anders nicht auf das Format der Darstellung gebracht werden könnten. Manchmal geht man so weit, die überschüssige Länge in Schlangenwindungen an den geknickten Stab

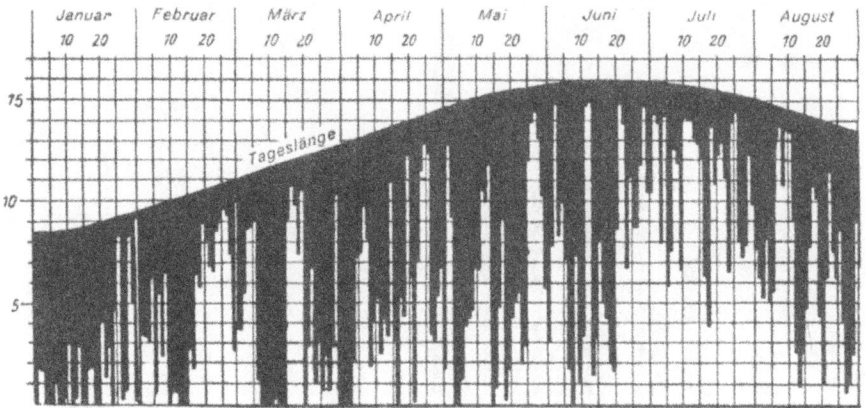

Figur 36. Sonnenscheindauer in Basel (helle Streifen) täglich Januar bis August (Statistisches Jahrbuch des Kantons Basel Stadt).

anzufügen oder in Spiralen aufzurollen. Die Länge solcher geknickter oder gerollter Stäbe ist außerordentlich schwer abzuschätzen. Von Anfang an sollte man bei der graphischen Darstellung darauf sehen, daß sie auf dem vorgesehenen Blatt auch Platz hat. Zu diesem Zweck ist die größte Länge zu bestimmen, nach der sich dann die übrigen Darstellungen richten. Sind große Unterschiede vorhanden, so kann man sich durch die logarithmische Teilung behelfen (Fig. 37). Dem eigentlichen Zweck der verhältnismäßigen Darstellung aber wird durch Unterbrechen eines Stabes oder einer Länge selbst dann entgegengehandelt, wenn der geknickten Linie die entsprechende Zahl beigesetzt wird. Besonders unglücklich für die Abschätzung von Längen ist die Idee, welche von Moellendorf in seinem wirtschaftlichen Elementarvergleich (III., Tafel 1) verwendet. Er hat hier Längen, die ihm offenbar zu groß waren, durch Zusammenlegen

206

eines Seiles in einer Spirale, noch dazu mit Unterteilungen, zur Anschauung gebracht.

Die Klaftermethode, wobei von einer Mittellinie aus horizontale Stäbe voneinanderklaftern, wie die ausgespannten Flügel eines Raubvogels, ist ebenfalls sehr beliebt, besitzt aber den erhöhten

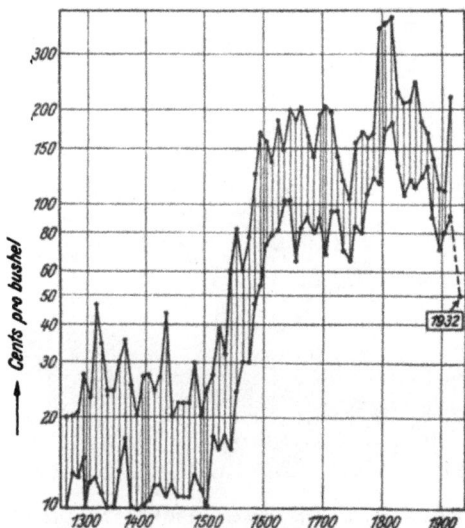

Figur 37. Höchst- und Tiefstpreise innerhalb eines Jahrzehnts von Weizen, 1270—1932, logarithmische Teilung (Basler Nachrichten).

Nachteil einer sehr schwierigen Abschätzungsmöglichkeit. Der Vergleich der linken und rechten Stablängen wird dadurch erschwert, daß sie nicht untereinanderstehen. Besonders verbreitet ist diese Darstellung für den Altersaufbau der männlichen und weiblichen Bevölkerung. Das Gesamtbild gibt bei starkem Geburtenunterbau eine Pyramide, bei abnehmenden Geburtenzahlen eine Zwiebel, die schließlich in eine spindelförmige Figur übergeht. Der Vergleich der weiblichen und männlichen Besetzungsziffern ist aber außerordentlich erschwert, so daß man auch dazu übergegangen ist, mit einer punktierten Linie die Darstellung der linken Hälfte auf der rechten abzuzeichnen und umgekehrt. Eine Abart dieser Methode ist die Spiegelungs- methode, wobei die Stäbe, welche negative Größen bezeichnen, unter die Horizontale in umgekehrter Richtung aufgetragen werden.

Die Gebirgsprofilmethode (Fig. 38) setzt die Stäbchen, die zur gleichen Kategorie gehören, nebeneinander, türmt auf sie eine weitere Kategorie von Stäbchen auf, setzt über diese Stäbchen wiederum neue Stäbchenreihen an und verbindet die Stäbchenenden durch Kurven. Auf diese Art entsteht das Bild eines geologischen

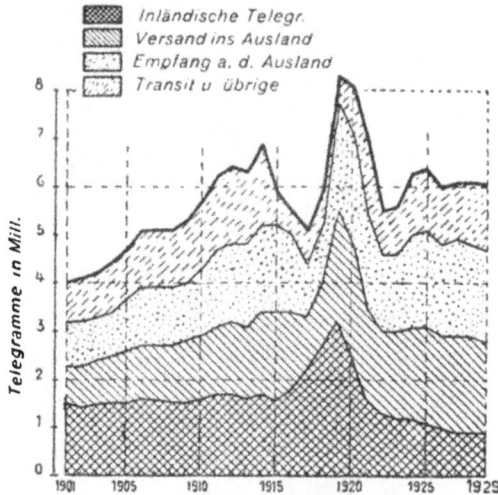

Figur 38. Telegrammverkehr der Schweiz, 1901—1929. Die Ordinaten sind übereinandergesetzt, daher schwer abschätzbar.

Gebirgsprofils mit stark schwankender Schichtendicke. Diese Darstellung ist durchaus zu verwerfen, weil sie den Vergleich der Höhe der einzelnen Komponenten so gut wie unmöglich macht. Hat die erste Reihe bereits wesentliche Schwankungen aufzuweisen, so werden von diesen Schwankungen die darüber gesetzten Bänder in ihrer Höhe durchaus bestimmt. Selbst wenn das unmittelbar darüber befindliche Band durchgehend gleich breit ist, erweckt es den Eindruck einer außerordentlich schwankenden Breite.

Häufiger angewendet werden ausgefüllte K r e i s e von verschiedener Größe, die nebeneinanderstehen und die ebenfalls verschiedene Größen darstellen sollen. Das richtige Abschätzen verschiedener Größen von Kreisflächen ist aber ungemein schwierig.

Die S t r a h l e n m e t h o d e ist leicht darzulegen. Von einem Punkt, der gleich 100 gesetzt ist, ausgehend, wird die Zu- oder Ab-

nahme einer ganzen Anzahl von Indexzahlen durch Strahlen, die
nach beiden Seiten hin ausgehen, dargestellt. Solche Darstellungen
sind besonders glücklich, um eine anschauliche und verhältnismäßig
gedrängte Übersicht über die Zu- und Abnahme gewisser Erscheinungen in zwei oder auch drei Zeitpunkten zu liefern. In letzterem Fall
würde die eine Hälfte die Steigerung bis zu einem gewissen Zeitpunkt, die andere Hälfte die weitere Steigerung bis zu einem andern
Zeitpunkt repräsentieren. Eine etwas andere Form dieser Methode

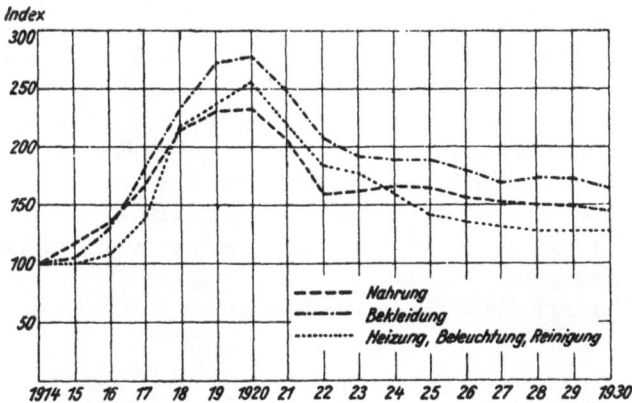

Figur 39. Der Zürcher Lebenskostenindex. (1914 = 100.)
Schöne Kurvendarstellung (Zürcher Statistische Nachrichten).

wird oft gewählt, indem eine Anzahl von Kurven durch die Ordinate 100 durchgeführt wird, um die Sachlage vor und nach einem
bestimmten, 100 gleichgesetzten Zeitpunkt für mehrere Gegenstände
zu repräsentieren. Die Zeichnung ähnelt dann den Darstellungen des
J u p i t e r, der in seiner Faust ein Bündel Blitze vereinigt (Fig. 39).
    Die B a u k l ö t z c h e n m e t h o d e besteht im Aneinanderfügen
oder Übereinandertürmen von einzelnen Quadraten oder Rechtecken,
ähnlich wie ein Kind seine Bauklötzchen aneinanderreiht oder auf-
einanderstellt. Sie ist aus der Trostlosigkeit der Alleen von Stäbchendiagrammen, welche sich in den statistischen Werken finden, hervor-
gegangen und bietet der Stäbchenmethode gegenüber gewisse Vorteile. In die Quadrate oder Rechtecke können symbolische Figuren
gezeichnet werden: Männchen oder Wiegen für Bevölkerungsvorgänge,
Ähren für Ernteerträge usw. Dadurch ist einer künstlerischen Hand

ein weiter Spielraum eröffnet, und in der Tat bilden solche Darstellungen ein anziehendes Ausstellungsobjekt. Wenn man alle diese Tafeln in gleicher Größe rahmt, an getönte Wände hängt und von vorzüglichen Graphikern ausführen läßt, wird eine einheitliche und künstlerische Wirkung erzielt. Jede einzelne Figur wird irgendeiner statistischen Einheit gleichgesetzt, so daß die Einheiten abgezählt werden müssen, wenn man die Gesamtheit feststellen will. Sind zu viele solche Einheiten vorhanden, so wird das Abzählen natürlich lästig, bringt der Darsteller hingegen zu wenige, so werden die Darstellungen ungenau, da er höchstens halbe oder dann Viertelklötzchen als letzte Einheit anfügen kann. Ein Netzwerk oder ein Maßstab kann entfallen, da ja die Zahl der Einheiten die Größe repräsentiert. Es ist verwunderlich, daß bisher diese Methode in Tageszeitungen nicht angewendet wurde, da das Aneinanderreihen von großen Buchstaben oder von Zeichen die Anfertigung einer besondern Zeichnung unnötig macht. So z. B. wird die abnehmende Kindersterblichkeit in der Schweiz durch die folgende Darstellung recht eindrücklich vor Augen geführt:

Von 100 ehelich Lebendgeborenen starben im 1. Lebensjahr:

1920: † † † † † † †

1930: † † † †

Für statistische Gegenstände aus dem Verkehrswesen können Posthörnchen, Telephonapparate, Lokomotiven u. dgl. verwendet werden, die alle der Setzer ja zur Hand hat.

Auch körperhafte Modelle sind mit Glück bei dieser Methode verwendet worden. Nicht der Kubikinhalt eines Gegenstandes ist mit jenem eines andern zu vergleichen, was stets zu groben Täuschungen des Beschauers führt, sondern die Modelle wirken durch ihre Vielzahl. So z. B. hat man die Ausfuhr eines Landes durch viele kleine Eisenbahnwagen dargestellt, die strahlenförmig auf einer Landkarte nach den Ausfuhrländern aufgereiht sind.

Graphika aus Gliederungstabellen. Eine Gliederungstabelle besteht aus einer Reihe von Urteilen der Art: S ist zu soundso viel Teilen P und soundso viel Teilen Q. Die graphische Repräsentation solcher Urteile hat somit die Aufgabe, Unterteilungen von Strecken, Flächen oder Körpern vorzunehmen. Man kann sich die Entstehung solcher Graphika in der Weise denken, daß ein Haufen

Lochkarten, der in Abteilungen zerlegt worden ist, wie z. B. die Berufstätigen der Bäckerei nach Alter, wieder aufeinandergeschichtet wird, wobei jedoch zwischen jeder Altersgruppe ein farbiger Karton eingelegt wird. Das so entstehende Gebilde ist ein untergeteilter Stab. Man kann aber die bei der Zerlegung des Haufens entstehenden kleinern Haufen auch nebeneinanderstellen und gelangt so zu treppenförmigen Gebilden. Werden sie alle auf die gleiche Einheit, auf 100, bezogen, so sind die Altersangaben der verschiedensten Berufe nebeneinander gut zu vergleichen. Da alle dieselbe Entfernung von der Grundlinie haben, ist die Schätzung gegenüber der Aufteilung eines Stabes bedeutend erleichtert. Häufig wird die Darstellung der Stäbchen, die nebeneinanderstehen, durch Kurven ersetzt, welche die Enden der Stäbchen miteinander verbinden. Diese Darstellung ist eigentlich nicht ganz korrekt, weil es sich nicht um eine kontinuierliche Aufteilung handelt, sondern um eine Aufteilung im gleichen Zeitpunkt. Die Reihenfolge der einzelnen Ordinaten ist aber bisweilen hier zwangsläufig gegeben, so z. B. bei Darstellung der prozentualen Verteilung der Groß- und Kleinbetriebe in der Fabrikindustrie (s. Fig. 35). Diese Figur könnte also durchaus durch eine Kurve ersetzt werden. Wenn jedoch die Reihenfolge der Glieder willkürlich ist, wie z. B. die Gliederung der Bevölkerung in Landwirtschaft, Industrie, Handel, Verkehr, so sollten Kurvendarstellungen vermieden werden.

Die Stäbchenmethode, welche die Form von unterteilten Stäbchen annimmt, besitzt den großen Nachteil der schwierigen Abschätzung. Bei den Bänderdiagrammen tritt dies besonders deutlich in Erscheinung. Wenn diese Bänder sehr lang sind, sind die Abschätzungen ihrer Abteilungen besonders erschwert. Sind sie gar in Farben ausgeführt, so ist eine richtige Abschätzung so gut wie unmöglich gemacht. In der Regel werden solche Bändertabellen, wie übrigens häufig auch die untergeteilten Stäbchen, horizontal gelagert. Eine besondere Komplikation erfahren sie dadurch, daß mehrere verschieden breite und untergeteilte Bänder untereinander angeordnet werden. Die verschiedene Höhe der Bänder gibt das Gewicht der einzelnen Erscheinungen, ihre Länge in der Regel das Total, während die Unterteilungen das darstellen, auf was es eigentlich ankommt. Ihre Lesbarkeit ist gering, weil man nicht nur nach der Länge, sondern auch nach der Breite der Bänder schätzen muß und im Grunde die Flächen verschiedener Rechtecke, deren Länge, aber ebenso wie

14*

deren Breite, eine ganz verschiedene Bedeutung haben, miteinander vergleicht. Die Bauklötzchenmethode kann hier natürlich auch Anwendung finden, indem verschiedenfarbige oder verschieden schraffierte Einheiten horizontal nebeneinandergestellt werden. Auch die schachbrettförmige Anordnung der Einheiten ist möglich.

Nach der Klaftermethode können ebenfalls aufgeteilte Bänder nebeneinander angeordnet werden. Meine Versuche haben gezeigt, daß das Abschätzen derartiger Figuren ganz besonders schlecht gelingt, weil der Abstand der Unterteilungen der Bänder von der Mittelachse entfernt ist und dadurch das Abschätzen sehr erschwert wird.

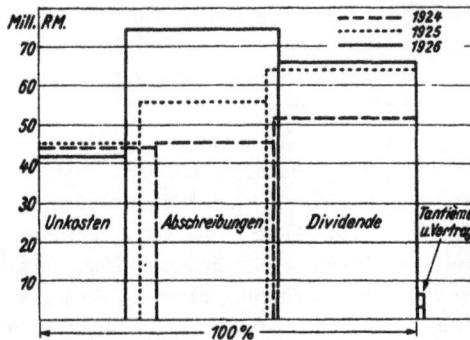

Figur 40. Erfolgsrechnung der I. G. Farbenindustrie A.-G. 1924—1926, Beispiel eines guten Flächendiagramms (Frankfurter Zeitung).

Häufig werden zur Darstellung der Unterteilung F l ä c h e n benützt, etwa Quadrate oder Rechtecke, die dann in weitere Quadrate und Rechtecke zerlegt werden. Es gibt wenig Menschen mit einem Planimeter-Blick. Das Abschätzen derartiger untergeteilter Flächen ist besonders schwierig[1]. Deswegen werden gewöhnlich auch die Zahlen in die Unterteilungen eingesetzt, womit deutlich bewiesen wird, daß eine Tabelle der graphischen Darstellung vorzuziehen wäre. Sehr beliebt sind die K r e i s diagramme, bei denen die Sektoren von Kreisen oder Halbkreisen die Gliederung darstellen. Das Abschätzen großer Sektoren gelingt im allgemeinen nicht schlecht, dagegen sind aber kleinere Sektoren sehr schwierig abzuschätzen. Aufgeteilte

---

[1] Natürlich müssen die F l ä c h e n der Figuren miteinander in Beziehung gesetzt werden und nicht die Basislinien oder Kreisdurchmesser, was häufig geschieht.

K u b e n, die gewöhnlich in Parallelperspektive dargestellt werden, bewirken eine Ineinanderschachtelung der einzelnen Ergebnisse, die an Verwirrung kaum zu überbieten ist.

G r a p h i k a a u s S t u f e n t a b e l l e n. Zeitliche Reihen werden am besten durch Kurven dargestellt. Es ist üblich, die Zeit auf der Abszissenachse von links nach rechts fortlaufend abzutragen, die Größe der Erscheinung, die in der Zeit dargestellt werden soll, auf der Ordinatenachse. Diese Art der Darstellung ist wohl die vollkommenste und natürlichste (Fig. 41). Sie ist heute schon derart in

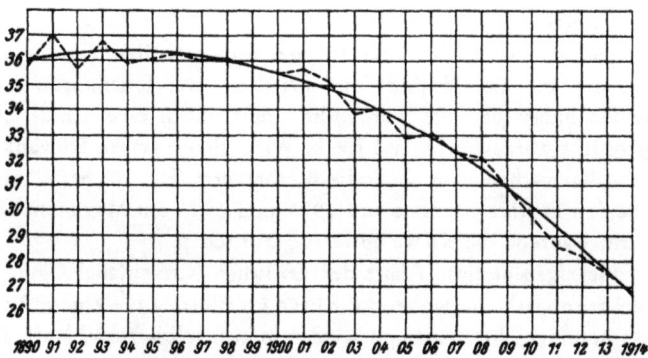

Figur 41. Lebendgeborene auf 1000 Einwohner in Deutschland, 1890—1914, Original- und geglättete Kurve, nach Hersch.

das allgemeine Verständnis eingedrungen, daß man immer häufiger im Inseratenteil Kurvendarstellungen findet, um die Zunahme des Absatzes eines Artikels vor Augen zu führen.

Eines der schönsten Beispiele, was für verschiedenartige Aussagen aus Kurvendarstellungen hervorgehen, bilden die graphischen Fahrpläne. Auf der Zeitachse sind die vierundzwanzig Stunden des Tages eingetragen, auf der Ordinatenachse die Eisenbahnstrecke. Jede Linie bedeutet einen fahrplanmäßigen Zug. Aus der Steilheit der Kurve läßt sich die Geschwindigkeit des Zuges ablesen. Je steiler sie ist, desto rascher legt er die Strecke zwischen den Stationen zurück. Ein treppenförmiger Absatz in der Kurve deutet einen Halt an. Überschneiden sich zwei Kurven, so findet an der betreffenden Stelle eine Kreuzung statt. Die Dichte der Kurven zeigt die Verkehrsdichte zu gewissen Tagesstunden an.

Es ist kaum notwendig zu sagen, daß die Zeitskala in gleichmäßigen Intervallen aufgetragen wird. Wenn die statistischen Erhebungen in ungleichmäßigen Zeitintervallen erfolgt sind, so wird
hier und da der Fehler begangen, den Abstand der Ordinaten nicht
entsprechend zu wählen, so daß eine Fälschung des wirklichen Bildes
entsteht (richtig in Fig. 30). Oft will man die Zeitskala nicht vollständig bis in einen weit entlegenen Zeitraum zurückführen und gibt
nur eine einzige Zahl von früher an. In diesem Fall ist es üblich, die
Kurve zu punktieren oder zu unterbrechen. Das verbessert die Sache
jedoch nicht, und man hat deshalb vorgezogen, in einem solchen Fall
Stäbchen anzuwenden und das eine Stäbchen etwas mehr nach links
hinauszusetzen.

Eine gewisse Gefahr bei solchen Stufentabellen besteht auch
darin, daß die Verhältnisse, die zwischen zwei Erhebungen stattgefunden haben und die man nicht kennt, durch eine gerade Linie
ausgedrückt werden, während sie in Wirklichkeit starke Schwankungen durchgemacht haben. Z. B. die Bierbrauerei (Fig. 30) hat während
der beiden Fabrikzählungen von 1911 und 1923 ein Maximum 1913
erreicht, während die Kurve abwärts gerichtet ist.

Eine eigentümliche Abart der zeitlichen Kurventabelle gibt die
Regenschirmmethode, wobei die Kurve kreisförmig um einen Mittelpunkt herumgeführt wird und wieder in sich selbst zurückläuft. Dies
ist eine nicht immer befriedigende Darstellung, da die verschieden
langen Radien schwer miteinander verglichen werden können. Ein
nicht zu leugnender Vorteil besteht darin, daß der Anfangs- und End-
punkt der Kurve ineinander übergehen und z. B. der Dezember und
der Januar besser miteinander verglichen werden können als bei der
gewöhnlichen Darstellung.

In eigentümlicher Weise wird die Gebirgsprofilmethode bei
Reihentabellen verwendet. Der Unterschied zwischen zwei Kurven,
z. B. der Kurven der Weizenpreise wird schraffiert (Fig. 37) und bedeutet dann die Spannung zwischen Höchst- und Tiefpreis. Diese
Fläche ist je nach dem Abstand der Ordinaten von ganz verschiedener
Ausdehnung. Schwankt die Höhe der Ordinaten beträchtlich, so ergeben sich merkwürdige Verzerrungen der schraffierten Flächen,
welche die tatsächlichen Verhältnisse nicht richtig wiedergeben.

Sachliche Reihen können ebenso wie zeitliche Reihen in Kurven-
form gezeichnet werden, so z. B. gibt die Fig. 42 Härte und Zerreißfestigkeit von Kupferlegierungen wider.

Die Hauptstärke der Reihendarstellung liegt im Vergleich von zwei oder mehreren Kurven. Eine einsame Kurve auf einer Seite macht sich nicht gut und widerspricht dem Prinzip sowohl der Ökonomie als auch der Zweckmäßigkeit. Vielfach wird die Forderung erhoben, man solle möglichst nur wenige Kurven geben. Sie ist aber gänzlich verfehlt. Gerade der Vergleich der Kurven ist ja so

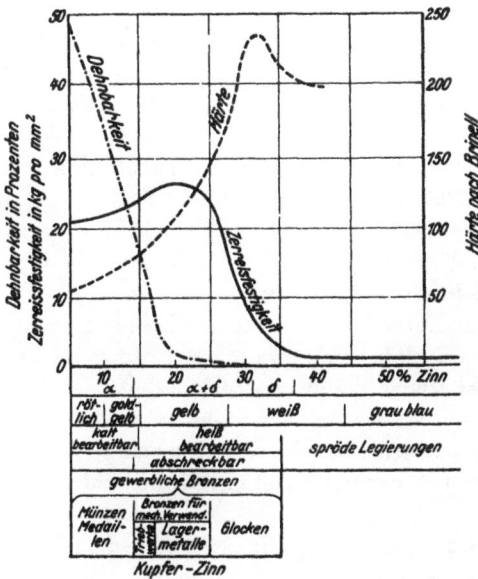

Figur 42. Dehnbarkeit, Härte und Zerreißfestigkeit von Kupfer-Zinn-Legierungen, nach dem Prozentsatz des Zinn. Mehrere Skalen nebeneinander.

fruchtbringend (Fig. 30). Um ihn besser durchführen zu können, werden oft Kurven untereinandergezeichnet, die ganz verschiedene Dinge darstellen. Berühmt geworden ist der Vergleich der Bewegung der Getreidepreise und der Eigentumsdelikte. In diesem Fall ist es notwendig, zwei Skalen, eine links und eine rechts von der Darstellung, zu verwenden. Roesle hat die Regel aufgestellt, daß der Schnittpunkt zweier solcher Kurven ungefähr in der Mitte der Darstellung gelegen sein solle. Sie schneiden sich aber vielfach gar nicht, wenn sie ziemlich parallel verlaufen. In diesem Fall ist der Abstand so gering als möglich zu wählen. — Im allgemeinen sollte man vermeiden, bei Kurven die Basislinie wegzulassen. Doch wird diese Regel bei ausgezeichneten Darstellungen oft durchbrochen, und man kann dagegen eigentlich nicht viel einwenden (Fig. 41).

Sobald es nur auf die v e r h ä l t n i s m ä ß i g e Schwankung ankommt und nicht auf die a b s o l u t e Höhe der dargestellten Größen, ist die einseitig l o g a r i t h m i s c h e T e i l u n g außerordentlich praktisch. Sie bietet den Vorteil, daß gleichzeitig die absoluten Zahlen abgelesen werden können und die Bewegungen doch nur in prozentualer Weise erfaßt sind (Fig. 37). Man kann an ihr die absolute Höhe der Preise in jedem Zeitpunkt ablesen, ebenso ist ersichtlich, ob die Schwankung prozentual groß oder klein ist.

Manchmal wird eine Kurve im Spiegelbild gezeichnet, um den negativen Parallelismus augenscheinlich zu machen; die Gegenläufigkeit von zwei Kurven ist nämlich an sich nicht so leicht zu bemerken. Zeichnet man die eine Kurve im Spiegelbild neben die andere, so sieht man die Parallelität der Erscheinung viel besser.

Reiht man Kurvendarstellungen, auf Karton gezeichnet und ausgeschnitten, in zeitlicher Folge wie Karteikärtchen hintereinander, so entstehen sehr schöne dreidimensionale Graphiken. Die auf Karton gezeichneten Kurven des täglichen Stromverbrauchs von 0 bis 24 Uhr werden ausgeschnitten und z. B. vom 1. Januar bis 31. Dezember wie in einer Kartothek aufgereiht und in Höhenschichten dargestellt.

K a r t e n d i a g r a m m e. Die geographische Wissenschaft hat eine große Zahl von Methoden ersonnen, um statistische Zahlen an das Gebiet zu binden, für das sie ermittelt wurden. Diese Art der statistischen Darstellung soll hier nur gestreift werden. Mehrfarbige Flächen auf geographischen Karten sollte man nicht verwenden, um statistische Gradunterschiede darzustellen. Vielmehr sollte man solche Unterschiede nur durch Unterschiede der „valeurs", wie die Maler sagen, andeuten. Es lassen sich allerdings auf diese Weise höchstens acht bis neun deutlich zu unterscheidende Abstufungen durch den Lithographen in die Verwaltungsbezirke einzeichnen.

Solche gleichmäßige Färbungen von Gebietsteilen sind, genau genommen, nur dort angebracht, wo zwischen den darzustellenden Größen und der Bodenfläche ein innerer Zusammenhang besteht (z. B. Ackerland und Bodenfläche). Bestimmte Berufe der Industrie und des Gewerbes lassen sich nicht auf diese Art darstellen, da die Ansammlungen auf wenige tausend Quadratmeter Bodenfläche entfallen. Wenn die geographischen Einheiten sehr verschieden groß sind, so pflegt man die Zahl der Berufstätigen auf tausend Einwohner des Verwaltungsbezirks zu reduzieren. Dies hat zur Folge, daß gerade die großen Bezirke mit meist wenig Einwohnern oft die dunkelsten Farbflächen abgeben, so z. B. wenn die Landwirtschaft in diesen unfruchtbaren Gegenden überwiegt, erhält man den Eindruck, als ob sie auf den Gletschern und Steinwüsten des Hochgebirges am intensivsten betrieben würde. Verteilt man jedoch die landwirtschaftlich tätige Bevölkerung in absoluten Zahlen auf die Bezirke, so ist auf den ersten Blick zu ersehen, in welchen Bezirken sich ihre größte Anhäufung vorfindet. Dabei macht sich freilich die verschiedene Größe der Bezirke störend geltend. Man muß daher, um über die relative Bedeutung eines Berufszweiges ein zutreffendes Bild zu gewinnen, stets eine Karte der Bevölkerungsdichte zum Vergleich heranziehen. Diese selbst ist aber auch eine rein zahlenmäßige Abstraktion. Das bündnerische Oberrheingebiet hat z. B. nur 17 Einwohner auf den Quadratkilometer, wenn die Bevölkerung auf das Gesamtgebiet rechnerisch verteilt wird, dagegen 160 bis 200 Einwohner auf den Quadratkilometer, sofern das unbewohnbare Gebiet nicht berücksichtigt wird. Diese Hochtäler sind also so stark besiedelt wie die dichtest besiedelten Gegenden Europas, wie der Süden von England.

Denkt man sich über eine geographische Karte eines Landes die beschäftigten Personen eines bestimmten Berufes zunächst in Form von Eisenfeilspänen gleichmäßig verteilt und bringt unter der Karte an verschiedenen Stellen starke Magnete an, so werden die Eisenfeilspäne nach diesen Konzentrationspunkten zuwandern, wie die Bevölkerung in Wirklichkeit dies getan hat. Die Anhäufungen in absoluten Zahlen werden also der Wirklichkeit entsprechen, ohne Rücksicht auf die Bodenfläche oder die Bevölkerungszahl der einzelnen Bezirke. Die Kraftlinien des magnetischen Feldes sind mit den Zufahrtslinien der arbeitenden Bevölkerung vergleichbar. In einem solchen Fall läßt sich am zweckmäßigsten die Verteilung durch Punkte darstellen. Ein Punkt repräsentiert eine nicht zu große Einheit, so z. B. 50 oder 100 Arbeiter. Sehr hübsch sehen die Karten aus, wenn die Punkte in schwarzer Farbe auf einer graublauen Unterlage gedruckt werden. In graublau wären die Gebietsgrenzen, die Flüsse und die Namen der Orte zu drucken, was mit einem Strichklischee verhältnismäßig gar nicht teuer kommt. Ein zweites, genau ebenso großes Klischee dient dann zum Druck der schwarzen Punkte. Ist alles in derselben Farbe gedruckt, so heben sich die Punkte nicht genügend von den andern Zeichnungen ab. Um das Abzählen der Punkte, wo sich größere Ansammlungen finden, zu vermeiden, kann man zweckmäßigerweise kleine Kreise einzeichnen, auf denen Teilstriche aufsitzen. Dadurch, daß ihre Stellung der Stellung der Ziffern auf dem Ziffernblatt einer Uhr entspricht, sind die verschiedensten Größen, ohne in einer Legende nachsehen zu müssen, direkt an Ort und Stelle abzulesen. Eine solche Karte habe ich für den Verein der Baumwollspinner im Jahre 1913 gezeichnet. Das Einzeichnen von verschieden großen schwarzen oder bunten Kreisflächen ist weniger zu empfehlen, weil diese Kreise sehr schwer nach Größe zu unterscheiden sind und überdies zu große Gebietsteile verdecken. Noch weniger eignet sich das Einzeichnen von Gegenständen, wie z. B. von Zuckerhüten für die Zuckerindustrie, für die richtige Einschätzung von Größenabstufungen.

Allgemeine Grundsätze. Die graphischen Darstellungen dienen den verschiedensten Zwecken: 1. Wissenschaftlichen. Jede Gleichung läßt sich graphisch darstellen. Durch die Entwicklung dieses Systems sind außerordentlich wertvolle Einblicke gefunden worden. In der Statistik dienen graphische Darstellungen hauptsächlich zum Verständinis und zum Vergleich von Reihen. 2. Die Kurven dienen zum Interpolieren und Extrapolieren, ferner 3. zum Ablesen von Zwischenwerten; 4. zum Ablesen neuer Ergebnisse aus vorhandenen (Fig. 42); 5. zur vereinfachten Darstellung verschiedener Zahlenverhältnisse; 6. zur Veranschaulichung der Rangordnung der Zahlen. Je nach diesen verschiedenen Zwecken muß auch die Darstellung verschieden ausgeführt werden. Wissenschaftlichen Zwecken dienende Kurven sind feiner zu zeichnen als Kurven, die populären Anschauungszwecken dienen sollen. Wo ein Ablesen notwendig ist, wird das Netzwerk eng gezeichnet werden müssen. Am schönsten, aber am teuersten, sind für solche Zwecke auf lithographischem Wege gezeichnete Kurven auf farbigem Millimeterpapier. Ist ein genaues Ablesen, ein Interpolieren nicht notwendig, so entfällt das Netzwerk am besten ganz. Es stört nur den Kurvenverlauf oder die Darstellung der Stäbchen und Bänder.

Schiefe Schraffuren sind möglichst zu vermeiden, da die so schraffierten Stäbchen den Eindruck erwecken, nach einer Seite zu fallen und wie der schiefe Turm von Pisa wirken. Gleichmäßige

Schraffuren sind sehr schwierig durchzuführen. Die kleinsten Unregelmäßigkeiten machen sich auch bei stärkster Verkleinerung unliebsam bemerkbar. Man benütze ein Schraffierlineal. Feine Abtönungen kann man durch die Spritzmethode erzielen, indem man eine steife Bürste in Tusche taucht und über einem engen Drahtnetz hin- und herführt. Die nicht zu färbenden Teile muß man mit Papierstreifen zudecken. Die ganz feinen Punkte werden durch Strichätzungen außerordentlich gut wiedergegeben. Verschiedenartige Muster für Flächen kann die Klischeefabrik überall anbringen. Dies ist dem Ausschneiden und Aufkleben von punktierten oder gemusterten Gelatineblättchen, die im Handel erhältlich sind, bei weitem vorzuziehen.

Die Beschriftung der graphischen Darstellungen bildet ein Kapitel für sich. Ohne langjährige Übung und besondere Begabung gelingt es nicht, gute Beschriftungen zustande zu bringen. Gezeichnet sollen die Schriften nicht werden, sonst wirken sie hart und unangenehm. Das gleichmäßige Schreiben ist aber eine schwierige Aufgabe. Einigermaßen kann man sich mit Bahrs Normograph helfen, einer Schablonenschrift, in welcher mit einem Quellstift die Buchstabenform zusammengesetzt wird. Auf diese Art sind sämtliche graphischen Darstellungen im Schweizerischen Statistischen Jahrbuch von 1930 angeschrieben worden. Auch diese Schablonenschrift erfordert ziemlich viel Übung, doch hat sie den Vorteil, daß die Buchstaben durchaus gleichartig und von gleicher Höhe werden. Am einfachsten gelingt die Beschriftung durch den Drucker. Man lasse den Text der Graphika setzen und klebe die Abzüge auf die Zeichnung auf, was allerdings mühsam und zeitraubend ist. Für graphische Darstellungen, die rasch fertig sein müssen, kann man auch mit der Schreibmaschine den Text schreiben und aufkleben. Das wirkt immer noch besser als die ganz ungeschickten handschriftlichen Texte, die man oft antrifft. Eine Reduktionslupe zeigt einem für jede Verkleinerung, ob die Schrift noch lesbar ist.

Allgemein sollen die graphischen Darstellungen so gewählt werden, daß ohne mühsames Einleben in sie die Werte auf den Beschauer wirken. In Größe und Verhältnis soll die eine Darstellung nicht auf die andere in zu raschem Wechsel folgen. Es braucht immer einige Zeit für das Umstellen auf den neuen Eindruck. Die Maßstäbe sollen möglichst dieselben sein, ebenso die Farbe oder die Schraffur für dieselben Gegenstände beibehalten werden. Ein begleitender Text unten ist notwendig, um zu zeigen, was wesentlich ist. Bei der Wahl der Farben wird ebenfalls viel gesündigt[1]). Ist es nötig, die grellsten und schreiendsten Farben für graphische Darstellungen zu wählen? In den Ausstellungsräumen herrscht ein blutiges Rot vor, das mit einem giftigen Grün und mit Schwefelgelb unangenehm kontrastiert. Man mache sich doch die Ergebnisse der Ostwaldschen Farbenuntersuchungen zunutze und wähle nicht die allergewöhnlichsten Farbenkontraste, sondern sogenannte Dreiklänge. Sehr gut machen sich weiche Pastelltöne, graublau, zartviolett oder weinrot und schwaches Orange auf beigefarbenem Packpapier als Untergrund. Auch auf hellgrauem Papier lassen sich sehr schöne und feine Wirkungen erzielen. Am besten wird man sich hier vom Reklamefachmann beraten lassen, der große Erfahrungen auch in der wirksamen Verteilung und Beschriftung besitzt. Eine graphische Darstellung soll ja in den meisten Fällen wie ein Plakat auf das Unterbewußtsein des Beschauers wirken. Nur dann kann ein nachhaltiger Eindruck zustande kommen.

Schlußbemerkung. Wenn man sich über den heuristischen Wert zahlreicher graphischer Darstellungen auch streiten kann, eines zeigen sie eindringlicher, als Worte es vermögen: die ungemeine Vielfalt der statistischen Erscheinungen. Die Statistik ist einem riesigen Facettenauge zu vergleichen, in welchem die Welt sich spiegelt.

Daß aber trotzdem ein einheitliches Bild entsteht, dazu bedarf es des Zurückführens der statistischen Verfahrensweisen auf logisch-methodische Grundlagen. Ich habe hier versucht, von ihnen, unter Vermeidung aller mathematischer Symbole, einen ersten Begriff zu geben. Von einfachsten Demonstrationen ausgehend, habe ich das Gesetzmäßige und Zwangsläufige der Zufallsverteilungen dargelegt und mich dabei keiner anderen als „der Rechenkünste eines Krämers" bedient, wie John Graunt sich ausdrückte, der aus den „armen verachteten Totenzetteln so viele verborgene und nie vermutete Folgerungen" herausholte.

Die verwendeten Verfahren sind nicht abgeleitet, sondern graphisch oder rechnerisch nachprüfbar gemacht worden. Der statistisch Interessierte soll durch sie in den Stand gesetzt werden, komplizierteren Gedankengängen zu folgen. Denn es ist zu wünschen, daß

---

[1]) Durch Beiziehen von auch nur e i n e r Farbe werden schwarze Graphiken sehr viel lebendiger. Das Netz kann rot sein, die Kurve schwarz; Stäbchen können rot und schwarz gezeichnet werden. Die Mehrkosten sind nicht sehr beträchtlich.

sich weitere Kreise mit den Grundzügen der statistischen Methode vertraut machen. Dann wird die Statistik nicht mehr, wie Romier behauptete, die Kunst sein, Sätze zu beweisen, die falsch sind, mittels Zahlen, die richtig sind.

In einigen meiner Zeitschriftenaufsätze finden sich die in diesem Buch oft nur angedeuteten Theorien ausführlicher begründet:

Im Allgemeinen Statistischen Archiv: Die statistische Wesensform, 1928; Philosophie der Statistik. 1931; Das Individuelle in der Statistik, 1932; Jubiläum des mittleren Menschen, 1936; Über den Grenznutzen der math. Statistik, 1950.

In: Zeitschrift für schweizerische Statistik und Volkswirtschaft. Bern: Stämpfli & Cie.: Zahlenfetischismus, 1926; die Zahl in der Zeitung, 1930; Logik der Statistik, 1931; Auf der Suche nach Ursachen, 1932; Die äußere Form statistischer Veröffentlichungen, 1933; Die Aufbereitung kleiner und großer Erhebungen, 1936; Psychologie und Technik des Glücksspiels, 1934; Die Wahrscheinlichkeit von Voraussagen, 1941; Die Anfänge der Statistik, 1944.

Über graphische Darstellungen mein Buch: „Statistik durch Anschauung", Zürich, Orell Füssli, 1947.

Erklärung von Fachausdrücken und häufigen Abkürzungen[1])

(Die Zahlen bedeuten Seitenhinweise)

---

[1]) Z. T. in Anlehnung an die stat. Wörterbücher von Flaskämper und Kurtz-Edgerton.

Normalverteilung, Normalkurve, auch Gauß-, Laplace-, Fehler-, Polizei-
hauben-, Glocken-, Variations-, Binomialkurve genannt, wird erhalten
aus der Fortsetzung des Pascalschen Dreiecks oder aus der Entwicklung
$(p + q)^n$, wenn bei großem n die Binomialkoeffizienten durch die
Stirlingsche Formel für $n!$ approximiert werden. Dies geschah durch
De Moivre 1733. Das Wort „normal" wurde von Kant zum erstenmal
gebraucht, der 1790 schrieb, die Abweichungen vom „Mittleren Menschen" gruppierten sich „normal" um diesen Mittelwert

Ordinate, s. y-Achse.

p. e., probable error, s. Wahrscheinliche Abweichung.

Präzision, s. unter h.

Poissonsches Gesetz, s. Gesetz der Kleinen Zahlen.

Q, Quartil, auf der x-Achse einer Normalkurve einer der drei Punkte, deren
Ordinaten die Fläche unter ihr in vier gleich große Flächenstücke einteilen; bei einer empirischen Verteilung die Aufteilung der Beobachtungen einer Reihe in vier gleich viele Beobachtungen umfassende Partien

Reihe, die Aufgliederung einer statistischen Masse nach zwingenden Ord-

sample, Stichprobe, Muster; eine begrenzte Zahl von Beobachtungen, oft
zehn und weniger, ausgewählt in systematischer oder zufälliger Weise
aus einer Masse. Die Methode der Stichproben ermöglicht, die Fehlermarge zu bestimmen (allerdings nur die der nicht systematischen
Fehler). Dies geschieht durch die Berechnung der Standardabweichung
(s. e.) nach der Formel (für große Stichproben bei nicht zurückgelegten
Entnahmen aus der Grundgesamtheit N)

$$\sigma^2 = \frac{N - n}{N - 1} p_1 \cdot q_1 \cdot n.$$

Unter n ist der Umfang der Stichprobe zu verstehen, p_1 ist die Häufigkeit eines bestimmten Merkmals, die durch die Stichprobe gefunden
wurde und von der man hypothetisch annimmt, daß sie dem unbe-

σ (Sigma), Mittlere (quadratische) Abweichung, engl. standard deviation,
Mittlerer Fehler; das meistgebrauchte Streuungsmaß, bezeichnet in einer
Normalverteilung den Abstand der beiden Wendepunkte (Fig. 14) von
der Mittelordinate. Bei dieser Verteilung ist $\sigma^2 = n p q$, wobei n die
Zahl der Kombinationen und p und q die Häufigkeiten bedeuten (151).
In empirischen Verteilungen ist σ^2 die Summe der Fehlerquadrate divi-

Wahrscheinliche Abweichung, Wahrscheinlicher Fehler, engl. probable error (p. e.), verbreitetes Charakteristikum für die Zufallsgrenzen einer Zahl, auf der Abszissenachse die Distanz, die so gewählt ist, daß das Flächenstück zwischen $x = -$ p. e. zu $x = +$ p. e. genau die Hälfte der Gesamtfläche unter der Normalkurve (das 2. und 3. Quartil) umfaßt (Fig. 4 u. 14). Die Wahrscheinliche Abweichung ist 0,67449 σ. Der p. e. für das arithmetische Mittel ist 0,6745 $\sigma/\sqrt{n}$; für σ ist 0,6745 $\sigma/\sqrt{2\,n}$; für eine beobachtete Wahrscheinlichkeit p_1 ist gleich

$$0,6745\sqrt{p_1\,(1-p_1)/n},$$

wobei n die Beobachtungszahl. Dem p. e. wird das Zeichen $\pm$ vorgesetzt. Die Wahrscheinlichkeit einer Überschreitung der dreifachen wahrscheinlichen Abweichung ist in Normalverteilungen 0,04302 oder 4 Prozent. Zur Berechnung bequem Pearsons Tafel V 51, 159

Wahrscheinliche dezimale Abweichung s. Anmerkung zu S. 49.

Wahrscheinlicher Wert, s. Median.

Wahrscheinlichkeitsansteckung, Zufallsverteilung, bei der die Bedingung der Unabhängigkeit der Fälle (z. B. bei Todesfällen infolge ansteckender Krankheiten) aufgehoben ist. A. Linder in Metron 1935.

Wahrscheinlichkeitsintegral, das Integral der Wahrscheinlichkeitsfunktion zwischen zwei beliebigen Grenzen; die Fläche unter einer Normalkurve zwischen zwei beliebigen, gegebenen Abszissenwerten; in Tafeln ausgewertet 161

Wahrscheinlichkeitsnetz, Koordinatensystem, bei dem die Ordinatenachse nach dem Wahrscheinlichkeitsintegral geteilt ist. Die Summenkurve erscheint bei dieser Darstellung als Gerade.

Wahrscheinlichster Fall (w_0), der Fall mit der größten Wahrscheinlichkeit bei einer normalen Verteilung, in der sich die Realisierungshäufigkeiten der beiden sich ausschließenden Ereignisse wie ihre apriorischen Wahrscheinlichkeiten p und q verhalten. $w_0 = 1/\sqrt{2\,\pi\,n\,p\,q}$.

Wendepunkte auf der Normalkurve, s. Fig. 14 . . . . 55, 158

Wahrscheinlichster Wert, s. Mode.

Wölbungskoeffizient, s. β_2.

x-Achse, (waagrechte) Abszissenachse im Koordinatensystem . . . 155

y-Achse, (vertikale) Ordinatenachse im Koordinatensystem 155

Zentralwert, s. Median.

Zufall, im gewöhnlichen Sprachgebrauch ein (seltenes) Ereignis, das nicht vorausgesehen werden kann; wenn kleine Ursachen große Wirkungen erzeugen, ist das „Zufall"; in der Wahrscheinlichkeitstheorie und Statistik ein Ereignis, das gesamthaft vorausberechnet werden kann, das durch die Kombination einer großen Zahl kleiner Ursachen erklärt wird 62, 65

Zufallsverteilung, s. Häufigkeitsverteilung.

www.ingramcontent.com/pod-product-compliance
Lightning Source LLC
Chambersburg PA
CBHW031438180326
41458CB00002B/586